能源應用

著者

黃文良

黃昭睿

東華書局印行

國立中央圖書館出版品預行編目資料

```
能源應用／黃文良，黃昭睿著. --三版. -- 臺
   北市： 臺灣東華,民85
   面；   公分
   含參考書目
   ISBN   957-636-800-6（平裝）

    1. 能源

400.15                              85001091
```

版權所有．翻印必究

中華民國八十五年二月三版
中華民國九十二年八月三版(九刷)

能 源 應 用

（外埠酌加運費匯費）

編著者 黃 昭 睿／黃 文 良
發行人 卓　　鑫　　淼
出版者 臺灣東華書局股份有限公司
　　　　臺北市重慶南路一段一四七號三樓
　　　　電話：（02）2311-4027
　　　　傳真：（02）2311-6615
　　　　郵撥：0 0 0 6 4 8 1 3
　　　　網址：http://www.bookcake.com.tw
印刷者 昶　順　印　刷　廠
行政院新聞局登記證　局版臺業字第零柒貳伍號

李　序

　　能源是人類文明日益進步的原動力，世界各國均早加注意與重視，我國以良好之經濟民生立於已開發國家之列，在本身能源極其有限之情況下，為維持經濟之持續快速成長，除了應加強能源之開發研究與供應平衡外，更重要的是要設法促使社會大眾注意吸收能源相關知識，以達成國防、政治、科技、經濟、社會、交通及環境等各方面之密切配合。

　　本書作者黃文良、黃昭睿兩位先生對能源問題注意已久，並於此問題之研究中投入相當的心血與熱誠，乃能就能源概論、能源科學、非再生能源、再生能源、能源儲存及能源節約與管理等六個單元，對現行之專科能源應用課程作深入淺出地詳予說明。

　　至盼好友此書能適時地發揮功效，對能源教育有所貢獻。

　　　　　　　　　李　慶　祥　於高雄工專電機科
　　　　　　　　　　　　　　　七十五年六月

著者簡介

黃文良

學歷：中原大學電機工程系學士
　　　美國內布拉斯加大學電機碩士
現職：高雄工專講師
著作：十餘篇技術性文章

黃昭睿

學歷：淡江大學機械工程系學士
　　　亞洲理工學院能源碩士
現職：台東師專講師
著作：數篇技術性文章

序

　　國家之經濟發展與其各種初級能源的供應和開發密切相關，近年來由於世界各國均發生能源短缺問題，已同時暴露出一般大眾普遍缺乏能源知識，甚至完全忽視能源問題之嚴重性。雖然人類文明日益進步，而一旦吾人賴以生存之傳統化石能源不再價廉甚或用罄，實難想像明日世界將變成何等光景。事實上，能源問題早就受到各國重視，祇是被強調的程度輕重不同。我國經濟正快速地成長，除了不應忽視能源供應平衡外，更重要的是要設法促使社會大眾注意吸收能源相關知識，唯有如此才能使我國在本身能源極其有限之情況下，仍能在國際間保持高度競爭力。於加強能源教育方面，各級學校對於能源相關課程之設計與安排，應有比較確實有效的辦法，現行五專及二專電機科新訂課程項目中，「能源應用」課程即為迎合國情與此一需要所增列者。由於能源問題涉及廣泛，融合多方面科技而不祇限於某一專門學科，故是項課程內容宜集思廣益，務使在校學生得以廣泛瞭解能源知識為要。

　　全書共分六章，包括：

能源概論——本單元係說明能源在人類活動中所扮演之重要角色，其次介紹能源基本性質—包括能源形式、特性及使用單位，此外扼要指出各種能源彼此間可資利用的物理或化學之轉換方式，最後闡明未來人類之能源系統作為本單元之結束。

能源科學——若要深入探討有關能源科技，則同修習其他專業科目一樣，能源應用課程必須要輔之以能源應用技術之基礎科學，因此，本單元即以加強學生熟悉能源科學—熱力學為要旨。單元內容包括敘述各種氣體定律；定義各種比熱；討論熱力系統與過程；解釋各種不流動過程及流動過程；闡釋熱力學第一、二定律，並解釋熱力循環等。

傳統能源——化石能—煤、石油及天然氣等的利用，為今日人類文明迅速發展之原動力；另外，核分裂能之發展，於未來人類社會中將扮演愈形重要之角色。對於它們過去、現況及未來之開發利用均是吾人密切關心者，此即本單元詳述之內容。

再生能源——本單元就近日深受先進國家重視之各種再生能源，包括太陽能、風能、地熱能、水力能、潮汐能、海浪能、海洋溫差能、生質能及核融合能等之基本原理、應用實例、及其對生態環境之衝擊與

未來展望等均逐一詳細加以說明。

能源儲存 —— 本單元除說明能源儲存於今日科技所扮演之重要角色外，對各種能源儲存形式（熱能、電能、位能、動能、電磁能）均予以論述，同時針對能源儲存系統於能源社會所產生之影響亦作簡要分析，期使更多人明白能源儲存將在未來社會扮演不可或缺之角色。

能源節約與管理 —— 因發生過兩次能源危機，而促使人們開始重視如何有效地利用能源，因此，由原先全力投入於能源開發工作，轉而亦注重能源之節約與管理，其涉及範圍極廣，本單元之內容主要包括工廠、住宅與商業、家電、及交通運輸之能源節約，以及能源管理之說明。

　　由於「能源」涵蓋範圍甚廣，舉凡社會、經濟、交通、政治、環境及科技均有涉及，作者不揣淺陋歷時三年有餘方完成本書之編寫，甚盼本書之出版有助於課程之實施，並提供對能源感興趣者之一有力參考。於此，對於幾位曾經熱心協助作者完成本書者——王耀諄、蔡明仁、邱國珍、陳月娥，在此特別誌謝；同時，感謝妻子及家人隨時給予莫大的精神鼓勵。最後，謹以此書獻給作者最敬愛的雙親，作為他們七十歲生日及金婚之賀禮。

　　本書蒙東華書局董事長卓鑫淼先生及總編輯徐萬善先生之大力支持方能順利出版，於此一併誌謝。

黃　昭　睿
黃　文　良
75.年 6.月

再 版 序

　　能源應用乙書出版以來，在此不到一年即獲讀者熱烈回響，並給予諸多寶貴意見，作者於此謹致萬分謝意。由此亦證明能源這項重點科技已漸被國人重視，能源教育已經開始萌芽，此乃可喜可賀之事。

　　能源問題涉及廣泛、融合多項科技，吾人均深切期望我國未來能源需求得以平衡，此對於缺乏天然資源之國家而言，誠屬極富挑戰性之工作。能源科技之提倡無法立刻見效，但有效方法之一即落實學校之能源教育，期使學子在踏入社會或繼續深造之前可以普遍明白各種能源相關知識，方足以勝任能源之開源節流之艱巨工作。茲就一些讀者反映之寶貴意見，藉此機會簡單說明如下：

- 本書初版時係參考教育部五專及二專之課程標準，然發現其中部分內容與其他課程重複，因此本書內容略作彈性變更，使得學習效果更佳。針對能源應用課程，作者曾於第一屆技職教育研討會就課程規劃提出拙見，此篇論文後來刊登於第二卷第一期之技術學刊，本書內容架構主要即依此作為藍本而進行編寫。很榮幸地，本書獲得七十五年度教育部頒發教師編著設計專科學校教學資料之第二等獎。

- 能源儲存乙章係本書特色之一，發展各種再生能源所不能忽略之重要主題即能源儲存技術，本章內容係由充作者與王耀諄先生共同發表於第十六卷第四期能源季刊之論文內容擴充而成。

- 本書並未詳論能源經濟，僅於第一章中簡單提及。能源經濟涉及廣泛，宜另闢專書介紹。

　　甫於今年五月舉行之技職教育與高科技研討會中，曾就技職教育如何因應能源科技進行討論，顯然地，未來能源應用是項課程將不止限於某一科系，因其特殊性質勢將被各科系廣泛採納，深信我國能源教育必定更加普及。

　　初版文字錯誤及遺漏之處已有更正，於此特別感謝王耀諄先生、周宏亮老師、及曾給予本書指正之許多讀者，並布望如同以往繼續多予批評指教為禱。

黃　昭　睿
黃　文　良
76年7月

三　版　序

　　「能源應用」成為五、二專電機科必修課程已行之有年，對於電機學子進一步明白能源的重要性、應用以及節約能源與管理，均極有助益。

　　本書二版迄今已有八年，期間蒙各校愛護採用，謹此致萬分謝意。本書大部份理論內容雖然經得起時間的考驗，不過其中許多參考資料隨時間而過時，亟需更新及修訂。作者平時授課之餘一直努力蒐集最新能源資料，盼望能有適當時機完成訂正工作，讓本書得以繼續提供國內能源教育之一重要研讀教材。

　　本版將二版中一些不合時宜文字及錯誤之處，已經加以修正。最重要之地方，即部份參考圖表必須更新，更新之圖表包括：

表 3.2	世界煤炭蘊藏量（1992 年底）
表 3.7	台灣煤之年產量
表 3.8	台灣歷年能源供給表（按能源別）
表 3.10	石油輸出國家組織（OPEC）
表 3.11	1981 年全球原油產量
表 3.12	世界地區能源消費（1991 年）
表 3.13	1990 年底石油確定可採蘊藏量
表 3.14	世界各國原油蘊藏量
表 3.15	瀝青砂確定可採蘊藏量
表 3.16	頁岩油確定可採蘊藏量
表 3.17	世界原油蘊藏量
表 3.18	世界天然氣蘊藏量
表 3.23	OECD 會員國總發電容量及核能發電裝置容量預測
圖 4.2.1	地球表面盛行風帶
圖 4.2.2	風之形成
圖 4.2.8	水平軸式風車
圖 4.2.9	垂直軸式風車
表 4.3.1	台灣全省主要地熱區潛能評估
表 4.3.2	世界各國地熱發電量及直接利用（1990 年底）
表 4.3.4	地熱能源的利用途徑
圖 6.1.2	主要工業國家於 1983－1991 年之原油消費量變化趨勢（百萬公噸）

圖 6.1.3　台灣歷年燃料油供給之情形（10^3KLOE）
圖 6.1.4　台灣歷年能源供給之情形（%）

　　另外，於附錄部份亦有修訂及增添，包括：

附錄十七　　　能源管理法
附錄十八　　　能源管理法施行細則
附錄二十　　　世界原油價格（1860－1994 年）
附錄二十一　　台電發電每度成本
附錄二十二　　國際重要組織會員國
附錄二十三　　能委會研究計畫題目（82、83 年度）
附錄二十四　　世界主要國家平均每人 GNP、GNP 及排行名次（1991、1992 年）

　　我國致力於推廣能源教育已行之多年，效果亦小有所成。不過，限於本國自有能源極為缺乏，過去如此，將來更甚。如欲落實能源教育，有賴國人共同努力，不能絲毫懈怠。至盼本書之三版修訂，除了完成多年來作者一直耿耿於懷的心願以外，但盼讀者由本書可以獲得所需之能源應用基本知識，共同締造出國內良好之能源環境為禱。

作者謹識　84/8

目 次

第一章　　能源概論 ·· 1

1.1　能源之重要性 ·· 1
1.2　能源之性質 ·· 3
　　1.2.1　能源之形式與特性 ······························ 3
　　1.2.2　能源之單位 ···································· 4
　　1.2.3　人類可以利用之能源 ···························· 5
1.3　能源之轉換 ·· 6
1.4　未來人類之能源系統 ···································· 8
1.5　一般能源詞彙 ·· 10
問題
參考資料

第二章　　能源科學—熱力學 ·································· 13

2.1　氣體定律 ·· 13
　　2.1.1　波義耳定律 ···································· 15
　　2.1.2　查理定律 ······································ 15
　　2.1.3　亞佛加德羅定律 ································ 16
　　2.1.4　理想氣體方程式 ································ 17
2.2　比熱 ·· 18
　　2.2.1　定容比熱與定壓比熱 ···························· 20
　　2.2.2　定容比熱與定壓比熱之數學定義 ·················· 21

xii 能源應用

2.3 熱力系統 ··· 26
2.4 熱力過程 ··· 27
2.5 不流動過程 ·· 29
 2.5.1 定容過程 ·· 30
 2.5.2 定壓過程 ·· 31
 2.5.3 多變過程 ·· 32
 2.5.4 絕熱過程 ·· 34
 2.5.5 等溫過程 ·· 35
2.6 流動過程 ··· 37
 2.6.1 穩定流動系統 ·· 37
 2.6.2 穩定流動過程之能量平衡 ································· 38
 2.6.3 熱交換器 ·· 39
 2.6.4 絕熱穩定流動過程 ··· 40
2.7 熱力學第一定律 ·· 42
2.8 熱力學第二定律 ·· 44
2.9 熱力循環 ··· 45
2.10 與能源有關熱力學術語 ··· 49

問題

參考資料

第三章　　非再生能源 ··· 55

3.1 煤 ··· 55
 3.1.1 煤之生產 ·· 56
 3.1.2 煤之市場 ·· 59
 3.1.3 煤與發電 ·· 60
 3.1.4 煤之社會與環境成本 ······································ 62
 3.1.5 煤之未來展望 ·· 64
 3.1.6 與煤有關詞彙 ·· 67

3.2 石油和天然氣……………………………………………………… 69
　3.2.1　歷史背景……………………………………………… 69
　3.2.2　石油與天然氣之起源………………………………… 73
　3.2.3　探勘和生產…………………………………………… 75
　3.2.4　蘊藏量與生產量比（R／P）………………………… 76
　3.2.5　石油蘊藏量與資源量………………………………… 76
　3.2.6　非傳統性之石油—瀝青砂、重油及頁岩油………… 78
　3.2.7　石油及天然氣之未來展望…………………………… 79
　3.2.8　與石油及天然氣有關詞彙…………………………… 81
3.3 核分裂能…………………………………………………………… 84
　3.3.1　原子核物理…………………………………………… 85
　3.3.2　同位素、輻射和半生期……………………………… 88
　3.3.3　中子反應……………………………………………… 88
　3.3.4　鏈鎖反應……………………………………………… 89
　3.3.5　核子反應器…………………………………………… 90
　3.3.6　核能發電成本………………………………………… 95
　3.3.7　核分裂能之未來展望………………………………… 95
　3.3.8　與核分裂能有關詞彙………………………………… 98
問題
參考資料

第四章　　再生能源…………………………………………………… 103

4.1 太陽能……………………………………………………………… 103
　4.1.1　太陽輻射之基本原理………………………………… 105
　4.1.2　太陽能收集器………………………………………… 106
　4.1.3　太陽能之應用………………………………………… 110
　4.1.4　太陽能之未來展望…………………………………… 119
　4.1.5　與太陽能有關之能源詞彙…………………………… 120

4.2 風能···123
4.2.1 風能利用法則···124
4.2.2 風能轉換系統—風車······································128
4.2.3 風能之應用···134
4.2.4 風能之未來展望···135
4.2.5 與風能有關詞彙···136
4.3 地熱能···137
4.3.1 地熱資源之分類···138
4.3.2 地熱資源量···140
4.3.3 地熱能之應用··142
4.3.4 地熱能之未來展望··145
4.3.5 與地熱能有關詞彙··145
4.4 水力能···146
4.4.1 水力能之形成··147
4.4.2 水力資源··147
4.4.3 水力機械··147
4.4.4 水力能之未來展望··150
4.4.5 與水力能有關詞彙··151
4.5 潮汐能···152
4.5.1 潮汐現象··153
4.5.2 潮汐能之利用及發電原理·······························154
4.5.3 潮汐能之未來展望··158
4.5.4 與潮汐能有關詞彙··158
4.6 海浪能···159
4.6.1 海浪能之利用··160
4.6.2 海浪能萃取裝置···161
4.6.3 環境衝擊··162
4.6.4 海浪能之未來展望··163
4.6.5 與海浪能有關詞彙··166
4.7 海洋熱能轉換··167

4.7.1　海洋熱能之利用⋯⋯⋯⋯⋯⋯⋯⋯⋯⋯⋯⋯⋯⋯⋯ 169
　　4.7.2　海洋溫差發電原理⋯⋯⋯⋯⋯⋯⋯⋯⋯⋯⋯⋯⋯⋯ 171
　　4.7.3　海洋溫差發電系統⋯⋯⋯⋯⋯⋯⋯⋯⋯⋯⋯⋯⋯⋯ 172
　　4.7.4　OTEC未來展望⋯⋯⋯⋯⋯⋯⋯⋯⋯⋯⋯⋯⋯⋯⋯ 174
　　4.7.5　與海洋熱能有關詞彙⋯⋯⋯⋯⋯⋯⋯⋯⋯⋯⋯⋯⋯ 178
4.8　生質能⋯⋯⋯⋯⋯⋯⋯⋯⋯⋯⋯⋯⋯⋯⋯⋯⋯⋯⋯⋯⋯ 178
　　4.8.1　生質之來源⋯⋯⋯⋯⋯⋯⋯⋯⋯⋯⋯⋯⋯⋯⋯⋯⋯ 179
　　4.8.2　生質轉化程序⋯⋯⋯⋯⋯⋯⋯⋯⋯⋯⋯⋯⋯⋯⋯⋯ 182
　　4.8.3　環境與經濟之衝擊⋯⋯⋯⋯⋯⋯⋯⋯⋯⋯⋯⋯⋯⋯ 190
　　4.8.4　與生質能有關詞彙⋯⋯⋯⋯⋯⋯⋯⋯⋯⋯⋯⋯⋯⋯ 190
4.9　核融合能⋯⋯⋯⋯⋯⋯⋯⋯⋯⋯⋯⋯⋯⋯⋯⋯⋯⋯⋯⋯ 192
問題
參考資料

第五章　能源儲存與應用⋯⋯⋯⋯⋯⋯⋯⋯⋯⋯⋯⋯⋯⋯⋯⋯ 201

5.1　前言⋯⋯⋯⋯⋯⋯⋯⋯⋯⋯⋯⋯⋯⋯⋯⋯⋯⋯⋯⋯⋯⋯ 201
5.2　能源儲存之必要性⋯⋯⋯⋯⋯⋯⋯⋯⋯⋯⋯⋯⋯⋯⋯⋯ 202
5.3　熱能儲存⋯⋯⋯⋯⋯⋯⋯⋯⋯⋯⋯⋯⋯⋯⋯⋯⋯⋯⋯⋯ 206
　　5.3.1　顯熱儲存方式⋯⋯⋯⋯⋯⋯⋯⋯⋯⋯⋯⋯⋯⋯⋯⋯ 206
　　5.3.2　潛熱儲存方式⋯⋯⋯⋯⋯⋯⋯⋯⋯⋯⋯⋯⋯⋯⋯⋯ 209
　　5.3.3　化學反應熱能儲存方式⋯⋯⋯⋯⋯⋯⋯⋯⋯⋯⋯⋯ 211
5.4　電能儲存—電池⋯⋯⋯⋯⋯⋯⋯⋯⋯⋯⋯⋯⋯⋯⋯⋯⋯ 217
　　5.4.1　鈉硫電池⋯⋯⋯⋯⋯⋯⋯⋯⋯⋯⋯⋯⋯⋯⋯⋯⋯⋯ 217
　　5.4.2　燃料電池⋯⋯⋯⋯⋯⋯⋯⋯⋯⋯⋯⋯⋯⋯⋯⋯⋯⋯ 219
5.5　壓縮空氣能源儲存⋯⋯⋯⋯⋯⋯⋯⋯⋯⋯⋯⋯⋯⋯⋯⋯ 219
5.6　位能儲存—抽蓄水力⋯⋯⋯⋯⋯⋯⋯⋯⋯⋯⋯⋯⋯⋯⋯ 221
5.7　動能的儲存—飛輪⋯⋯⋯⋯⋯⋯⋯⋯⋯⋯⋯⋯⋯⋯⋯⋯ 222

5.7.1　基本原理⋯⋯⋯⋯⋯⋯⋯⋯⋯⋯⋯⋯⋯⋯⋯⋯⋯ 222
　　　5.7.2　飛輪儲能之能源密度⋯⋯⋯⋯⋯⋯⋯⋯⋯⋯⋯⋯ 223
　　　5.7.3　能源交換技術⋯⋯⋯⋯⋯⋯⋯⋯⋯⋯⋯⋯⋯⋯⋯ 226
　　　5.7.4　軸承技術⋯⋯⋯⋯⋯⋯⋯⋯⋯⋯⋯⋯⋯⋯⋯⋯⋯ 228
5.8　電磁能儲存⋯⋯⋯⋯⋯⋯⋯⋯⋯⋯⋯⋯⋯⋯⋯⋯⋯⋯⋯ 230
5.9　能源儲存於交通運輸之影響⋯⋯⋯⋯⋯⋯⋯⋯⋯⋯⋯⋯ 232
5.10　能源儲存於電力系統之影響⋯⋯⋯⋯⋯⋯⋯⋯⋯⋯⋯ 235
5.11　與能源儲存有關詞彙⋯⋯⋯⋯⋯⋯⋯⋯⋯⋯⋯⋯⋯⋯ 236
問題
參考資料

第六章　　能源節約與管理⋯⋯⋯⋯⋯⋯⋯⋯⋯⋯⋯⋯⋯⋯ 239

6.1　前言⋯⋯⋯⋯⋯⋯⋯⋯⋯⋯⋯⋯⋯⋯⋯⋯⋯⋯⋯⋯⋯ 239
6.2　工廠之能源節約與管理⋯⋯⋯⋯⋯⋯⋯⋯⋯⋯⋯⋯⋯⋯ 241
　　　6.2.1　鍋爐⋯⋯⋯⋯⋯⋯⋯⋯⋯⋯⋯⋯⋯⋯⋯⋯⋯⋯⋯ 241
　　　6.2.2　熱能之儲存與應用⋯⋯⋯⋯⋯⋯⋯⋯⋯⋯⋯⋯⋯ 245
　　　6.2.3　熱能之輸送、使用與回收⋯⋯⋯⋯⋯⋯⋯⋯⋯⋯ 246
　　　6.2.4　汽電共生⋯⋯⋯⋯⋯⋯⋯⋯⋯⋯⋯⋯⋯⋯⋯⋯⋯ 251
　　　6.2.5　電能之節約⋯⋯⋯⋯⋯⋯⋯⋯⋯⋯⋯⋯⋯⋯⋯⋯ 253
6.3　住宅與商業之能源節約與管理⋯⋯⋯⋯⋯⋯⋯⋯⋯⋯⋯ 257
　　　6.3.1　空調⋯⋯⋯⋯⋯⋯⋯⋯⋯⋯⋯⋯⋯⋯⋯⋯⋯⋯⋯ 257
　　　6.3.2　建築物之隔熱⋯⋯⋯⋯⋯⋯⋯⋯⋯⋯⋯⋯⋯⋯⋯ 259
　　　6.3.3　照明⋯⋯⋯⋯⋯⋯⋯⋯⋯⋯⋯⋯⋯⋯⋯⋯⋯⋯⋯ 262
　　　6.3.4　家庭電器之節約用電⋯⋯⋯⋯⋯⋯⋯⋯⋯⋯⋯⋯ 270
6.4　交通運輸之能源節約與管理⋯⋯⋯⋯⋯⋯⋯⋯⋯⋯⋯⋯ 273
　　　6.4.1　汽車之選購⋯⋯⋯⋯⋯⋯⋯⋯⋯⋯⋯⋯⋯⋯⋯⋯ 274
　　　6.4.2　汽車行駛與保養⋯⋯⋯⋯⋯⋯⋯⋯⋯⋯⋯⋯⋯⋯ 276

6.4.3　較有效率之交通方式……………………………………280
　　6.4.4　其他交通工具……………………………………………281
6.5　能源管理………………………………………………………284
　　6.5.1　能源管理之可行方法……………………………………285
　　6.5.2　能源經理…………………………………………………289
　　6.5.3　能源查核之實施…………………………………………289
　　6.5.4　政府扮演之角色…………………………………………292
　　6.5.5　我國實施能源管理之情形………………………………292
6.6　與能源節約有關之詞彙………………………………………293
問題
參考資料

附錄……………………………………………………………………299

第 一 章
能 源 概 論

1.1　能源之重要性　　　1.2　能源之性質
1.3　能源之轉換　　　　1.4　未來人類之能源系統
1.5　一般能源詞彙

　　能源概論係說明能源於人類活動中所扮演之重要角色，其次介紹能源基本性質－包括能源之形式、特性及使用單位，此外扼要指出各種能源彼此間可資利用的物理或化學之轉換方式，最後闡明未來人類之能源系統。

1.1　能源之重要性

　　近二十年來，已發生三件影響全世界人類生存之大事，首先是環境污染，繼而發生能源匱乏短缺，現則全世界之經濟衰退及蕭條，此三種危機常被視作互不相干之事件，因而各自謀求解決之道。例如，設立污染管制，俾防止環境品質惡化；尋求新能源及節約能源方法，以解決能源不足問題；運作物價、租稅及利率等手段，以紓解經濟遲滯及衰退等現象。

　　然專注謀求解決其中任一危機，似乎抵消了解決其他危機之努力。例如，由於管制污染導致能源供應之短缺，因節約能源導致失業人口增加。如是贊成某一解決之道，似乎無可避免地反對了其他解決辦法，故而政策猶豫不決、救濟行動緩慢、社會秩序混亂及投資前途黯淡等景象莫不到處充塞世界各角落。這些問題、癥結若無法破解，則政府決策舉棋不定、行動裹足不前等問題自是預料中事。

　　吾人認知管理人類活動要件乃社會倫理秩序及三大基本體系－生態體系（

the ecosystem）、生產體系（the production system）和經濟體系（the economic system），此三體系簡述如下：

- 生態體系：係涵蓋地表上及地表下之一切物產，其提供全體人類生存及活動的寶貴資源。
- 生產體系：係人為之各種工、農產業聯絡的網路，其將資源轉換成貨物及勞務等財富。
- 經濟體系：乃生產體系所創造財富之接受者，其將財富轉換成工資、利潤、儲蓄、賦稅及投資等，並掌管財富之分配及使用。

　　由上可知此三種基本體系間相互的關係，即經濟體系隸屬於生產體系所創造之財富；而生產體系隸屬於生態體系所供應之資源。依據邏輯，經濟體系須順應生產體系，而生產體系須顧及生態體系。換句話說，管理之導向應始由生態體系開始，接著進入生產體系，最後再及於經濟體系。然而，於現實世界裏，並不是如同前述之順序。發生環境危機，乃預警人類賴以生存之生態體系已蒙受生產體系之嚴重摧殘。生產體系之設計，從未認真考慮環境是否會遭受危害，或是能源之使用是否很有效率，舉例而言，到處可見汽車排放黑煙污染了生態環境。另外，具有瑕疵之經濟體系，如祇顧追求眼前之暴利，罔顧生態環境之負荷能力與資源之有效利用，必將造成不良之生產體系。如此一來人類賴以生存之基本體系的管理順序已混亂不堪，此一缺失須靠吾人同心協力予以補救，並徹底根治之。

　　「能源」位居三大體系樞紐，太陽能推動整個大自然生態之循環，化石燃料驅動現今大部分之生產活動。近年來，生產及經濟之大幅度成長，其應歸功於大量地使用能源。然而，由於密集地使用能源致使燃料短缺及環境污染等問題叢生。

　　於發生能源危機以前，世界各國之使用能源情形，猶如免費或垂手可得，就像獲取水及空氣等資源似甚容易。然而好景不常，由於發生能源危機，使得吾人覺悟能源之易於取得已不復再，目前，因能源危機所帶給人類社會之許多震撼已強烈地影響及於各行業。過去數年來，能源之供應問題已改變了人類日常生活，其觸發經濟蕭條並改變各國間之政治關係。因能源危機暴露出全球最嚴重之政治問題，如國與國間爆發能源爭奪戰爭，經濟情勢惡化及社會資源分配不均皆是。

上面所述雖甚悲觀，然藉此喚醒世人認知能源危機與管理三大體系之缺失等問題，進而正面提供導引世人脫離困境之希望。由於能源危機迫使人類選擇久為吾人廻避之決策，假如吾人必須放棄今日手中之能源，轉而尋求永不枯竭之再生能源，則類似此種必要決策，究竟應在那裏或以何種方式下達呢？而此一決策下達以前，是否勿需再檢視支配今日能源之生產及運用之經濟體系的箴言呢？欲回答這些問題並非易事，然開始試著去尋求答案，總比束手無策強許多。解決能源危機、經濟及社會等問題，實有賴舉國上下認真研討並找出較佳之解決方案。有鑑於此，吾人確立加強瞭解生態體系是如何處理累積財富等實質關係。欲平息那些環繞於能源課題上之紛亂，吾人須擴大層面以瞭解，諸如，各種能源基本性質，能源科學──熱力學，各種非再生及再生能源現況及未來展望、能源儲存、節約能源及能源管理等問題，而這些問題正是本書所欲介紹之主要內容，其將於底下逐一詳細說明。

1.2　能源之性質

鑒於能源與人類文明息息相關，欲進一步探討與能源有關諸問題以前，吾人需先明瞭能源之各種性質，其中包括各種能源之形式與特性，衡量能源大小之單位及人類所能利用之能源種類。

1.2.1　能源之形成與特性

煤或石油係能源的來源之一，但其本身並不是一種能源的形式，僅當吾人將其與空氣混合燃燒時，才能釋放出能源，此類能源是以光及熱的形式產生，注意，光及熱是能源的二種形式。其他能源的形式尚有機械能（位能及動能）、化學能、電磁輻射能及電能等。各種不同形式的能源具有一種共同之特性，即其均可施力於某一物體使其移動，此種現象，吾人稱之為作功（work）。作功之大小，係以施加於物體上之力乘以物體移動之距離而加以衡量，亦即：

$$功 = 力 \times 距離$$

另外，功率一詞亦常出現與能源有關問題中，其定義乃單位時間內所消耗之能源。如欲衡量能源之大小，吾人須清楚分辨如何使用能源與功率之單位。

1.2.2 能源之單位

能源之大小,係以其所作功之大小加以衡量;於SI(Systeme Internationale)單位制中,能源之基本單位為焦耳(Joule)。以1牛頓之力將一物體推動1公尺距離,所作之功等於1牛頓-公尺,亦即1焦耳。1焦耳之功究竟有多大呢?如吾人將一個1公斤重的袋子提起至離地1公尺之高度,此時所作之功約相當於9.8焦耳。

熱力學上常用之熱量單位,如卡(calorie)與英熱單位(British thermal unit),事實上亦是能源單位,其定義分別如下:

1卡(cal):將1公克20°C之水升高1°C所需之熱能

1英熱單位(Btu):將1磅68°F之水升高1°F所需之熱能

1卡之熱量究竟有多少呢?例如,每人於一天中由食物所獲得之熱量約有2500卡。下面表示幾則重要之單位換算:

1卡＝4.2焦耳

1英熱單位＝1055焦耳

電子伏特(eV)亦為能源單位,其定義如下:移動一電子經過1伏特電位差所作之功的大小稱1電子伏特,其與焦耳間之單位換算如下:

1電子伏特＝1.602×10^{-19}焦耳

此外,常用之電能單位係以功率和時間之單位表示,按前述定義功率之單位為瓦特(Watt),亦即焦耳/秒。例如每秒鐘消耗1焦耳熱量之電燈其功率稱為1瓦特。依此,電能可以瓦特小時或仟瓦小時作單位。注意,最常用之電能單位為仟瓦小時(Kwh),即

1仟瓦小時(俗稱1度電)＝3.6×10^{6}焦耳

日常生活中,一般民眾對於上述所提各種科學用能源單位比較陌生,舉例而言,"中油公司自國外進口原油10^{12}焦耳",吾人實很難想像中油公司究竟花費多少金錢購買原油;現如將措辭改寫作"中油公司自國外進口原油一億桶",如此對於油之支出金額,吾人即有較為明確之數字觀念,因為一桶原油若需20美元,則購入一億桶原油即需花費20億美元 (註,參考附錄二十,即1860～1994年世界原油之價格分佈情形)。

公噸煤當量(metric ton of coal equivalent)之能源單位名稱乃源起於

煤為主要能源時代，因煤隨產地不同其品質會有差異存在，故吾人採納煤之平均熱含量 29.29×10^9 焦耳定作 1 公噸煤當量以方便計算，亦即

$$1 \text{ mtce} = 29.29 \times 10^9 \text{ Joule}$$

據此，吾人相繼訂出另二種習用之商業用能源單位，此即桶油當量（barrel of oil equivalent）及立方米天然氣當量（cubicmeter of gas equivalent），其簡寫各為 boe 及 m^3 gas，其與焦耳間之單位換算如下：

$$1 \text{ boe} = 6119 \times 10^6 \text{ J}$$

$$1 \ m^3 \text{ gas} = 37.26 \times 10^6 \text{ J}$$

附錄之中提供常見度量衡單位間之轉換。表 1.2.1 列舉一些具有代表性能源，其有助於吾人進一步瞭解能源單位以及對於能源多寡有清晰之觀念。

表 1.2.1　　一些典型能源值

各種典型能源	英　制	SI 制
一加侖燃料油之熱量	149000 BTU	157 MJ
煙煤之加熱量	12900 BTU/ℓ bm	30 MJ/kg
地球表面之太陽能（晴天）	330 BTU/hr.ft^2	1040 W/m^2
1000 立方英呎天然氣之加熱值	10^8 BTU	1.05 GJ
核能（鈾）	3.2×10^{10} BTU/ℓbm	74×10^6 MJ/kg
一般住宅用冷氣（夏天）	50000 BTU/h	14.6 kw
典型火力電廠電力輸出	3.41×10^9 BTU/h	1000 MW
人體之散熱量	450 BTU/h	132 W
蒸發水所需之能源	1000 BTU/ℓbm	2326 kJ/kg

1.2.3　人類可以利用之能源

如欲辨明能源之形式，吾人須檢視其是否可以產生動作，換句話說，其必須能夠施力於一物體而使之運動，以下舉出數種不同形式能源之應用：

　　熱能－燃燒生熱使引擎轉動而帶動其他機件

　　光能－光線使輻射計之指針轉動

　　電能－電力使燈炮發亮、馬達轉動

核能－利用核能釋放出的高熱產生高壓蒸汽，再運用此高壓蒸汽以推動渦輪機

動能－風的動能可用以推動風車

位能－水庫之水具有位能，水落下時產生之力可用以推動水輪機

目前，人類可以取得而加以利用之主要能源包括：
1. 太陽能。
2. 石油、天然氣、煤、木柴及鈾（核能）等燃料。
3. 地熱能。
4. 因太陽而形成之海洋能（包括潮汐能、波浪能、海洋溫差變換）。
5. 由風力、水流等所造成之動能。
6. 重力能，如水庫中貯水之位能。

其中前四種能源均以熱之形式產生。值得一提乃太陽是大部分能源之原始來源，例如化石燃料、海洋能、風能、生質能及水力等均間接得自太陽能。對於各種可以加以利用之能源，吾人將於第三、四章內逐一詳細介紹。

1.3　能源之轉換

石油、煤及天然氣諸化石燃料或核燃料等所謂初級能源，一般是先轉換為電力、汽油、瓦斯等之二級能源，經輸送、貯存以後，再供應至能源消費者使用。依能源形態而言，火力發電係先將化石燃料或核燃料燃燒生成熱能，以渦輪機將之變為動能再經發電機轉換為電能；水力發電係將位能變成動能，再轉變為電能；對汽車而言，其引擎係將燃料之化學能燃燒生成熱能，再轉變為功；鋼鐵廠則係以高溫爐燃燒原料炭，將鐵礦還原並產生熱能。

所謂能源轉換乃將各種形態之能源依使用目的之需要而轉換成另一種形態之能源。一般而言，能源間轉換係利用物理、化學等基本原理。表1.3.1列舉各種能源形態，包括功、動能、重力能、彈性應變能、壓縮流體能、電能、電磁能、化學能、核能、熱及內能，並指出相互間變換所涉及之主要物理和化學現象。因各種能源間之轉換技術牽涉頗為廣泛，本書不擬加以說明，讀者可參考有關書籍。

第一章　能源概論　7

表 1.3.1 能源轉換矩陣

轉換前→ ↓轉換後	機械能 功	機械能 動能	機械能 位能 重力能	機械能 位能 彈性應變能	機械能 流體壓縮能	電能	電磁能	化學能	核能	熱	內能
機械能 功	—	飛輪 線性加速	提升重物	彈簧壓縮與伸張	機械幫浦	電動機 電磁鐵 電伸縮現象	?	肌肉	?	熱機循環	膨脹過程
機械能 動能	衝量與動量變化 （渦輪機葉片）	—	降下重物	彈簧	空氣馬達 渦輪機	電動機	?	肉 槍砲	?	脈動噴射 輪機噴射	噴嘴
機械能 重力位能	皮帶和液壓壓力計	—	—	彈弓器	噴嘴	質點加速器 電磁幫浦	康普頓散射 輻射計	槍火	質點放射	熱空氣球蒸發（雲層）	?
機械能 彈性應變能	皮氏流速與定管及壓表	火箭	彈簧—重物系統	彈簧—重物系統	上射噴嘴 水力扛重器	電磁鐵	?	?	?	熱壓力 雙金屬條	?
機械能 流體壓縮能	升壓器	—	汽缸活塞	壓電	—	電磁幫浦	?	燃燒	?	流體加熱	?
電能	直流發電機 交流發電機	磁流動力發電機 電氣體動力發電機 電力動能變流	水力發電機 液滴發電機	壓電	電氣體動力發電機	—	光電 太陽電池 收音機天線	燃料電池	核子電池	熱電子 熱離子 熱磁 鐵柵即時效應	?
電磁能	?	熒光 韌致輻射 契連科夫輻射	?	?	?	雷射及脈射 無線電發射機 電發光	—	化學發光 （螢火蟲）	磷光體 X光放射 加馬放射 毀滅作用	熱輻射	?
化學能	?	放射分離	?	?	?	電解 電池充電	光合作用 光化學	—	離子作用 輻射催化劑	吸熱反應	?
核能	?	帶電荷質點反應	?	塑性流動	?	—	伽瑪反應	放熱反應 燃燒	核分裂 放射衰變 核融合	?	?
熱	摩擦	儲蓄 摩擦	摩擦	摩擦	摩擦	焦耳加熱	吸收	?	輻射傷害	—	傳導 對流
內能	壓縮 摩擦	升壓器	?	?	未受制膨脹	?	?	?	?	顯熱 溶解熱	—

1.4 未來人類之能源系統

人類科技日益進步，除了開發出許多核能及自然能源以外，各國亦加強節約能源之措施。現今所消耗掉能源中，被有效利用之部分僅達百分之三十到四十，故提高能源利用效率和節省能源用量是同樣地重要。

台灣人口密度高，天然資源少，經濟發展所需之能源及農工原料均須依賴國外進口。故而，一旦國際能源或重要農工資源之供應價格有所變動時，即迅速地影響台灣經濟。目前唯有提高能源使用效率及減少能源之不必要浪費，方能吸收因能源價格高漲所增加之費用，同時亦應鼓勵各生產事業採用新的製造過程，加強隔熱材料之改良，研究廢熱之再利用。

過去數年來，煤炭之利用再度受到重視，加上核能發電大力開發，因而降低了吾人對於石油之依存度，咸信此種趨勢在不久將來將更加明顯。長期而言，上述手段僅為順應日漸枯竭之石油所採取之一時變通辦法，石油終究有告罄之一天，因此吾人亟需研擬一套更長遠之辦法才行。幸好人類可資利用之能源，如前節所述具有多種形式，其中任一種能源之來源均有其不同途徑，故即使將來石油耗盡，吾人亦不必過分擔心沒有其他形式之能源可供利用。能源形式是可替代的，化石燃料、核能及太陽能等能源均可經由不同之方法而轉換成各種形式之能源。不過，使用替代能源時，應須考慮到技術及成本問題。依目前之技術水準而言，今後數十年間最具發展潛力之替代能源當推煤炭及核能。預測西元二千年以後之五十年間，人類之電源將以核能為主，而石油將以煤炭製成之合成油來代替。另外，如以環境觀點來預測西元二千年後之能源使用形式，以太陽能為主之自然能源系統將呈大幅度增加。因為化石燃料經燃燒後均會產生二氧化硫及氮氧化合物等污染空氣之氣體，而且燃燒時產生之二氧化碳亦會使地球溫度增高（熵增高），另一方面，利用核能亦有放射性廢料及廢爐處理等問題，且核燃料之來源亦相當有限，故亦不是長久之計。

況且使用自然能源以外的能源均會使地球受到額外之加熱，一旦人類之文化繼續提高，人口更進一步增加，則大量之額外熱源必然會造成污染。因此根本的解決之道即儘量使用自然能源，並加強節約能源技術，這些將在本書後面詳予說明。

不論如何，今後尚有一段很長時期仍須以化石燃料作為主要能源，至於核

第一章 能源概論

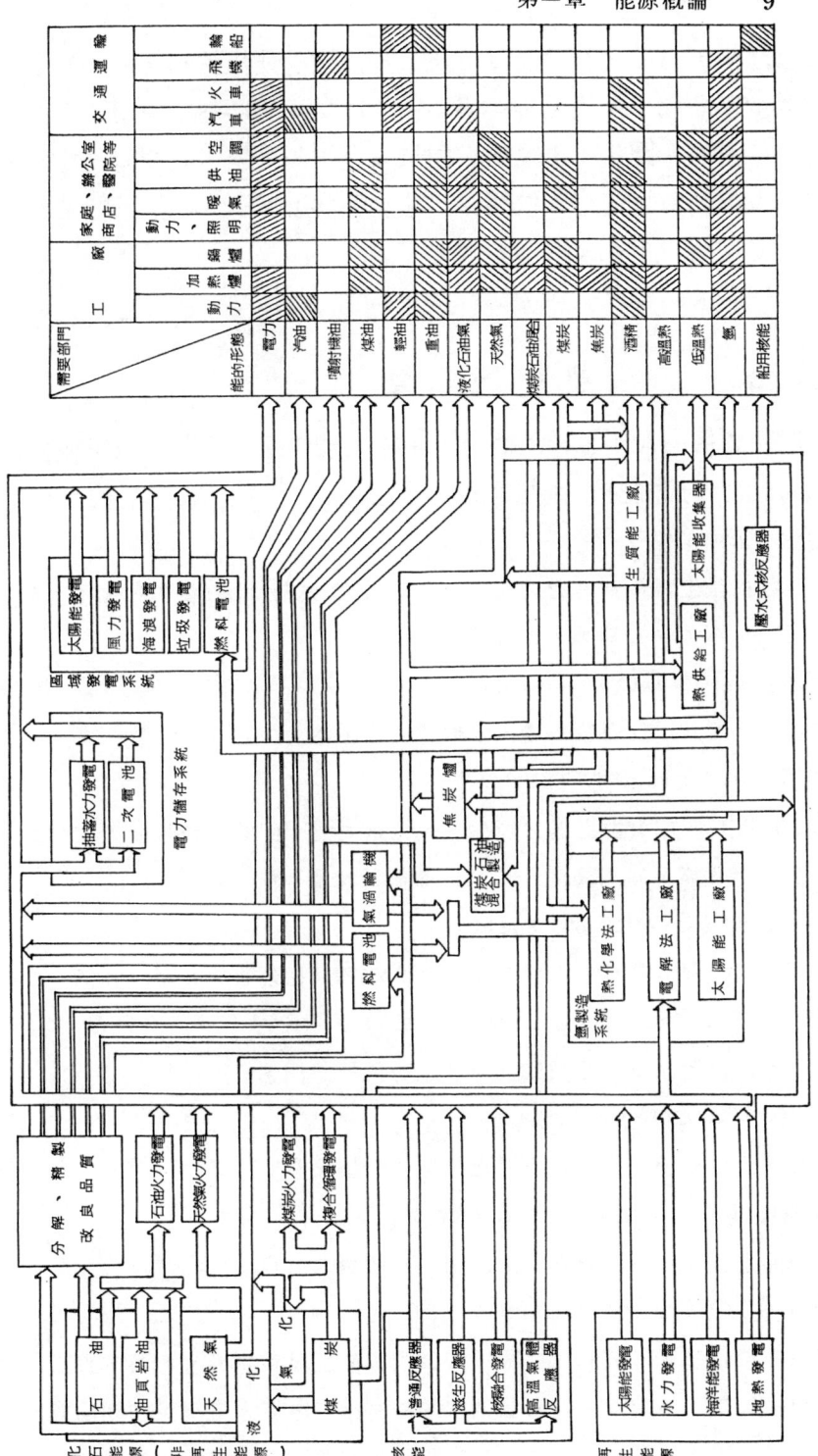

圖 1.4.1 未來人類之能源系統圖

能及自然能源方面，必然隨著科技進步而增加使用比率，使人類對石油、煤炭之依賴度逐漸減少。據估計，眞要完全放棄化石燃料之使用，至少尙需六十年至七十年左右。圖 1.4.1 說明人類未來之能源系統，其清楚地指出各種能源於未來被人類利用之情形。欲明白各種能源應用，吾人應熟悉能源科學，此即第二章所要說明者。

1.5　一般能源詞彙

明白常用一般能源術語的涵義，極有助於研讀相關資料，並能很快掌握住要點，此乃本節編排之主要目的。

1. 能源（Energy）

某一系統產生外界活動力之能力，形式計有機械能（位能和動能）、熱能（內能及焓）、化學能、物理能、電磁能及電能。

2. 天然能源（Natural energy）

存在於自然界中且可藉技術方法取得的能源總量。

3. 初級能源（Primary energy）

尙未加以轉化或轉換處理之能源。包括水力能，固體、液體及氣體燃料，核能，太陽能，生質能，風能，海洋能，地熱能及核融合能。

4. 二級能源（Secondary energy）

利用初級能源或其他二級能源加以轉化或轉換處理後之能源。

5. 能源工業（The energy industries）

與國家經濟體系中滿足國家能源需求有關的部門。

6. 能源系統（Energy systems）

可將能源做爲固有物質或進料之材料或設備。

7. 能源技術（Energy technology）

能源的生產、轉換、儲存、分配和利用相關之技術。

8. 能源政策（Energy policy）

國家（或國際）政策的一部分，涉及能源的生產和供應、轉換、儲存、分配和利用，以及制定策略以求掌握國家及國際的可用能源資源俾滿足預期的能源總需求量；此政策亦考慮能源節約，尤其是有限燃料的潛力，以及環境的調諧。

9. 能源轉換（Energy transformation）

　　能源由一種物理形態經物理變化後轉換爲另一物理形態的過程（如煤液化）。

10. 能源轉化（Energy conversion）

　　能源的回收或生產並不涉及物理形態的改變（如煤煉焦）。

11. 能源利用（Energy utilisation）

　　由可用能源（最後使用過程之前可供消費者使用之能源）獲得有效能源（能源經最後使用過程而可供消費者使用之能源）。

12. 能質（Exergy）

　　能量可轉換性之量度。一已知的能量在優越（周遭）的熱力學條件下可轉換爲他種形式能量的最大數量。以焦耳表示。

13. 能源平衡（Energy balance）

　　就某一特定的經濟區域、系統或製程，在一特定時間內的能源投入及能源消費的數量表示，包括在轉化或運輸過程中的損失及用於非能源用途的能源物質投入。「熱平衡」是一類似用語。

14. 能源蘊藏（Energy reserve）

　　已知能源資源具經濟可採價值者。

15. 再生能源資源（Renewable energy resources）

　　已知的和推估的，自然產出的，不斷再生的能源資源其已具經濟價值或在未來可具經濟價值者。

16. 熵（Entropy）

　　一種對物理系統之無秩序或亂度之量度。

問　題

1. 說明能源對於人類之重要性。
2. 管理人類活動之三大基本體系爲何？試說明之。
3. 能具有那幾種形式？其共同特性爲何？
4. 現今人類可以獲得之能源共有那些？
5. 何謂能量轉換？試列舉其中五項並說明伴隨發生之理化現象。
6. 1 Cal，1 Btu，1 eV，1 kwh，1 mtce，1 boe 及 1 m^3 gas 各等於多少焦耳？何者最大？何者最小？

7.能源與能質有何不同？

參考資料

〔1〕 D.W.Devins,"Energy：Its Physical Impact On The Environment", John Wiley and Sons, 1982

〔2〕 R.C.Dorf, "The Energy Factbook", McGraw-Hill, 1981

〔3〕 A.H.Taher, "Energy (A Global Outlook)", Pergamon, 1982

〔4〕 H.T.Odum, E.C.Odum, "Energy Basis for Man and Nature", McGraw-Hill, 1981

〔5〕 周一夔編，「能源概論」，國立編譯館，1982

〔6〕 潘家寅譯，「能源—由風車至核子動力」，科技，1979

〔7〕 賴耿陽譯，「能源轉換工學」，復漢，1981

〔8〕 經濟部能源委員會，「能源淺談」，能委會，1983

〔9〕 經濟部能源委員會，「能源詞彙」，能委會，1985

〔10〕 黃文良　黃昭睿　李慶祥著，「能源應用—課程規劃」，技職研討會，1986

第 二 章

能源科學—熱力學

2.1	氣體定律	2.2	比　　熱
2.3	熱力系統	2.4	熱力過程
2.5	不流動過程	2.6	流動過程
2.7	熱力學第一定律	2.8	熱力學第二定律
2.9	熱力循環	2.10	與能源有關熱力學術語

　　如欲深入探討各種能源性質、能源轉換、能源儲存、能源管理及能源節約等問題，吾人必須要熟悉能源科學—熱力學，如此方能有效掌握範圍廣泛之能源應用。本章主要內容包括各種氣體定律、比熱、熱力系統、熱力過程、熱力學定律、熱力循環以及熱力學術語等，俾提供尚未學習過熱力學者一些理論基礎，同時亦作為已學過熱力學者一簡明複習。

2.1　氣體定律

　　如果人的肉眼可以「看見」氣體之每個組成分子（molecule），則氣體究竟像什麼？欲回答此一問題，首先，吾人檢視最具代表性之氣體—空氣。空氣係由幾種氣體構成之混合物，如表2.1.1所示，明白空氣之特性，將有助於吾人瞭解其他各種氣體。

　　空氣（或任何氣體）分子經常連續地作不規則之隨機運動（random motion），每秒鐘內各分子間彼此碰撞不下數百萬次，而且各分子之運動速率及動量均不同。不過，分子整體呈現出一個平均速率（average speed），而且亦同時

表 2.1.1
空氣之組成

成分	體積百分比
N_2	78.1
O_2	20.9
Ar	0.934
CO_2	0.0314
Ne	0.0018
He	0.0005
Kr	0.0001
Xe	0.00001
H_2O	0～0.04

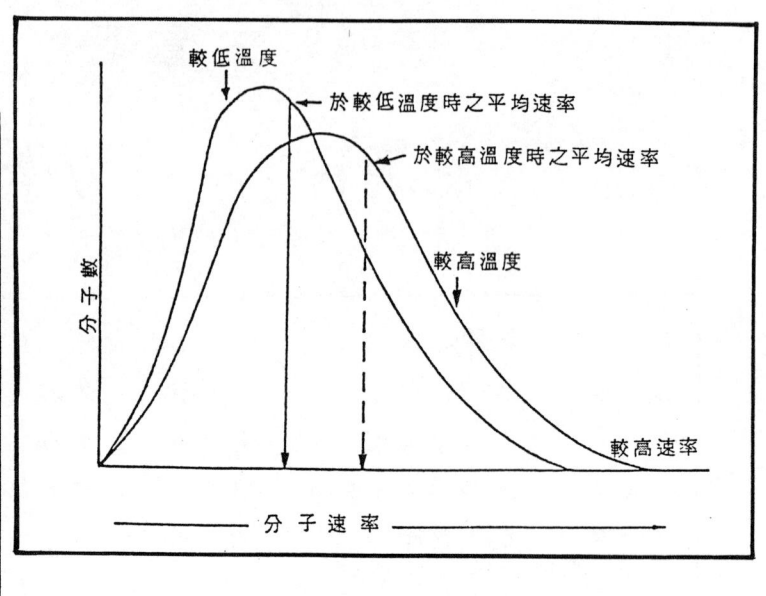

圖 2.1.1　分子運動速率分佈曲線

呈現出一個平均動能（average kinetic energy），如圖 2.1.1 所示。

　　氣體何以會產生氣體壓力呢？欲明瞭此種現象，吾人可作如下實驗。現如對準牆壁投擲橡皮球，當橡皮球碰到牆壁時即反彈回來，而於反彈回來那一瞬間，球予牆壁輕輕一「推」；如果吾人連續不斷地投擲許多橡皮球至牆壁上，則將予牆壁連續不停地「推」。換言之，其施加「壓力」予牆壁上。接著說明氣體之情形，若有一密閉容器充滿氣體，則氣體分子將連續不停地自容器內壁反彈回去，它們不停地撞擊容器內壁，這種碰撞（collision）發生於小小一平方公分之容器壁上每秒鐘達數百萬次之多！因此這些小撞擊力之總和即爲形成容器內之氣體壓力故也。

　　如對上述密閉容器中之氣體加熱，則氣體分子之運動速率將更加快，同時，分子之撞擊力亦會增大，因此氣體壓力亦將增加。以上所述，即著名之「氣體運動分子說」（kinetic molecular theory of gases），茲將其要旨摘述如下：

1. 任何氣體均可壓縮，因爲分子與分子間隔遠大於分子本身直徑。
2. 氣體溫度與隨機運動之氣體分子的平均動能有關。於較高溫度下，分子具有較大動能。

3.氣體壓力由氣體分子動能與氣體分子撞擊密閉容器壁之頻率而決定。

2.1.1 波義耳定律 (Boyle's Law)

於1662年，英人波義耳提出氣體體積（V）和氣體壓力（p）兩者間之關係式，此關係式即著名之「波義耳定律」，此定律敍述：於一定溫度下，氣體體積與壓力成反比。利用方程式可表示如下：

$$p_i V_i = p_f V_f \quad \text{(溫度不變)} \qquad (2.1)$$

此式說明在初狀況下氣體壓力和體積之乘積（$p_i V_i$），等於在末狀況下氣體壓力和體積之乘積（$p_f V_f$）。注意，此式成立之先決條件乃溫度必須保持不變，且其間並無氣體加入或逸出及不發生化學反應方可。

〔例題2.1〕

於0.98 atm壓力下，收集0.58公升之某氣體。現若此氣體被壓縮成0.10公升之體積，且於壓縮過程中溫度保持不變，試問該氣體最後壓力是多少atm？

〔解〕：

∵ $p_i V_i = p_f V_f$

$(0.98 \text{ atm})(0.58 \ell) = p_f (0.10 \ell)$

∴ $p_f = 5.6$ atm

2.1.2 查理定律 (Charle's Law)

於1787年法國物理學家查理，提出有關氣體體積與氣體溫度之關係式，此關係式現被稱作「查理定律」。此定律敍述：氣體體積與氣體溫度成正比，設其他因素保持不變。如以另外觀點說明：唯當壓力保持不變、氣體分子數不增不減及無化學反應發生時，氣體初體積除以初絕對溫度，等於氣體末體積除以末絕對溫度。以方程式表示為

$$\frac{V_i}{T_i} = \frac{V_f}{T_f} \quad \text{(設壓力不變)} \qquad (2.2)$$

式中　T：絕對溫度　　　V：體積

〔例題2.2〕

於一定壓力下，1.50公升之氦氣由23°C冷却至－223°C，此時氦氣體積變為若干？

〔解〕：

由查理定律知

$$\frac{V_i}{T_i} = \frac{V_f}{T_f}$$

$$\therefore \frac{1.50}{273+23} = \frac{V_f}{273-223}$$

$$\therefore V_f = 0.253 \text{ 公升}$$

2.1.3 亞佛加德羅定律（Avogadro's Law）

於1811年，義大利人亞佛加德羅提出一觀點，即在同樣溫度及壓力狀況下，具有相等體積之不同氣體含有相同數目之分子。直至1880年末期此一觀點方被世人接受。

由於氣體之密度係依溫度與壓力而定，故某一體積氣體之分子數亦同樣受氣體溫度及壓力的影響。於0°C，1 atm狀況下，體積為22.4公升之任何氣體均含有6.02×10^{23}個分子。溫度0°C及壓力1 atm常被稱作標準溫度及標準壓力，此狀況一般簡寫為STP（standard temperature and pressure）。

摩爾（mole）一詞常用以表示物體之質量。例如一克摩爾（g·mole）之氧，其質量為32.0克；一磅摩爾（lbm·mole）之氧為32.0磅；一公斤摩爾（kg·mole）之氧為32.0公斤。設分子量符號為M，摩爾數符號為n，物體質量符號為m，則三者具有下列關係：

$$n = \frac{m}{M}$$

$$\frac{m}{n} = M = M^* N_0$$

式中M^*表示一個分子之質量；N_0表示一克摩爾物體之分子數。由前式，吾人可得

$$N_0 = \frac{M}{M^*}$$

式中比值N_0稱作亞佛加德羅常數（Avagadro's number），其值為6.02×10^{23}分子/克摩爾。依此可知，1克摩爾之分子數目為6.02×10^{23}個分子，而1公斤摩爾之分子數目則為6.02×10^{26}個分子。

2.1.4 理想氣體方程式（Ideal Gas Equation）

當氣體存在之狀態，壓力低而溫度高，亦即比容相當大或密度相當小，則該氣體可視作理想氣體。如將理想氣體存在狀態下之壓力、比容及溫度三者間關係以方程式表示，即稱為理想氣體之狀態方程式（equation of state）。由實驗結果分析，理想氣體之狀態方程式為：

$$pV = nR_u T \tag{2.3}$$

式中

- p：氣體之絕對壓力　　（atm）
- V：氣體之體積　　　　（ℓ）
- n：氣體克摩爾數　　　（g·mole）
- R_u：通用氣體常數　　（atm·ℓ/g·mole·K）
- T：絕對溫度　　　　　（K）

通用氣體常數（universal gas constant）R_u 視 p、V、n 和 T 之單位而有不同之值，較常使用者有：

$R_u = 0.08206$　　atm·ℓ/g·mole·K

$R_u = 8314.41$　　J/kg·mole·K

$R_u = 1.986$　　　cal/g·mole·K

$R_u = 1.986$　　　k cal/kg mole·K

$R_u = 1545$　　　 ft·lbf/lbm·mole·K

$R_u = 1.986$　　　Btu/lbm·mole·K

顧名思義，理想氣體狀態方程式係應用於「理想化」氣體—亦即遵守 $pV = nR_u T$ 之氣體。嚴格而言，理想氣體係指符合分子不佔空間且分子間無相互作用（interaction）之氣體；事實上，如空氣、氧、氮、氦等實際氣體（real gas）均無法符合上述條件。由實驗結果證實，只要氣體密度低，則使用理想氣體之特殊關係式 $pV = nR_u T$ 所造成之誤差極小，一般約在10％以內。

由方程式（2.3）可導出一些實用之關係式如下：

$$pV = \frac{m}{M} R_u T$$

$$p\frac{V}{m} = \frac{R_u}{M} T$$

$$pv = RT \tag{2.4}$$

式中 $R = \dfrac{R_u}{M}$ 稱作某一氣體之氣體常數。方程式（2.4）亦可改寫為：

$$pV = mRT \qquad (2.5)$$

因此

$$\dfrac{p_1 V_1}{T_1} = \dfrac{p_2 V_2}{T_2} \qquad (2.6)$$

此式說明低密度氣體遵守前述之波義耳及查理定律。

〔例題 2.3〕

某有機化合物，自液體變成氣體，於 100°C 及 758 mmHg 之壓力下，0.785 克此種化合物之體積為 274 ml，試問此化合物之克摩爾質量為若干？

〔解〕：

以 atm 表示壓力 $= \dfrac{758}{760} = 0.997$ atm

以公升表示體積 $= \dfrac{274}{1000} = 0.274 \; \ell$

以 K 表示溫度 $= 273 + 100 = 373$ K

由 $pV = n R_u T$ 知

$$n = \dfrac{pV}{R_u T} = \dfrac{(0.997)(0.274)}{(0.0821)(373)} = 8.92 \times 10^{-3} \text{ g·mole}$$

故 g·mole 質量 $= \dfrac{m}{n} = \dfrac{0.785}{8.92 \times 10^{-3}} = 88$ g/g·mole

2.2　比　熱

將某單位質量物質升高（或降低）溫度一度，所需供給（或移走）之熱量，稱為該物質之比熱（specific heat）。設加至質量為 m 物體上之熱量為 dQ，致使該物體上升 dT 之溫度，則此物體之比熱 C 為

$$dQ = mC \, dT \qquad (2.7)$$

積分此式可得

$$Q = m \int_{T_1}^{T_2} C \, dT \qquad (2.8)$$

式中

　　Q：全部加入之熱量

m：被加熱物體之質量

C：比熱（單位：J/kg·°C）

T_1：初溫度

T_2：末溫度

　　方程式（2.7）可改寫成單位質量物體，於溫度升高 1 度所需之熱量，而以下式表之：

$$dq = C\, dT \tag{2.9}$$

　　對於大部分物質而言，比熱值隨加熱（或冷却）過程不同而異，故爲一變數，可利用溫度（T）函數表示，如 $C = a + bT + eT^2 + \cdots\cdots$，其中 a、b、e ……爲常數。但在一些情況下，若將比熱以常數看待（如取比熱平均值），亦可獲得良好分析結果，依此，如將比熱視爲常數，則（2.8）式可改寫爲：

$$Q = mC(T_2 - T_1) \tag{2.10}$$

〔例題 2.4〕────────────────────────────

　　現有 40 kg 之燃料油其比熱（平均值）爲 774 J/kg°C，現若自 20°C 加熱至 95°C，則需加入多少熱量？

〔解〕：

　　視比熱爲常數，故利用（2.10）式可得

$$\begin{aligned}Q &= mC(T_2 - T_1) \\ &= 40 \times 774 \times (95 - 20) \\ &= 2.3 \times 10^6 \text{ J}\end{aligned}$$

〔例題 2.5〕────────────────────────────

　　有 80 kg 之某化合物，其比熱與溫度具有下述關係：$C = 0.45 + 0.008\,T$，現欲將此化合物自 300°C 加熱至 500°C，試計算需加入多少熱量？

〔解〕：

$$\begin{aligned}Q &= m\int_{T_1}^{T_2} C\, dT \\ &= 80 \int_{T_1}^{T_2} (0.45 + 0.008\,T)\, dT \\ &= 80 \left[0.45\,T + 0.004\,T^2 \right]_{300}^{500} \\ &= 80 \left[0.45(500 - 300) + 0.004(250000 - 90000) \right] \\ &= 58400 \text{ J}\end{aligned}$$

2.2.1 定容比熱與定壓比熱

若將熱加入某種可壓縮之流體（compressible fluid），例如氣體，則於加熱過程中氣體之體積可能不會產生變化，亦可能會產生變化。現如於加熱過程進行的前後，氣體體積均保持不變（參考圖2.2.1），則此時全部加入之熱能均轉換成氣體之內能，換句話說，所有加入之熱能均用以提高氣體之溫度。上述之加熱過程，吾人稱為定容加熱過程（constant-volume heating process），於此過程中，如測量物體溫度升高1 K，其單位質量（1 kg或1 g）所需之熱量即稱為該物體之定容比熱（constant-volume specific heat），以 C_v 表示。

現說明另一種情形，即於加熱過程中，氣體之體積隨溫度上升而以定壓方式膨脹，此種加熱過程，吾人稱為定壓加熱過程（constant-pressure or isobaric heating process），參考圖2.2.2所示。於定壓加熱過程中，如測量物體升高1 K，其單位質量所需之熱量即稱為該物體之定壓比熱（constant-pressure specific heat）以 C_p 表示。

氣體於等壓加熱過程中，除提升氣體溫度外，又需額外負擔氣體對外界作功（如圖2.2.2中對活塞與砝碼），故明顯地 C_p 值大於 C_v 值。對理想氣體而言，C_p 與 C_v 間具有如下之關係：

$$R = C_p - C_v \tag{2.11}$$

依此可知，某一特定氣體常數即為該氣體之定壓比熱與定容比熱之差值。(2.11)式可改寫如下：

$$C_p = C_v + R \tag{2.12}$$

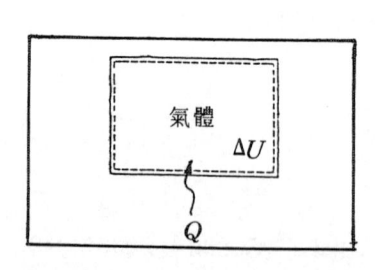

圖 2.2.1　定容加熱過程

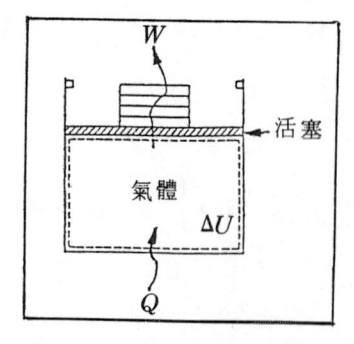

圖 2.2.2　定壓加熱過程

此式之物理意義即於定壓加熱過程中單位質量理想氣體溫度上升 1 K 需要 C_p 之熱量，其中一部分熱量（C_v）係用以提高氣體之溫度（亦即增加分子之內能），另外有一部分熱量（R）則供氣體對外界作功。

C_p 與 C_v 之值均可由實驗獲知，表 2.2.1 列舉一些物質之定壓及定容比熱。

2.2.2 定容比熱與定壓比熱之數學定義

能量進出系統邊界可依兩種方式進行即熱與功，不過由於熱與功進出密閉系統，將造成密閉系統的系統能量發生變化，由能量不滅定律獲悉，施於密閉系統之能量應等於其系統能量的變化，利用數學式子可表示如下：

$$Q + W = \triangle E \qquad (2.13)$$

式中

　　Q：進出密閉系統之熱

　　W：進出密閉系統之功

　　△ E：密閉系統內系統能量之變化

注意，系統能量包括許多形式之能量，如分子之熱動能（內能）、化學能、電能、核能、磁能……等，現若僅考慮內能而將其他能量忽略之，則（2.13）式可改寫作：

$$Q + W = \triangle U \qquad (2.14)$$

以單位質量表示，則又可改寫如下：

$$q + w = \triangle u \qquad (2.15)$$

兩邊微分可得

$$\delta q + \delta w = du \qquad (2.16)$$

式中符號 δ 表示非正合微分（inexact differential），而符號 d 則表示正合微分（exact differential）。例如，功與熱均為途徑函數，其屬於非正合微分；至於系統性質如內能、體積、壓力、焓、熵等均為狀態函數，其屬於正合微分。

外界對系統作功，如活塞壓縮氣缸中之氣體，此時若功之發生僅來自系統體積變化，則上式 $\delta w = -pdv$，因此

$$\delta q - pdv = du$$

$$\text{即 } \delta q = du + pdv$$

表 2.2.1 各種物體之比熱

物　　質	C_p KJ/kg°C	C_p Btu/lbm°F	C_v KJ/kg°C	C_v Btu/lbm°F
固體（20°C）				
鋁	0.896	0.214		
銅	0.383	0.091		
鐵	0.452	0.108		
銀	0.234	0.056		
鎢	0.134	0.032		
磚	0.84	0.201		
玻璃	0.7	0.167		
松樹	2.8	0.669		
液體（20°C）				
水	4.18	1.00		
Freon 12	0.966	0.231		
氨	4.8	1.15		
引擎油	1.9	0.45		
汞	0.14	0.033		
氣體（1 atm, 20°C）				
空氣	1.005	0.240	0.718	0.1715
氫	14.32	3.42	10.17	2.43
氦	5.234	1.25	3.14	0.75
甲烷	2.227	0.532	1.687	0.403
水蒸汽	1.867	0.446	1.407	0.336
乙炔	1.712	0.409	1.394	0.333
一氧化碳	1.043	0.249	0.745	0.178
氮	1.038	0.248	0.741	0.177
乙烷	1.767	0.422	1.495	0.357
氧	0.917	0.219	0.653	0.156
氬	0.515	0.123	0.310	0.074
二氧化碳	0.846	0.202	0.653	0.156
丙烷	1.692	0.404	1.507	0.360
丁烷	1.758	0.420	1.62	0.387

現考慮定容過程，即 $dv = 0$，故

$$\delta q = du \qquad (2.17)$$

而定容比熱 C_v 於過程中係保持為一常數，故（2.9）式可改寫為

$$\delta q_v = C_v dT_v \qquad (2.18)$$

下標 v 表示定容過程，由於是定容過程，故所加之熱量全轉換成系統之內能，亦即 $\delta q_v = du_v$，故

$$du_v = C_v dT_v \qquad (2.19)$$

因此，定容比熱 C_v 可以下式表之：

$$C_v \equiv \left(\frac{\partial u}{\partial T}\right)_v \qquad (2.20)$$

（2.20）式即為定容比熱之定義方程式。

現考慮定壓過程，則

$$\delta q_p = du_p + p dv_p \qquad (2.21)$$

焓（enthalpy）以符號 h 表示，其乃物質性質之一，它以下式定義：

$$h \equiv u + pv \qquad (2.22)$$

將上式微分

$$dh = du + pdv + vdp \qquad (2.23)$$

注意，於定壓過程中，壓力維持定值，即 $dp = 0$，故

$$dh_p = du_p + p dv_p \qquad (2.24)$$

由（2.21）式可得

$$\delta q_p = dh_p$$

此式說明，於定壓過程中所加入之熱量等於焓之變化量，即

$$q = h_2 - h_1 \qquad (2.25)$$

由（2.9）式

$$\delta q_p = C_p dT_p \qquad (2.26)$$

故

$$dh_p = C_p dT_p \qquad (2.27)$$

$$C_p \equiv \left(\frac{\partial h}{\partial T}\right)_p \qquad (2.28)$$

（2.28）式即為定壓比熱之定義方程式。

於定容過程中，如 C_v 不隨溫度改變，換言之，C_v 為常數時，則(2.20)式可寫如下：

$$C_v \approx (\frac{\triangle u}{\triangle T})_v \qquad (2.29)$$

$$\triangle u = C_v \triangle T \qquad (2.30)$$

$$\triangle U = mC_v \triangle T \qquad (2.31)$$

或

$$Q = mC_v \triangle T \qquad (2.32)$$

此處 Q 表示加入系統中之熱能。而於定壓過程中，如 C_p 為常數，則(2.28)式可改寫作：

$$C_p \approx (\frac{\triangle h}{\triangle T})_p \qquad (2.33)$$

$$\triangle h = C_p \triangle T \qquad (2.34)$$

或

$$q = C_p \triangle T \qquad (2.35)$$

$$Q = mC_p \triangle T \qquad (2.36)$$

〔例題 2.6〕

如圖 2.2.3 所示為一台 5 馬力之攪拌馬達，其於一盛有 50.kg 質量水之容器內攪拌 1 小時。設該容器係完全絕熱，試求水之內能變化以及水溫度變化量為多少？（此過程於定容下進行，水之 C_v 視作常數，$C_v = 4177.8$ J/kg·K）

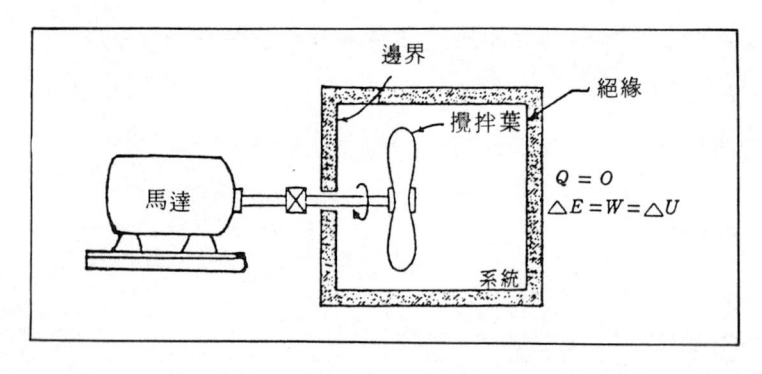

圖 2.2.3　例題 2.6

〔解〕：

①馬達之功率　　　$p = 5 \text{ HP} = 5 \times 746 = 3.73 \times 10^3 \text{ J/s}$

　內能變化　　　$\triangle U = w = pt = 3.73 \times 10^3 \times 3600$
$$= 1.34 \times 10^7 \text{ J}$$

②由定容比熱定義　　$C_v = (\dfrac{\partial u}{\partial T})_v$

　由於該容器完全絕熱　　$C_v = $ 常數

　由（2.29）式　　$C_v \approx (\dfrac{\triangle u}{\triangle T})_v$

$$\triangle u = C_v \triangle T$$

　方程式兩邊各乘以質量 m，則
$$m \triangle u = \triangle U = m C_v \triangle T$$

$$\therefore \triangle T = \dfrac{\triangle T}{m C_v} = \dfrac{1.34 \times 10^7}{50 \times 4177.8} = 64.28 \text{ K}$$

〔例題 2.7〕

某一氣缸中空氣之初體積 $0.03 \, m^3$，初壓力為 1 atm，初溫度為 20°C，設活塞之施力為固定，故氣壓內空氣恆為定壓。現對氣缸內空氣加熱，使其末溫達 260°C，如 C_p 視為常數，亦即 $C_p = 1002.7 \text{ J/kg·K}$，試求

(1)所加熱量之大小？

(2)施於活塞上功之大小？

(3)氣體之內能變化量？

〔解〕：

∵ C_p 為常數

　$Q_p = m C_p \triangle T_p$

　空氣之分子量　$M = 28.97$

　氣缸中空氣質量　$m = \dfrac{p v M}{R_u T} = \dfrac{1 \times 0.03 \times 28.97}{0.082 \times 293}$

$$= 0.036 \text{ kg}$$

①所加入之熱量　$Q_p = m C_p \triangle T_p$
$$= (0.036)(1002.7)(260 - 20)$$
$$= 8663 \text{ J}$$

②施於活塞之功　　$w = \int p\, dv$

於定壓過程　　　$w = p(V_2 - V_1)$

且　　　　　　　$\dfrac{V_1}{T_1} = \dfrac{V_2}{T_2}$

故末體積　　　　$V_2 = \dfrac{V_1 T_2}{T_1} = \dfrac{(0.03)(260+273)}{(20+273)} = 0.055\ m^3$

故　　　　　　　$w = p(V_2 - V_1) = 1(0.055 - 0.03)$
$$= (1.01 \times 10^5\ N/m^2)(0.025\ m^3)$$
$$= 2525\ N\cdot m = 2525\ J$$

但施於氣體之功係爲負值，故
$$w = -2525\ J$$

③而氣體內能之變化　$\triangle U = Q + W$
$$= 8663 - 2525$$
$$= 6138\ J$$

因此吾人可獲得下述結論：於本例中，空氣加入 8663 焦耳之熱，使其內能增加 6138 焦耳，並對外界（活塞）作功 2525 焦耳。

2.3　熱力系統

　　如欲進行科學或工程分析工作，吾人首需界定意欲研究之對象爲何。若對某一定量之物質或某一區域之空間作熱力分析，則稱該物質或該空間爲一熱力系統，或簡稱爲系統。其可能爲任何物體之集合，如汽缸中氣體；亦可能指一小空間，如於某一長方盒內之空間。

　　系統一般以邊界（boundary）予以限制，即該物質或該空間係包容於邊界之內。系統邊界可爲固定的或是可移動的，例如，分析渦輪機之作用時，一般係以渦輪機所佔之空間爲系統，故其邊界爲固定的；而當分析汽缸內氣體對活塞之作用時，通常係以汽缸內之氣體爲系統，故其邊界爲可移動的。另外，系統之邊界亦可爲眞實的抑或爲假想的，如上述渦輪機及汽缸系統，其邊界均爲眞實的；而在分析流體流經管道之特性時，一般常以某一長度管道內所包含流體爲系統，此時其邊界即爲假想的。

　　通常吾人稱系統邊界外之所有物質與空間爲外界（environments 或 sur-

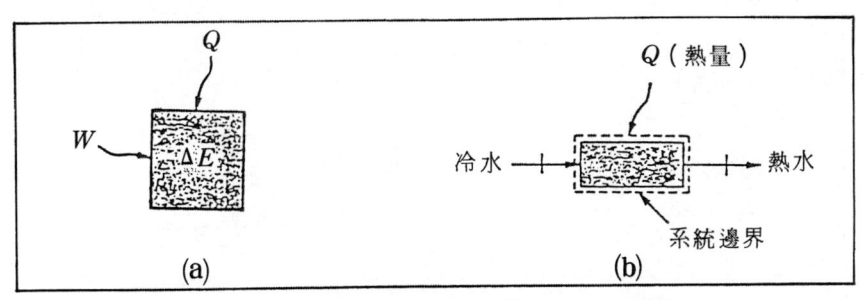

圖 2.3.1　(a)一密閉系統，無質量進出邊界
　　　　　(b)一開放系統，冷水流經一加熱器

roundings），不過，一般僅將與系統具有直接關係的物質與空間，方稱作系統之外界。

熱力系統可分成密閉系統（closed system）與開放系統（open system）。如以某一定量物質為系統，則該系統與外界並無質量交換，亦即無物質流經系統邊界，此為一密閉系統；如圖 2.3.1(a)所示為一密閉系統，其因無質量進出邊界，但允許能量（功或熱或二者同時）進出。另外，若以某一區域之空間為系統，而系統與外界間有質量之交換，亦即有物質流經系統邊界，此乃一開放系統；如圖 2.3.1(b)所示為一開放系統，其允許能量與質量進出系統邊界（此例僅有熱能發生）。

2.4　熱力過程

當系統處於平衡狀態時，吾人可以利用系統性質如溫度、壓力、焓、熵、內能、體積……等，描述系統之狀態。若系統內工作物自一狀態轉換至另一狀態，則謂其進行某一「過程」。在進行過程當中，工作物經歷了無限多「狀態」，這些狀態之集合稱為該過程之途徑（path），不過有時途徑仍以過程稱之。

吾人常以過程圖（process representation）顯示系統狀態連續變化之情形，其為二度空間平面圖，二座標軸均是系統性質。例如，圖 2.3.2 表示飽和水於汽缸中蒸發之過程，圖 2.3.3 表示活塞壓縮理想氣體之過程。常用之過程圖有 $p-v$，$T-v$，$T-s$，$p-h$，$h-s$，$v-u$，$T-p$……等。

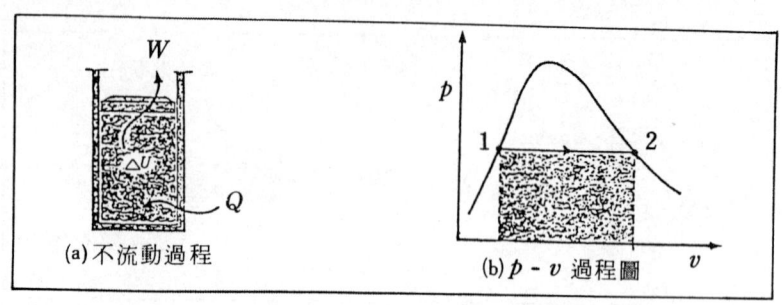

圖 2.3.2　飽和液態水於汽缸中蒸發之過程

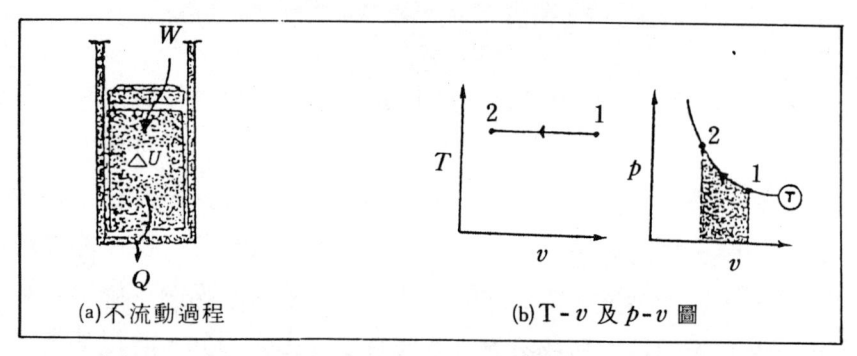

圖 2.3.3　活塞壓縮理想氣體之過程

熱力過程是否可逆（reversible），端視系統狀態於過程發生後，與其初始狀態比較而定。若該系統與外界狀態均無任何變化，則稱為可逆過程；反之則為不可逆過程。事實上，吾人不可能得到一完全可逆之過程，有的僅是一近似可逆過程。

基本上，熱力過程劃分為兩大類：(1)不流動過程（nonflow process）及(2)流動過程（flow process）。至於過程則可分為下述五類：

1. 定容過程（constant-volume process）──於過程中，系統之容積維持不變。
2. 定壓過程（constant-pressure process）──於過程中，系統之壓力維持不變。
3. 定溫過程（isothermal process）──於過程中，系統之溫度維持不變。
4. 絕熱過程（adiabatic process）──於過程中，系統與外界無熱之進出。

5. 多變過程（polytropic process）—於過程中，系統狀態均可滿足 $pv^n =$ 常數之關係。其中 n 為常數，稱為膨脹或壓縮指數（index of expansion or compression）。

以上各種過程，將於底下 2.5 及 2.6 節中分予詳細介紹。

2.5 不流動過程

不流動過程一般係發生於密閉系統中，本節中擬討論在密閉系統中之流體。於熱力過程中常用之流體有兩種，即蒸汽（vapor）及理想氣體（perfect gas），如欲討論前者則必需使用性質表（tables of properties），至於後者則可直接利用代數式討論之。此處僅討論理想氣體之情形，至於蒸汽部分可參考有關之熱力書籍。吾人常將空氣視作理想氣體，而有關空氣性質之三重要常數如下：

定容比熱　　$C_v = 0.718$ KJ/kg·K
定壓比熱　　$C_p = 1.005$ KJ/kg·K
氣體常數　　$R = 0.287$ KJ/kg·K

至於理想氣體各性質間之關係式茲列舉如下，其對於任何過程不論是否可逆均可適用。

1. 理想氣體方程式　　$pv = RT$
2. 內能為溫度之函數　　$u = \phi(T)$
3. 定容比熱為溫度函數　　$C_v = \phi(T)$
4. $du = C_v dT$　　（C_v 之定義）
5. $h = \phi(T)$
6. $dh = C_p dT$　　（C_p 之定義）
7. $C_p - C_v = R$
8. 如比熱為常數，則下列表示式均可成立：

　a. $u_2 - u_1 = C_v (T_2 - T_1)$ 　　　　　　　　　　　（2.37）
　b. $h_2 - h_1 = C_p (T_2 - T_1)$ 　　　　　　　　　　　（2.38）
　c. $s_2 - s_1 = C_v \ln \dfrac{T_2}{T_1} + R \ln \dfrac{V_2}{V_1}$ 　　　　　　　（2.39）

或 $s_2 - s_1 = C_p \ln\dfrac{T_2}{T_1} - R \ln\dfrac{p_2}{p_1}$ （2.40）

或 $s_2 - s_1 = C_v \ln\dfrac{p_2}{p_1} + C_p \ln\dfrac{V_2}{V_1}$ （2.41）

不流動過程如前節所述包括定容過程、定壓過程、多變過程、絕熱過程及等溫過程五種，常見於能源轉換過程之說明中，故吾人應分別明白其含義，茲分別討論如下。

2.5.1 定容過程

假設無攪拌功（paddle work）存在，則任何流體於定容過程中之能量方程式爲

$$q = u_2 - u_1 \quad (2.42)$$

或 $Q = mq = m(u_2 - u_1)$ （2.43）

如流體爲理想氣體，則（2.42）式可寫成

$$q = C_v(T_2 - T_1) \quad (2.44)$$

或 $Q = mC_v(T_2 - T_1)$ （2.45）

狀態方程式爲

$$\dfrac{p_1}{T_1} = \dfrac{p_2}{T_2} \quad (\text{定容過程}) \quad (2.46)$$

熵之變化爲

$$s_2 - s_1 = \int_1^2 \left(\dfrac{dq}{T}\right)_{rev} = \int_1^2 \dfrac{C_v}{T} dT = C_v \ln\dfrac{T_2}{T_1} \quad (2.47)$$

〔例題 2.8〕

將空氣盛裝於固定體積爲 $0.14\ m^3$ 之密閉容器中，已知壓力與溫度各爲 10 bar 及 250°C，現若冷却容器使得壓力降爲 3.5 bar，試計算此過程之末溫、傳遞熱量及熵之變化。（$1\ bar = 10^5\ Pa = 10^5\ N/m^2$）

〔解〕：

(1)末溫度：$T_2 = \dfrac{p_2}{p_1} T_1 = \dfrac{3.5}{10} \times (273 + 250) = 183\ K$

(2)氣體質量：$m = \dfrac{p_1 V_1}{RT_1} = \dfrac{10 \times 100 \times 0.14}{0.287 \times (250 + 273)} = 0.933\ kg$

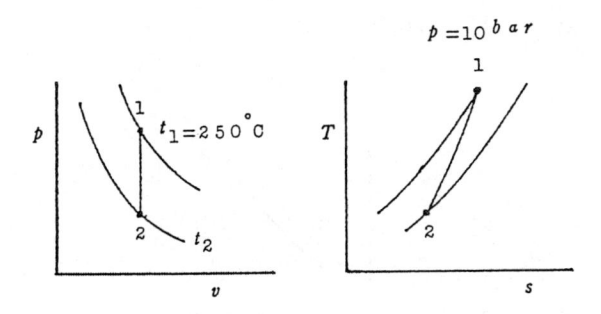

熱傳遞：$Q = mC_v (T_2 - T_1)$
$= 0.933 \times 0.718 \times (183 - 523)$
$= -228$ KJ

(3)熵變化：$s_2 - s_1 = mC_v \ln \dfrac{T_2}{T_1}$

$= 0.933 \times 0.718 \ln \dfrac{183}{523}$

$= -0.703$ KJ/K

2.5.2 定壓過程

當任何流體進行可逆定壓過程時，具有下述關係存在：

$$w = p\int_1^2 dv = p(V_2 - V_1) \qquad (2.48)$$

$$q = (u_2 - u_1) + p(V_2 - V_1) = h_2 - h_1 \qquad (2.49)$$

如流體是理想氣體時，則

$$w = R(T_2 - T_1) \qquad (2.50)$$

$$q = C_p(T_2 - T_1) \text{ 或 } Q = mC_p(T_2 - T_1) \qquad (2.51)$$

狀態方程式爲

$$\dfrac{V_1}{T_1} = \dfrac{V_2}{T_2} \quad (\text{定壓過程}) \qquad (2.52)$$

熵之變化爲

$$s_2 - s_1 = \int_1^2 \left(\dfrac{dq}{T}\right)_{rev} = \int_1^2 \dfrac{C_p}{T} dT = C_p \ln \dfrac{T_2}{T_1} \qquad (2.53)$$

〔例題 2.9〕

0.2 kg之空氣其初溫爲 165°C，於定壓 7 bar 下，使其可逆地膨脹，其體

積增加一倍。試求其末溫度、功及熱傳遞。

〔解〕：

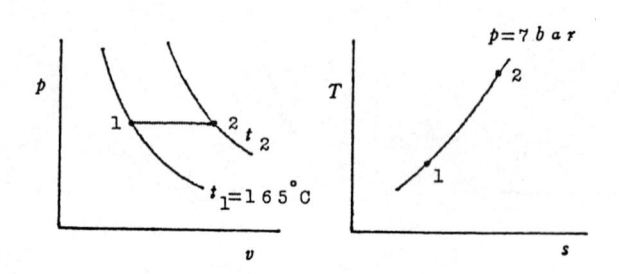

初體積：$V_1 = \dfrac{mRT_1}{p} = \dfrac{0.2 \times 0.287 \times (165+273)}{100 \times 7} = 0.03592 \, m^3$

末體積：$V_2 = 2\,V_1 = 0.07184 \, m^3$

末溫度：$T_2 = \dfrac{V_2}{V_1} T_1 = 2\,T_1 = 876 \, K$

所作之功：$w = p(V_2 - V_1) = 100 \times 7 \times (0.07184 - 0.03592)$
$$= 25.1 \, KJ$$

熱傳遞：$Q = mC_p(T_2 - T_1) = 0.2 \times 1.005 \times (876 - 438)$
$$= 88.0 \, KJ$$

2.5.3 多變過程

當多變過程為可逆時，所作之功為

$$w = \dfrac{(p_2 V_2 - p_1 V_1)}{1-n} \tag{2.54}$$

因此，能量方程式

$$q = (u_2 - u_1) + \dfrac{(p_2 V_2 - p_1 V_1)}{1-n} \tag{2.55}$$

若流體為理想氣體，以上二式可寫成

$$w = \dfrac{R}{1-n}(T_2 - T_1) \tag{2.56}$$

$$q = C_v(T_2 - T_1) + \dfrac{R}{1-n}(T_2 - T_1)$$
$$= \left(C_v + \dfrac{R}{1-n}\right)(T_2 - T_1) \tag{2.57}$$

因為 $p_1 V_1^n = p_2 V_2^n$ 且 $pv = RT$，下列性質間關係均成立，無論過程可逆與否。

$$\frac{T_2}{T_1} = (\frac{p_2}{p_1})^{n-1/n} \qquad (2.58)$$

$$\frac{T_2}{T_1} = (\frac{V_2}{V_1})^{1-n} \qquad (2.59)$$

熵之變化

$$s_2 - s_1 = C_v \, \ell n \frac{T_2}{T_1} + R \, \ell n \frac{V_2}{V_1} \qquad (2.60)$$

$$= C_v \, \ell n \frac{T_2}{T_1} + \frac{R}{1-n} \, \ell n \frac{T_2}{T_1} \qquad (2.61)$$

$$= (C_v + \frac{R}{1-n}) \, \ell n \frac{T_2}{T_1} \qquad (2.62)$$

〔例題 2.10 〕

　　0.9 kg之空氣，其初壓及初溫各爲 15 bar 及 250°C，今置於一可逆且多變之過程中使其膨脹至 1.5 bar，試求其末溫、所作之功、熱傳遞與熵之變化。膨脹指數爲 1.25。

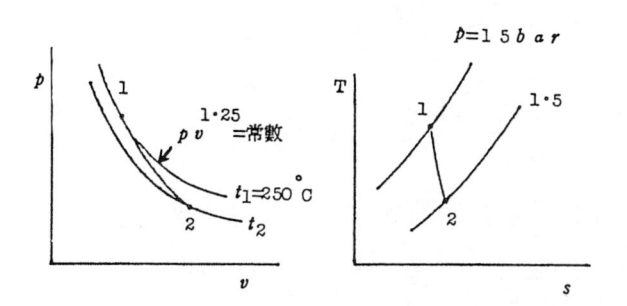

〔解〕：

末溫度：$T_2 = T_1 (\frac{p_2}{p_1})^{n-1/n} = 523 (\frac{1}{10})^{\frac{0.25}{1.25}} = 330\,K$

所作之功：$w = \frac{mR}{1-n}(T_2 - T_1) = \frac{0.9 \times 0.287\,(330-523)}{-0.25} = 199\,KJ$

熱傳遞：$Q = m\,C_v\,(T_2 - T_1) + W$

$\qquad = 0.9 \times 0.718\,(330 - 523) + 199 = 74.3\,KJ$

熵之變化：$s_2 - s_1 = m\,(C_v + \frac{R}{1-n})\,\ell n \frac{T_2}{T_1}$

$\qquad = 0.9\,(0.718 + \frac{0.287}{-0.25})\,\ell n \frac{330}{523}$

$\qquad = 0.178\,KJ/K$

2.5.4 絕熱過程

流體進行絕熱過程，其能量方程式可簡化為

$$w = -(u_2 - u_1) \tag{2.63}$$

若流體是理想氣體，則

$$w = -C_v(T_2 - T_1) \tag{2.64}$$

當理想氣體進行可逆絕熱（亦即等熵）過程，則可以推導出下列關係式

$$0 = C_v dT + p dv \quad (第一定律)$$

$$R dT = p dv + v dp \quad (狀態方程式)$$

二式消去 dT，則

$$0 = (1 + \frac{C_v}{R}) p dv + \frac{C_v}{R} v dp$$

$$= C_p p dv + C_v v dp \quad (因為 R = C_p - C_v)$$

令 $C_p/C_v = \gamma$，則

$$\gamma \frac{dv}{v} + \frac{dp}{p} = 0 \tag{2.65}$$

積分之可得

$$\gamma \ln v + \ln p = 常數$$

$$\therefore p v^\gamma = 常數 \tag{2.66}$$

因為 $pv/T =$ 常數，故分別消去 v 與 p 可得下列二式

$$T p^{(1-\gamma)/\gamma} = 常數 \quad 或 \quad \frac{T_2}{T_1} = (\frac{p_2}{p_1})^{(\gamma-1)/\gamma} \tag{2.67}$$

$$T v^{\gamma-1} = 常數 \quad 或 \quad \frac{T_2}{T_1} = (\frac{V_2}{V_1})^{1-\gamma} \tag{2.68}$$

對理想氣體而言，由（2.66）式可得知可逆絕熱過程乃可逆多變過程的特例；而（2.67）式和（2.68）式可由 $n = \gamma$ 代入（2.58）式和（2.59）式而得，γ 稱為等熵膨脹（或壓縮）指數（index of isentropic expansion or compression）。如同比熱，對實際氣體（real gas）而言，γ 係隨溫度和壓力而變（主要是隨溫度），但一般採用平均值即可。

假如於多變過程所作之功方程式中（2.56式）令 $n = \gamma$，則

$$w = \frac{R}{1-\gamma}(T_2 - T_1) \tag{2.69}$$

上式很容易化爲

$$\frac{R}{1-\gamma}(T_2-T_1)=\frac{C_p-C_v}{1-C_p/C_v}(T_2-T_1)=-C_v(T_2-T_1) \quad (2.70)$$

在可逆絕熱過程，$s_2 = s_1$，則

$$C_p \ln \frac{V_2}{V_1} + C_v \ln \frac{p_2}{p_1} = 0 \quad (2.71)$$

$$\therefore \frac{p_2}{p_1} = \left(\frac{V_1}{V_2}\right)^\gamma \quad (2.72)$$

因過程爲可逆，故

$$pv^\gamma = 常數 \quad (2.73)$$

〔例題 2.11〕

假設例題 2.10 是等熵過程（代替原先多變過程 $\gamma=1.25$），試求末溫度和所作之功。

〔解〕：

對空氣而言 $\quad \gamma = \dfrac{1.005}{0.718} = 1.40$

末溫度 $\quad T_2 = T_1\left(\dfrac{p_2}{p_1}\right)^{(\gamma-1)/\gamma} = 523\left(\dfrac{1}{10}\right)^{\frac{1}{3.5}} = 271 \text{ K}$

所作之功 $\quad w = -mC_v(T_2-T_1)$
$\qquad\qquad\quad = -0.9 \times 0.718 (271-523)$
$\qquad\qquad\quad = 163 \text{ KJ}$

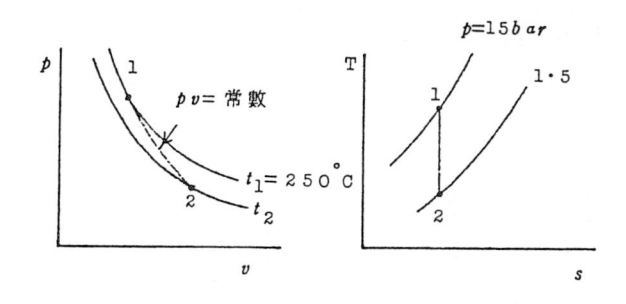

2.5.5 等溫過程

任何流體進行可逆等溫過程時，則

$$q = T(s_2 - s_1) \quad (2.74)$$

由能量方程式

$$w = T(s_2 - s_1) - (u_2 - u_1) \tag{2.75}$$

流體是理想氣體（其內能 u 僅為溫度的函數）時，則 $u_2 = u_1$，所以由上式得

$$q = w$$

利用狀態方程式，吾人可由 $\int p dv$ 求得 w。假設過程是可逆的，因此，理想氣體進行一可逆等溫過程，則

$$q = w = \int_1^2 p dv = RT \int_1^2 \frac{dv}{V} = RT \ln \frac{v_2}{v_1} \tag{2.76}$$

對理想氣體而言，下列諸性質關係式，亦適用於任何同溫之兩狀態：

$$p_1 v_1 = p_2 v_2$$

$$s_2 - s_1 = \frac{1}{T} \int_1^2 (dq)_{rev} = R \ln \frac{v_2}{v_1} \tag{2.77}$$

因為 $p_1 v_1 = p_2 v_2$ 故（2.76）式可寫成

$$q = w = -RT \ln \frac{p_2}{p_1} \tag{2.78}$$

因此

$$s_2 - s_1 = -R \ln \frac{p_2}{p_1} \tag{2.79}$$

顯然，對理想氣體而言，可逆等溫過程為可逆多變過程特例之一，亦即 $n=1$。

〔例題 2.12〕

最初狀態為 155.5°C 和 1 bar 之空氣，經可逆等溫壓縮至比容為 $0.28 m^3/kg$，試求每 kg 流體之內能變化、熵變化、熱傳遞和所作之功。

〔解〕：

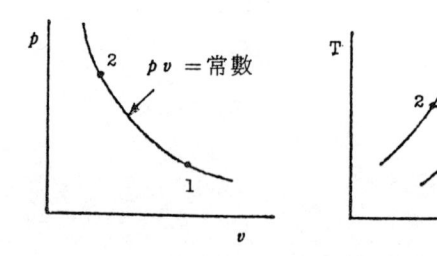

內能變化為零，故

初比容 $\quad v_1 = \dfrac{RT}{p_1} = \dfrac{0.287 \times 428.5}{100 \times 1.0} = 1.230 \; m^3/kg$

熵之變化 $s_2 - s_1 = R \, ln \dfrac{v_2}{v_1}$

$$= 0.287 \, ln \dfrac{0.28}{1.23} = -0.425 \; KJ/kgk$$

熱傳遞 $\quad q = T(s_2 - s_1) = 428.5(-0.425) = -182 \; KJ/kg$

所作之功 $w = q = -182 \; KJ/kg$

2.6 流動過程

本節討論發生在開放系統之各種流動過程。流動過程可區分為兩種：穩定流動（steady flow）和非穩定流動（nonsteady flow）過程，本章只討論前者。

2.6.1 穩定流動系統

開放系統猶如圖 2.6.1 所示。一般動力廠（power plant）之設備組件，例如鍋爐（boiler）、凝結器（condenser）、泵（pump）、壓縮機（compressor）、渦輪機（turbine）、過熱器（superheater）及加熱器（heater）等均屬之。

流體流經某一裝置，其內壁即構成系統邊界，其能量之傳遞和轉換均依據能量守恒律。假如各種狀況能滿足下列諸條件，則視為穩定流動狀況。

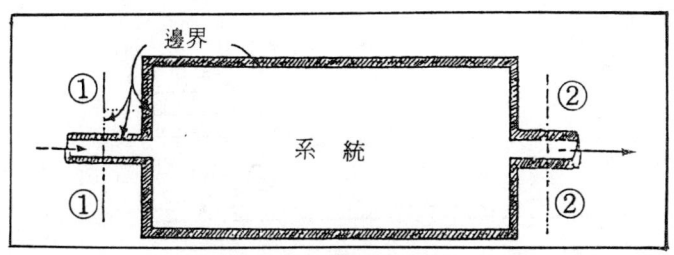

圖 2.6.1 開放系統

1. 系統內流體之質量恒為常數（質量守恒）。亦即若有 1 kg 流體進入系統，則同時會有 1 kg 流體離開系統。
2. 在系統入口和出口截面，壓力、溫度、比容和流速均恒為常數。
3. 能量以功或熱之形式傳遞，並以一定速率進出系統邊界。

過程若能符合以上諸條件，則稱為穩定流動過程。

2.6.2 穩定流動過程之能量平衡

依據能量守恒律，在穩定流動狀況下，同一時間區間進入系統之能量必須等於離開系統之能量，並且系統內質量恒為常數，故穩定流動過程具有下述關係式存在：

進入系統之質量＝離開系統之質量

進入系統之能量＝離開系統之能量

由於這些關係存在，故流動過程之能量平衡很容易寫出。圖 2.6.2 入口截面 1-1，它較基準面（datum plane）高出 $Z_1(m)$，而流動之速度為 $V_1(mps)$，比容 v_1，壓力 p 和內能 u。因此通過截面 1-1 每 kg 流體之各種能量如下：

(1) 位能　　　gZ_1　　　$[\frac{m}{s^2} \cdot m]$

(2) 動能　　　$\frac{1}{2}V_1^2$　　$[(\frac{m}{s})^2]$

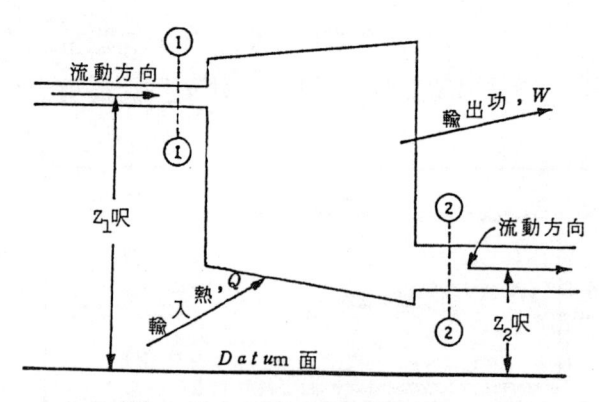

(3) 內能　　　u_1　　　$[\text{Joule}/\text{kg}]$

圖 2.6.2 穩定流動裝置

(4)流動能　　　$p_1 v_1$　　　$\left[\dfrac{N}{m^2} \cdot \dfrac{m^3}{kg}\right]$

同樣通過出口截面 2-2 每 kg 流體的能量如下：

(1)位能　　　gZ_2　　　$\left[\dfrac{m}{s^2} \cdot m\right]$

(2)動能　　　$\dfrac{1}{2}V_2^2$　　　$\left[(\dfrac{m}{s})^2\right]$

(3)內能　　　u_2　　　$[\text{Joule/kg}]$

(4)流動能　　　$p_2 v_2$　　　$\left[\dfrac{N}{m^2} \cdot \dfrac{m^3}{kg}\right]$

能量可以功或熱之形式進出系統，而且進入系統之能量等於離開系統之能量，故對每 kg 流體之流動，其能量平衡方程式如下：

$$gZ_1 + \dfrac{V_1^2}{2} + u_1 + p_1 v_1 + q = gZ_2 + \dfrac{V_2^2}{2} + u_2 + p_2 v_2 + w \quad (2.80)$$

上式「熱傳遞」q 項，當熱加入系統時取正值；反之為負值。「功」w 項，當系統對外界作功（膨脹）取正值；反之，外界對系統作功（壓縮）取負。注意，方程式（2.80）之單位應當保持一致，速度 V 是 m/s，壓力 p（指絕對壓力）是 kg/m^2，比容 v 是 m^3/kg。

焓之定義為 $h \equiv u + pv$，為求單位一致，本節所提 pv 乘積中之 p 以 N/m^2 表示，而 v 以 m^3/kg 表示，因此 pv 乘積之單位為 N·m/kg 或 Joule/kg，而單位質量焓或內能均可使用 Joule/kg 表示。

穩定流動過程之能量方程式（2.80）式中，pv 乘積表示入口和出口之流動能（flow energy），又稱為流動功（flow work），二者應該辨明清楚，當一過程僅涉及質量流動進出系統時，pv 乘積方表示流動能。

引進焓於方程式（2.80）中可得下式：

$$gZ_1 + \dfrac{V_1^2}{2} + h_1 + q = gZ_2 + \dfrac{V_2^2}{2} + h_2 + w \quad (2.81)$$

式中焓 h 之值可由表查得。

2.6.3　熱交換器

熱交換器乃用以產生成冷凝水蒸汽或其他蒸汽，或用以加熱或冷却液體和氣體（例如，油和空氣）的一種裝置。諸如鍋爐、過熱器、加熱器和冷凝器等

均屬之。

因為發生於熱交換器之穩定流動過程，並無功之進出，且位能變化亦可略而不計，因此(2.81)式可簡化爲

$$q = (h_2 - h_1) + \tfrac{1}{2} (V_2^2 - V_1^2) \tag{2.82}$$

h_1 與 h_2 爲入口與出口每kg流體之焓，V_1 與 V_2 爲流速，而 q 爲熱傳遞。而一般動能變化可忽略不計，故上式可化簡成

$$q = (h_2 - h_1) \tag{2.83}$$

〔例題 2.13 〕

壓力30 bar 和 100 K 之過熱狀況下，以 1500 kg/hr 之速率生產水蒸汽。若鍋爐之進口水溫爲 40°C，試求加熱速率爲若干？

〔解〕：

壓縮液體之焓與飽和液體之焓可視爲無差異存在。因此

$$h_1 = 167.5 \text{ KJ/kg} (40°C , 0.0738 \text{ bar})$$

30 bar 壓力下之飽和溫度爲 233.9°C，出口溫度爲 333.9°C (100 K 過熱) 因此從過熱表藉內差法可得：

$$h_2 = 2993.5 + 3115.3 - 2993.5 \times 33.9 = 3076 \text{ KJ/kg}$$

每kg水蒸汽所需之熱

$$q = (h_2 - h_1) + \tfrac{1}{2} (V_2^2 - V_1^2)$$
$$= (3076 - 167.5) + \tfrac{1}{2} (45^2 - 2^2) = 2909 \text{ KJ/kg}$$

∴加熱速率

$$\dot{Q} = \dot{m}q = \frac{1500}{3600} (2909) = 1212 \text{ KJ/s}$$

〔註〕動能變化忽略不計

2.6.4 絕熱穩定流動過程

發生於噴嘴、升壓器(diffuser)、渦輪機或旋轉式壓縮機等過程均可視作絕熱 ($q = 0$)。其中噴嘴或升壓器之能量方程式，因爲 $w = 0$，故

$$\tfrac{1}{2} (V_2^2 - V_1^2) = (h_2 - h_1) \tag{2.84}$$

至於渦輪機或旋轉式壓縮機，其入口與出口速度近乎相等，故能量方程式爲

$$w = h_2 - h_1 \tag{2.85}$$

若流體爲理想氣體，則能量方程式（2.84）、（2.85）可改寫成

噴嘴或升壓器　　$\frac{1}{2}(V_2^2 - V_1^2) = C_p(T_2 - T_1)$ 　　　　（2.86）

渦輪機或旋轉式壓縮機　　$w = C_p(T_2 - T_1)$ 　　　　（2.87）

同時

$$s_2 - s_1 = C_p \ln \frac{T_2}{T_1} - R \ln \frac{p_2}{p_1} \qquad (2.88)$$

於等熵流動過程，$s_2 - s_1 = 0$，因此（2.88）式可改寫成

$$\frac{T_2}{T_1} = \left(\frac{p_2}{p_1}\right)^{(\gamma-1)/\gamma} \qquad (2.89)$$

又 $p_1 v_1 / T_1 = p_2 v_2 / T_2$，故

$$p_1 v_1 = p_2 \cdot \gamma_2^2 \qquad (2.90)$$

$$\frac{T_2}{T_1} = \left(\frac{V_2}{V_1}\right)^{1-\gamma} \qquad (2.91)$$

因此，理想氣體等熵流動和非等熵流動過程之狀態熱力性質關係式並無差異。

過程之效率可由類似系統之試驗獲得，一般噴嘴效率是以出口動能定義之，如

噴嘴效率　　$\eta_N = \dfrac{V_2^2}{(V_{2S})^2}$ 　　　　（2.92）

V_2 爲眞正之出口速度，而 V_{2S} 爲等熵流動至同樣出口壓力之速度，下標 s 表示等熵過程。

升壓器係設計作減低流體速度並提升壓力之用，效率可表示如下：

升壓器效率　　$\eta_p = \dfrac{p_2 - p_1}{p_{2S} - p_1}$ 　　　　（2.93）

p_2 爲眞正出口壓力，p_{2S} 是等熵流動至同樣出口速度之壓力。其它效率有：

渦輪機效率　　$\eta_T = \dfrac{w}{w_S}$ 　　　　（2.94）

旋轉式壓縮機效率　　$\eta_c = \dfrac{w_S}{w}$ 　　　　（2.95）

當流體爲理想氣體，則進口與出口之動能變化可略而不計，因此

$$\eta_T = \frac{T_1 - T_2}{T_1 - T_{2S}} \qquad (2.96)$$

$$\eta_c = \frac{T_{2S} - T_1}{T_2 - T_1} \qquad (2.97)$$

上述各種效率均以真正過程與等熵過程之比較來定義，故可稱為等熵效率（isentropic efficiencies）

〔例題 2.14〕

理想氣體在噴嘴中由 3 bar 膨脹至 1 bar，初速度為 90 m/s，初溫度為 150°C，由類似噴嘴試驗獲知之等熵效率為 0.95，試求末速度。

〔解〕：

經過可逆膨脹，末溫度為

$$T_{2s} = T_1 \left(\frac{p_2}{p_1}\right)^{(r-1)/r}$$

假設 $\gamma = 1.40$，則

$$T_{2s} = 423 \left(\frac{1}{3}\right)^{0.4/1.4} = 309 \text{ K}$$

由能量方程式

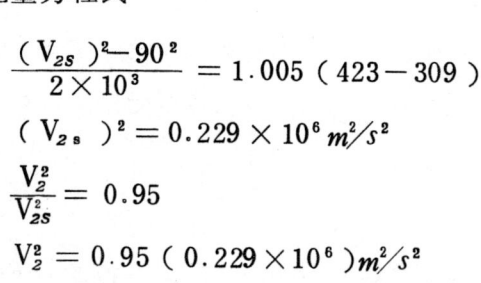

$$\frac{(V_{2s})^2 - 90^2}{2 \times 10^3} = 1.005 (423 - 309)$$

$$(V_{2s})^2 = 0.229 \times 10^6 \, m^2/s^2$$

$$\frac{V_2^2}{V_{2s}^2} = 0.95$$

$$V_2^2 = 0.95 (0.229 \times 10^6) \, m^2/s^2$$

$$\therefore V_2 = 466 \, m/s$$

對於任何有關能源之應用，有兩條定律限制其使用情形，此即熱力學第一定律（亦稱能量不滅定律）及熱力學第二定律，此二定律之定義及說明將分述於 2.7 及 2.8 兩節。

2.7 熱力學第一定律

熱力學第一定律（the first law of thermodynamics）亦稱能量不滅或能量守恆定律，係分析熱力系統進行任何過程時，所有有關能量之間的關係。其由甚多實驗結果推導而得，無法以任何其他自然定律或原理導證。此定律說明能量無法被創造抑或毀滅，僅可自一種形式轉變成另一種形式，意即無任何

方法可以創造出新能量，吾人所需一切能量均須來自現存之能量。

熱力學對於熱力學第一定律之定義說明如下，於一密閉系統進行任一循環，則功之循環積分與熱之循環積分成正比。即

$$\oint \delta W \propto \oint \delta Q \qquad (2.98)$$

例如，考慮圖2.7.1之密閉系統，某一絕熱材料製成之剛性容器，其內裝填某種氣體及一螺旋槳葉片，軸接至容器外之滑輪，而滑輪上掛有一重物。考慮容器內之氣體為系統，則當重物下降某一距離，經由滑輪而帶動螺旋槳葉片。因此，功即加於系統上，造成氣體壓力與溫度之升高，或狀態之改變。而加於系統上之功，其大小等於重物位能所減少之量。

若欲使系統回復至其最初的狀態，即完成一循環，則可將部分絕熱材料移走，將熱量自系統移除，造成壓力與溫度降至其初值，而系統須放出熱量，由實驗可知，亦等於重物位能減少之量。故在此循環之中，加於系統之淨功等於自系統放出之淨熱。

吾人是否能夠製造出一部持久不斷運行之機器？亦即，該機器一旦開始運轉，其即不停地作功，而不再需外加任何能量。此構思似乎相當理想，但必然無法付之實現，因其違反熱力學第一定律，亦即「無任何機器所作之功，可比輸入之功更大」。換言之，任一機器所產生之能量必定小於輸入能量，此因部分輸入能量會被摩擦力或其他不可逆因素所消耗，而且亦因為受到熱力學第二定律的限制。

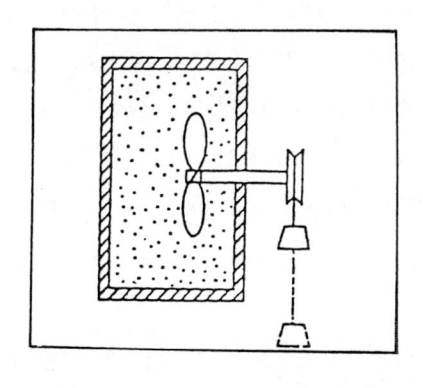

圖 2.7.1　密閉系統

2.8 熱力學第二定律

熱力學第一定律即能量守恒定律，其指出各種能量間可以相互轉換；而熱力學第二定律則指出某些能量間之轉換並非是無限制的。例如，常見功與熱間之相互轉換，其中功之價值較高，因為功可以全部轉換成熱，而熱則無法百分之百地轉換為功。換言之，有一部分熱無法用以作功，此部分熱吾人稱之為不可用能（unavialable energy），其係以低品質熱方式排出。因此，雖然能量仍可以守恒，但可用性（availability）却減少。自另一角度闡述，熱機（heat engine）之熱效率恒少於100％；而作用於兩溫度極限間之理想卡諾循環熱機的熱效率（$\eta_{max} = 1 - T_L/T_H$），為理論上之最大可能效率。

簡言之，熱力學第二定律乃一自然定律，其指出對循環所加之淨熱，雖然與所作之淨功相等，但加進去之全熱量一定比輸出淨功要大；亦即系統一定要排除部分熱。如依古典熱力學，第二定律具有兩種說法，包括凱爾文—普朗克說法（Kelvin-Planck statement）及克勞休斯說法（Clausius statement）。前者指出：欲建立一種在一循環中運行並與簡單儲庫交換熱而祇產生舉起一重物之效應的機構係不可能的；後者則言：欲建造一具在循環中運行而祇產生從冷體傳熱到熱體之效應的機構係不可能的。有關熱力學第二定律較詳細之解說可參考熱力學書籍。

值得一提乃熱力學第一定律，無法用於分析一個自然過程（natural process）是否可以自然發生，而第二定律却可幫助吾人預測之。因第二定律指出，於一個隔絕系統（isolated system）之熵（entropy）永不會減少；亦即，使隔絕系統之熵增加的過程可能發生；但使隔絕系統之熵減少的過程，則是不可能的。現存世界上任一實際過程（real process）均屬不可逆者，但其可逆性程度（the degree of irreversibility）却有差異。宇宙為一隔絕系統，到處皆有不可逆過程，故宇宙中之熵不斷地增加，一旦熵達到最大極限，即為世界末日，此時全部能量均退化至最低品質，可用性完全喪失，各種物質溫度相同，即全部生命死亡！

吾人均知，大部分我們可利用之能源，為提供熱能的形式。熱力學第二定律指出，熱能之可用性與其溫度高低息息相關，高溫熱能可以更有效地作功。再者，當吾人使用熱能推動引擎時，僅有部分熱能用以作功，其餘熱能則由排

氣管排出，且其溫度較輸入時為低，引擎燃燒效率係以輸入熱能與排出廢熱間的溫差而定。因此根據熱力學第二定律，吾人可用以分析各種能源之使用效率，以及決定能源轉換系統其能量損失之部位、形式及大小，尤其能指出能源使用匹配及品質，進而提供改善對策。

理論上能量是不可能毀滅的，而事實上可被吾人利用的能源，却因種種原因逐日減少。例如，目前最具利用價值之能源為石油、天然氣、煤及核能等化石燃料，而吾人不斷地使用這些現存燃料，長此以往，未來可資利用之能源即逐漸減少。當吾人使用這些燃料時，已將化學能或核能轉換為熱能，雖然轉換後總能量維持不變，而由熱力學第二定律獲知，吾人無法利用全部熱量作功，於轉換中大部分熱能以廢熱形式散失於周圍，而廢熱仍具有利用價值，不應隨意浪費。例如，發電廠可利用廢熱回收推動發電機或製造蒸汽，再將蒸汽供作暖氣或其他方面用途。此外，熱力學第二定律指出高溫熱能較低溫熱能更易作功，故吾人應將石油和天然氣等可產生較高溫熱能的燃料，儘可能應用於需熱較高之引擎，至於家庭熱水器、暖氣等所需之較低溫熱能，則可利用提供較低溫之能源裝量如太陽能收集器獲得。

2.9　熱力循環

如欲持續不斷地將某一形式的能量，特別指熱，轉換為功時，吾人需藉各種「循環」完成之。系統內工作物自一狀態進行二個或二個以上的過程，而最後又回至最初狀態，此謂完成一循環（cycle）。如圖 2.9.1 所示，循環方式包括開放式、密閉式及併合式循環等三種型式。於密閉式循環中，工作流體保持在系統內，如家用電冰箱即屬此類；而開放式循環中，其通常使用外界流體作為工作流體，如飛機之噴射引擎即是；上二形式之混合即屬併合式循環。

能源轉換時特別注重循環的觀念，故以下簡述二種典型之循環，將有助於讀者明白能源轉換。

1.理想之卡諾循環（Ideal Carnot Cycle）

如圖 2.9.2 所示為一理想卡諾循環，主要包括四個過程：

　　1-2：可逆等溫加熱過程

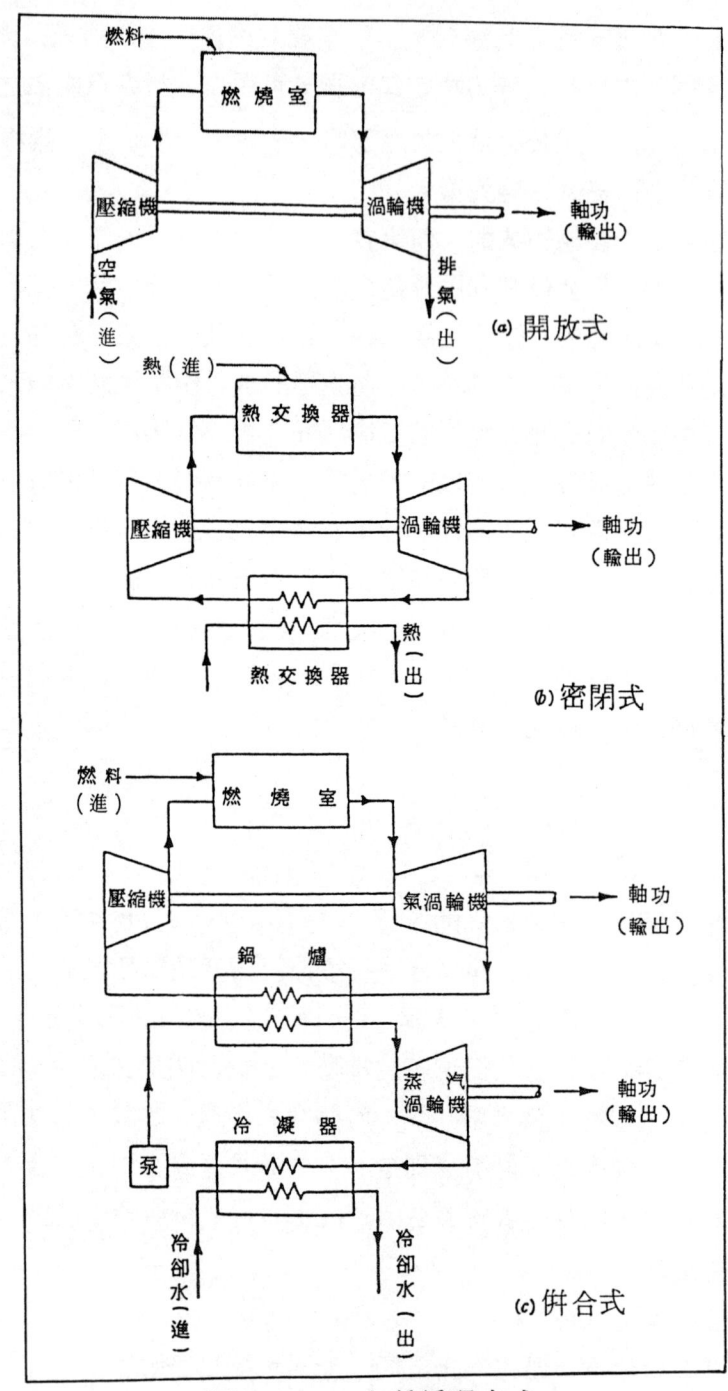

圖2.9.1　各種循環方式

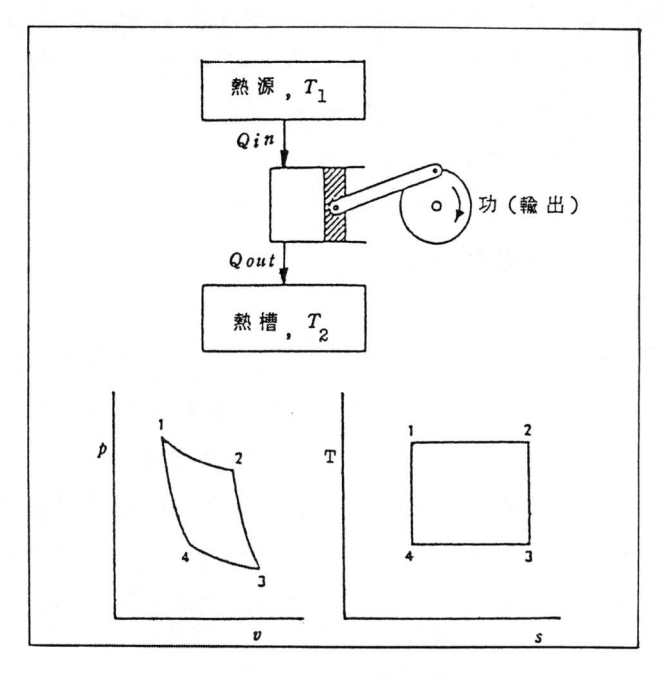

圖 2.9.2　卡諾循環

2-3：可逆絕熱（或等熵）膨脹過程
3-4：可逆等溫排熱過程
4-1：可逆絕熱（或等熵）壓縮過程

卡諾循環之熱效率 η_c 為

$$\eta_c = \frac{T_1 - T_2}{T_1} = 1 - \frac{T_2}{T_1} \qquad (2.99)$$

式中 T_1 及 T_2 分別表示熱源（heat source）及熱槽（heat sink）之絕對溫度。方程式（2.99）指出卡諾循環之熱效率僅為熱源及熱槽絕對溫度之函數，與其工作流體無關。卡諾循環係一理想的可逆循環，理論上其可產生最大可能之功，而實際上却無任一循環可以達到卡諾循環的結果。由卡諾循環使吾人獲得一重要啓示，即實際循環之熱效率應可設法改善，因祇要吾人能夠提高受熱溫度（常受制於設備）或降低排熱溫度（常固定於大氣或冷却水之溫度）即可。

2. 朗肯循環（Rankine Cycle）

目前使用最廣之循環即蒸汽動力循環，而蒸汽循環多採用所謂之朗肯循環。太陽動力發電廠亦使用朗肯循環。如圖2.9.3所示為一基本之朗肯循環，圖

中循環 1-2-3-4-B-1 為一飽和（saturated）朗肯循環；而循環 1'-2'-3-4-B-1'則為一過熱（superheated）朗肯循環，亦即使用過熱蒸汽進入渦輪機中。

假設朗肯循環之過程係為可逆者，則包括下列四過程：

1-2 或 1'-2'：可逆絕熱膨脹過程
2-3 或 2'-3：等壓和等溫排熱過程
3-4　　　：可逆絕熱壓縮過程
4-1 或 4-1'：等壓加熱過程

基本上，朗肯循環與卡諾循環的主要不同點，在於前者之加熱過程並非在等溫情形下進行。若朗肯循環能遵行 1-2-3'-4" 或 1-2-3-4' 之過程（如圖 2.9.4 所示）進行，則可獲得與卡諾循環完全相同之結果。事實上，由於過程 3'-4" 相當於將液、汽兩相混合物加壓成為飽和液體，而吾人實無法找到一種泵可以如此工作；至於過程 3-4'，其相當於將液體加壓至相當高之壓力，此亦非一般泵所能承受者。因此，朗肯循環之熱效率比工作於 T_1 及 T_2 間之卡諾循環為低。

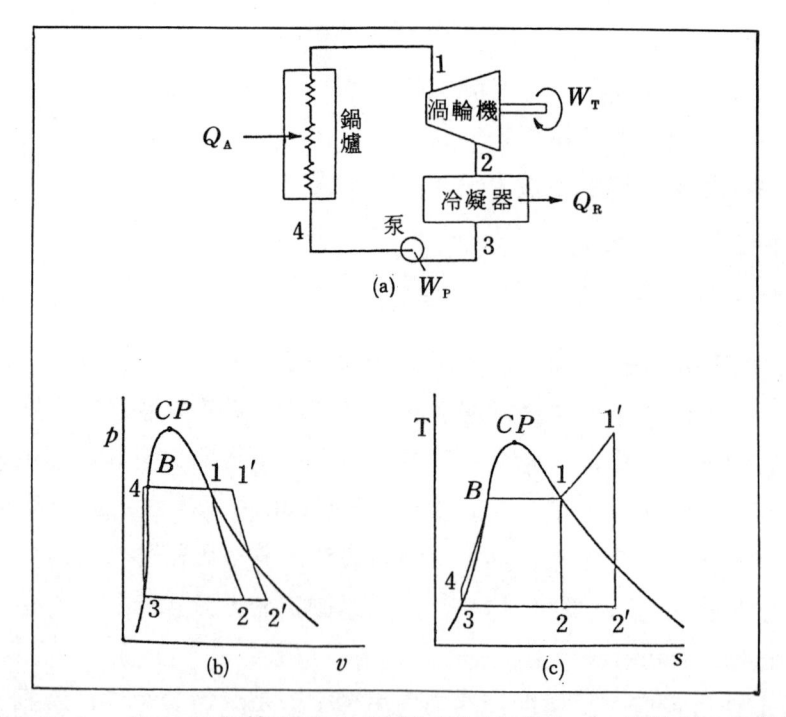

圖 2.9.3　基本朗肯蒸汽動力循環(a)流程圖(b) $p-v$ 圖(c) T-s 圖

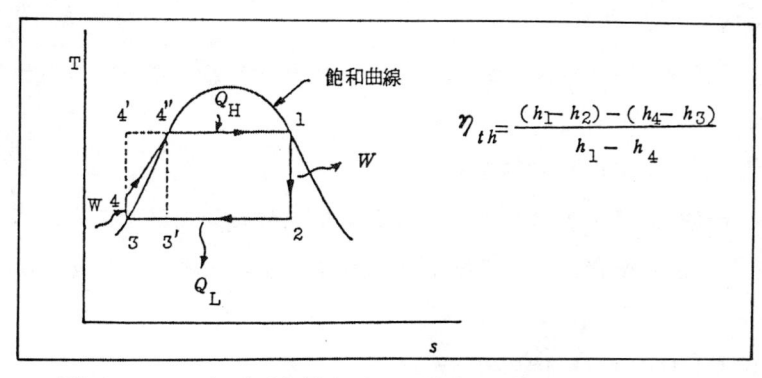

圖2.9.4 朗肯循環與卡諾循環之關係

$$\eta_{th} = \frac{(h_1-h_2)-(h_4-h_3)}{h_1-h_4}$$

2.10 與能源有關熱力學術語

綜合前述不難獲知，熟悉熱力學為學習能源科學者不可忽視的。因限於篇幅，本章僅扼要介紹熱力學而無法深入。結束本章前，本節摘列出特別與能源有關之熱力學術語，俾加深讀者印象。

1. 熱力系統（Thermodynamic system）

如對某一定量之物質或某一區域之空間進行熱力分析，則該物質或該空間謂之。

2. 邊界（Boundary）

系統一般以邊界予以限定，即該物質或該空間係包容於邊界之內。

3. 外界（Surroundings）

系統邊界外的所有物質與空間，均稱之。通常僅將與系統有直接關係之物質與空間，方稱之為系統的外界。

4. 密閉系統（Closed system）

如以某一定量之物質為系統，則該系統與外界間無質量交換，即無物質流經系統邊界，該系統稱之。

5. 開放系統（Open system）

如以某一區域之空間為系統，而系統與外界間有質量交換，即有物質流經系統邊界，該系統稱之。

6. 隔絕系統（Isolated system）

如一密閉系統與外界間沒有能量交換，特稱之。

7.性質（Property）

物質之任何特性均稱之為該物質之性質。如壓力、溫度、容積、壓力與溫度之乘積、壓力與容積之乘積、內能、熵等。

8.內含性質（Intensive property）

對一均質性系統而言，如系統內任一部分之某一性質，與整個系統之同一性質具有相同之值，謂之。換言之，與系統取樣之質量大小無關的性質即是，如壓力、溫度及密度。

9.外延性質（Extensive property）

若均質性系統之某一性質，等於系統各部之同一性質之總和，謂之。換言之，與取樣之質量大小成正比之性質即是，如容積、重量、內能、焓及熵均是。

10.比性質（Specific property）

一系統之外延性質除以系統之總質量，所得之性質具有內含之特性，謂之。如系統之容積除以系統之質量，其結果稱之為比容。

11.狀態（State）

物質或系統所存在之情況。

12.過程（Process）

系統內之工作物自一狀態轉換至另一狀態，謂之進行了某一過程。

13.循環（Cycle）

系統內之工作物自一狀態，進行了二個或二個以上之過程，而最後又返回其最初之狀態，謂之完成了一個循環。

14.平衡（Equilibrium）

如無任何外來因素之影響，系統之狀態絕不發生任何改變，則謂該系統存在於平衡或平衡狀態之中。

15.密度（Density）

將物質之質量除以所佔之體積，即單位體積所含之質量謂之。

16.比容（Specific volume）

將物質所佔之體積除以其質量，即單位質量所佔之體積謂之。

17.比重量（Specific weight）

將物質之重量除以所佔之體積，即單位體積所含物質之重量謂之。

18.壓力（Pressure）

系統作用於其邊界單位面積上之力謂之。

19. 功（Work）

作用力與位移之相乘積。如系統與外界之能量交換，造成之整個且唯一之效果爲相當於可將重物提升一距離，則謂系統向其外界作功。

20. 熱（Heat）

當系統與其外界間有溫度差之存在時所造成之能量交換。

21. 比熱（Specific heat）

將某物質單位質量升高（或降低）溫度一度，所需供給（或移走）之熱量。

22. 定容比熱（Constant volume specific heat）

於定容加熱過程中，如測量物體升高 1 K，其單位質量（1 公斤或 1 公克）所需之熱量謂之，以 C_v 表示。

23. 定壓比熱（Constant pressure specific heat）

於定壓加熱過程中，如測量物體升高 1 K，其單位質量所需之熱量謂之，以 C_p 表示。

24. 熱機（Heat engine）

如一系統於進行一循環過程中，自外界吸收熱量並且產生淨功謂之。

25. 熱泵（Heat pump）

自低度熱源（冷側），如地下水、土壤、室外空氣、通風空氣，傳熱至工作流體，再應用高級能，如機械能，昇高溫度或增加工作流體之含熱量，再釋放熱能以供利用（熱側）之裝置。

26. 焓（Enthalpy）

如爲一外延性質，則以 H 表示，即 $H \equiv U + pV$；視爲內含性質，以 h 表示，即 $h \equiv u + pv$。爲一極爲有用之熱力性質，但並非一種能量。

27. 熵（Entropy）

一熱力性質以 S（外延）或 S（內含）表示，具有下述關係存在：

$$dS = (\frac{\delta Q}{T})_{rev}$$

28. 絕熱過程（Adiabatic process）

一系統進行之過程與外界並無熱的交換。

29. 可逆過程（Reversible process）

一過程之反向過程可以存在。

30. 不可逆過程（Irreversible process）

一過程之反向過程不可能存在。

31. 外可逆過程（External reversible process）

於一過程發生後，如可以任何可行方法使系統及所有外界均返回其過程發生前之狀態。

32. 卡諾循環（Carnot cycle）

如一循環之所有組成過程均爲外可逆過程，則該循環爲一外可逆循環。一典型熱機外可逆循環爲卡諾循環，包括等溫加熱膨脹、絕熱膨脹、等溫放熱壓縮、絕熱壓縮四個過程。

33. 朗肯循環（Rankine cycle）

包括四個過程：可逆絕熱膨脹、等壓及等溫排熱、可逆絕熱壓縮及等壓加熱。

34. 內　能（Internal energy）

能量有許多形式，如動能、位能、化學能、電能、磁能等，而於熱力學中，除了考慮動能與位能外，將所有其它形式之能量視作單一性質，即稱之爲內能，以 U 表示。

35. 熱力學第一定律（The first law of thermodynamics）

亦稱能量不滅或能量守恒定律。依熱力學定義：於一密閉系統進行任一循環，則功之循環積分正比於熱之循環積分。

36. 熱力學第二定律（The second law of thermodynamics）

凱爾文－普朗克說法：欲建立一種於一循環中運行與簡單儲庫交換熱而祇產生舉起一重物之效應的機構是不可能的。

克勞休斯說法　　：欲建造一具於循環中運行而祇產生從冷體傳熱至熱體之效應的機構是不可能的。

問　題

1. 試說明密閉熱力系統與開放熱力系統之差別何在？
2. 試闡釋熱力學第一定律。
3. 試闡釋熱力學第二定律。
4. 何謂卡諾循環。
5. 5 lbm，120 lbf／in² 的飽和水蒸汽貯存在可移動活塞汽缸中，此系統在定壓之下加熱，直到水蒸汽的溫度達到 500 °F，試求此過程中水蒸汽所做的功有多少？（活塞重量可忽略不計）

6. 離心壓縮機之空氣進入速率為 1.2 kg／min，入口壓力和溫度為 100kpa，0℃，出口壓力和溫度為 200kpa，50℃，若熱能損失可忽略不計，試求壓縮機之輸入功率為若干？
7. 水蒸汽進入渦輪機噴嘴的壓力為 400 lbf／in^2，溫度為 600 ℉，若離開噴嘴時的壓力為 250 lbf／in^2，試求出口處水蒸汽的溫度為若干？
8. 300 ℉之飽和地熱水抽取供 70 ℉環境下之熱機使用，試求其最大可能之熱效率為若干？
9. 解釋名詞
　(1)波義耳定律　(2)查理定律　(3)亞佛加德羅定律　(4)比熱
　(5)穩定流動過程　(6)熱交換器　(7)焓　(8)熵
10. 簡述各種熱力過程之物理意義。

參考資料

〔1〕 T.D.Eastop，A.Mc Conkey，"Applied Thermodynamics for Engineering Technologists"，3／e，Longman，1981
〔2〕 R.E.Sonntag，G.Van Wylen，"Introduction to Thermodynamics — Classical and Statistical"，2／e，John Wiley and Sons，New York，1982
〔3〕 M.Modell，R.C.Reid，"Thermodynamics and its Applications"，2／e，Prentice - Hall，1983
〔4〕 J.P.Holman，"Thermodynamics"，3／e，McGraw-Hill，1980
〔5〕 W.L.Haberman，J.E.A.John，"Engineering Thermodynamics"，Allyn and Bacon，1980
〔6〕 Black and Hartley，"Thermodynamics"，Harper and Row，1985
〔7〕 張以忠譯，「基本古典熱力學」，東華，1976
〔8〕 陳尚渭編，「熱工學」，大中國，1978
〔9〕 賈士綱譯，「實用熱力學」，中央，1981
〔10〕 陳呈芳編，「熱力學概論」，全華，1983
〔11〕 經濟部能源委員會，「能源淺談」，能委會，1983

第三章

非再生能源

3.1	煤	3.2	石油和天然氣
3.3	核分裂能		
	非再生能源詞彙		

地球能源若依起源來分類，可區分成自有能源和外來能源（來自外太空）兩種。自有能源主要包括地熱和核燃料；外來能源主要包括月球能（月球對地球之萬有引力作用而產生潮汐能）和太陽能等。若依使用結果來分類，可區分成非耗竭能源（即再生能源），例如太陽能、生質能、水力和風能等；和耗竭能源（即非再生能源），例如煤、石油、天然氣及鈾等。

近年來，無論核分裂（fission）、核融合（fusion）和太陽能的研究發展，均呈現出一片蓬勃景象，不過化石燃料—煤、石油和天然氣等，却依然佔有90.%以上的今日能源供應市場。鑒於目前已經投置的生產設備和應用技術，預計化石燃料尚可以維持在能源主流的地位直至本世紀之末。因此，對各種能源的認識，還是以化石能源爲首要。化石燃料主要包括煤、石油及天然氣，其蘊藏量有限且日益枯竭，故一般亦稱爲非再生能源。本章裏，即針對非再生能源（化石燃料及鈾）詳予介紹，至於再生能源則於第四章再予說明。

3.1 煤

煤供作燃料使用已具有很長之歷史，中國人於西元數百年前即具備開採煤礦之技術。如馬可波羅（Marco Polo）曾於其所著之東方見聞錄中述及他於中國遊歷時（約於西元1280年）見過中國人使用「黑色之可燃泥土」。而於歐

洲大陸，古希臘人將煤稱作"anthrax"，近代英文字無煙煤— anthracite 即由此得名。另外，工業革命之發祥地—英國，煤利用之情形一直很有限，直至十六世紀，由於薪材來源發生短缺，一般家庭方開始大量使用煤作為燃料。

3.1.1 煤之生產
〔1〕煤之形成

　　煤是近代工業最重要燃料之一，其主要成分為碳、氫、氧和少量的氮、硫或其他元素。煤是由有機物—生長在沼澤或河流三角洲之植物殘骸分解而成，其形成包括下列各種過程，首先，植物殘骸經過細菌腐化分解而轉變成泥煤（peat）；泥煤經長期沉積並加上地球之造山運動，使得泥煤層更深埋於地底；再經地熱和生化反應之作用，泥煤終轉變成各種等級的煤。於煤化過程中，氫、氧含量漸減而碳含量漸增；另外於此過程中同時亦產生甲烷（CH_4），其或逸入大氣圈，或移動進入地質圈閉而形成今日之天然氣儲氣層。

〔2〕煤之性質

　　煤依含碳量劃分等級，最低級煤—褐煤（brown coal 或 lignite），其於較低溫度和壓力下形成；次煙煤（sub-bituminous coal）和煙煤（bituminous coal），是於較高溫度和壓力下形成；而最高級煤—無煙煤（anthracite），則於相當高溫度和壓力下形成。因各級煤之性質差異很大，予以適當分類係必需的，美國之分類方式，係依據美國材料試驗學會（American Society for Testing Materials，簡稱ASTM）公佈之煤級分類法，如表3.1所示。

　　硫是煤最重要雜質之一，其通常以硫化物之形式出現於煤的燃燒生成物中。於某些國家，例如美國已設立規範管制硫化物之排放量，因除去此類有害雜質花費不低，故政府均獎勵生產低硫煤俾減少污染

〔3〕採礦

　　大部分煙煤和無煙煤均利用深部採煤（deep mining）法取得，而近代技術已可使用露天採煤（open-cast mining）法。露天採煤法需動用每小時能移除數百公噸之大型挖土機，並且得移除數百英呎深之表面土層（overburden），但因其具備較低成本及較快擴挖速度之優點，如不致破壞環境景觀，則此法誠屬可行。

表 3.1　美國材料試驗學會煤級

等　級	種　　類	固定碳極限% ≥	固定碳極限% <	揮發物極限% ≥	揮發物極限% <	熱含量極限Btu/1bm ≥	熱含量極限Btu/1bm <
Ⅰ 無煙煤	1.高級無煙煤	98	—	—	2	—	—
	2.無煙煤	92	98	2	8	—	—
	3.半無煙煤	86	92	8	14	—	—
Ⅱ 煙　煤	1.低揮發份煙煤	78	86	14	22	—	—
	2.中揮發份煙煤	69	78	22	31	—	—
	3.A級高揮發份煙煤	—	69	31	—	14000	—
	4.B級高揮發份煙煤	—	—	—	—	13000	14000
	5.C級高揮發份煙煤	—	—	—	—	11500	13000
Ⅲ 次煙煤	1.A級次煙煤	—	—	—	—	10500	11500
	2.B級次煙煤	—	—	—	—	9500	10500
	3.C級次煙煤	—	—	—	—	8300	9500
Ⅳ 褐　煤	1.A級褐煤	—	—	—	—	6300	8300
	2.B級褐煤	—	—	—	—	—	6300

　　一般深部採煤法之深度為數百呎至數千呎，通常需要數個（至少兩個）直井（shaft），直井係供坑道通風俾移走甲烷並減少礦坑內部之熱與濕度，其主要有兩個方法：(1)長壁（Long wall）法(2)煤柱（Bord and pillar）法或房柱（Room and pillar）法。目前約90％以上的煤田利用機械方式採煤和輸送，因而坑道內之運輸主要依賴輸送帶，其將煤輸送至直井，然後再送出地面予以清洗、分類等處理。

〔4〕蘊藏量
　　煤之蘊藏量（reserve）係指目前技術已可經濟開採取得之煤的數量，表3.2 指出現今世界各地區（1992 年）之煤炭蘊藏量，其中以非 OECD 歐洲、亞洲及大洋洲、及北美洲等三個地區所佔之比例最高，整體而言，煤炭之蘊藏量/生產量二者之比約是 232 年。而圖 3.1 則示出煤礦之地理分佈概圖。

表 3.2 世界煤炭蘊藏量（1992 年底）

單位：百萬公噸

	煙煤與無煙煤	次煙煤與褐煤	合　計	%	蘊藏量/生產量比例（年）
北　美　洲	117,177	132,006	249,183	24.0	259
拉　丁　美　洲	6,900	4,530	11,430	1.1	248
OECD 歐 洲	29,333	67,591	96,924	9.3	177
非 OECD 歐 洲	136,167	179,282	315,449	30.4	301
非 洲 及 中 東	61,004	1,267	62,271	6.0	349
亞 洲 及 大 洋 洲	170,832	133,093	303,925	29.2	179
世 界 合 計	521,413	517,769	1,039,182	100.0	232

資料來源：BP Statistical Review of World Energy, June 1993.

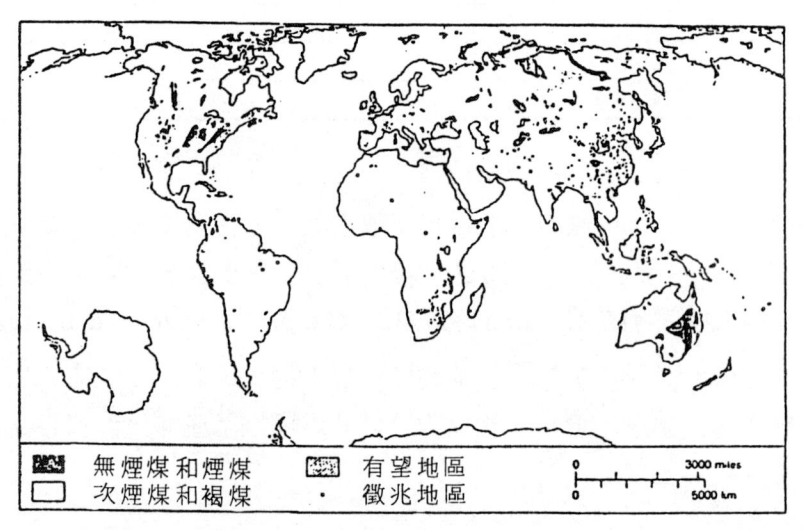

圖 3.1　世界煤礦之地理分佈

（資料來源：世界能源會議）

〔5〕產煤之潛力

　　煤未來之生產量將受下列幾項因素的影響：(1)蘊藏量多寡，(2)採礦技術，(3)現有和未來產煤基本設備，(4)煤需求量，和(5)煤產國之出口意願。而礦床的狀況包括煤層厚度、煤品質、深部採煤之煤層深度、地質結構特性與露天採煤之表土深度和種類；另外採煤設施需考慮環境影響，清洗煤礦用之供水有效性

，掘土後之復原和輸送煤之管線。若無法經濟地利用管線輸煤，則得採用鐵路設施，甚至港口設備。此外，熟練人力和開發資金亦是必要的。且投資將視煤需求量而定，僅當未來供給者簽定長期契約，投資才較無風險。未來大部分國家最可靠的需求，將是來自本國需要，尤其是燃煤發電方面的使用。

世界能源會議（WEC）研究未來煤之產量，其調查結果見表 3.3。注意，表 3.3 之數據係按下列假設估算而得：1975～1985 年，煤產量之年成長率為 4.1%，1986～2000 年為 2.7%，而 2001～2020 年為 2.1%。

表 3.3　世界煤礦產量估計（1975～2020 年）

國家	煤產量（百萬公噸）				
	1975	1985	2000	2020
澳洲	69	150	300	400
加拿大	23	35	115	200
中國	349	725	1200	1800
德國	126	129	145	155
印度	73	135	235	500
日本	19	20	20	20
波蘭	181	258	300	320
南非共和國	69	119	233	300
英國	129	137	173	200
美國	581	842	1340	2400
蘇聯	614	851	1100	1800
其它	360	483	619	751
世界總量	2593	3884	5780	8846

（資料來源：世界能源會議）

3.1.2　煤之市場

1960～1976 年間，於經濟合作與發展組織（Organization for Economic Cooperation and Development，簡稱 OECD）國家各部門煤消費量之變動情形如表 3.4 所示。其中家庭和商業部門之總消費量由 192 百萬公噸降至 72 百萬公噸，類似地，其它煤消費量減少之部門有鋼鐵業除外之工業部門（減少 72 百萬公噸）、交通運輸部門（減少 37 百萬公噸）、天然氣製造部門（減少 24 百萬公噸），只有燃煤發電却由 331 百萬公噸顯著地增加到 611 百萬公噸。

家庭及商業部門需求量下降之主因，係由於石油和天然氣之介入市場。未來家庭用煤之消費量似乎沒有增加的可能，因煤之利用不如石油及天然氣方便

表3.4　OECD地區各部門之煤消費量（單位：百萬公噸）

部門	北美 1960	北美 1976	OECD歐洲 1960	OECD歐洲 1976	日本 1960	日本 1976
交通運輸	3	0	29	1	6	0
家庭和商業	41	10	144	57	7	5
鋼鐵	63	50	85	68	10	49
其他工業	57	61	89	30	21	4
能源部門	24	23	60	26	2	13
發電（煤）	177	403	133	195	21	13
總量	365	547	540	277	67	84

（資料來源：OECD）

‧而且燃煤可能造成許多環境污染的問題。

　　工業部門能源消費量佔有經濟合作與發展組織國家之初級能源需求量的30.～40.％，於1980年代其中三分之二的需求量係仰賴石油和天然氣，而於1960年代則僅佔三分之一弱。燃料工業上之主要用途係供製造水蒸汽和直接加熱之用，兩者約各佔一半。理論上，諸如化學物品製造、石油提煉、造紙工業、建築材料和食品加工等能源密集工業之水蒸汽製造和加熱需求，皆可仰賴煤之直接利用，然而事實上，許多極富潛力之用煤工業，由於設廠因素欠佳，不是位於煤價昂貴之國家，就是位於缺乏儲存和處理設施之地方。因此，未來以煤替代石油和天然氣之工業部門，其建廠地點均需考慮設於沿海或毗鄰產煤中心之地區。

　　非鍋爐業者使用煤之主要難題有：(1)產品易遭受煤、灰及硫等之污染；(2)精確溫度控制不易；(3)腐蝕作用而減低熱交換器之效率。其解決方法可將煤集中某地而使其轉化為低熱含量之氣體，然後再轉往供各大規模之工業使用。

　　煤之用量能否增加，端視煤之利用方式和燃燒設備能否改善而定。此外，於流化床燃燒法（fluidized bed combustion）商業化成功後，亦將能增強煤之利用遠景；同時，清洗、混合、運輸和使用等技術之精進亦將有利於克服目前工業用煤之環境污染、儲存空間和人員調配等諸問題。

3.1.3　煤與發電

　　經濟合作與發展組織國家煤消費總量之60.％係用於發電（參閱表3.4）。

由表可知，各地區之百分比並不一致，北美爲70％，西歐爲50％，而日本僅有15％。另外，經濟合作與發展組織亦估計1978年核能、燃油或燃煤之發電成本，見表3.5。此一發電成本之估算，係假設石油之實值價格於1985年以後每年上漲2.5％，而煤之實值價格每年上漲1％，且假設資金之貼現率爲10％。因烟道氣體除硫處理會增加發電成本，故表3.5中燃煤與燃油成本均考慮除硫與否，故有二值。一般，若加上除硫處理，則烟煤發電成本將增加25％，而燃油發電成本將增加5～8％。（參考附錄二十一：台電公司發電每度成本）

燃煤電廠仍將繼續其於發電之重要性直到本世紀末，其與燃油電廠相較，最主要優點即燃料費用較低；另外，其建廠時間亦較核能電廠爲短。不過使用煤作爲發電燃料亦涉及若干問題，主要包括環境衝擊、飛灰處理及儲運裝卸等，均需妥加處理，茲分述如下：

〔1〕環境衝擊

世界各國釐訂之環境標準日趨嚴格，使用燃煤必須考慮防制污染設備，唯該項設備之安裝、維護及操作費用頗爲昂貴，較爲經濟之作法係利用適當品質之煤或混合煤，則其成本可望大幅降低。

〔2〕飛灰處理

表3.5　核能、燃油與燃煤電成本估計

成本(mill/kwh)	核　能 2×1.1GW	燃　油 2×0.6GW	燃煤（烟煤） 2×0.6GW
資金	14.9	7.5- 9.6	9.6-12.4
運轉和維護	2.4	2.0- 4.2	2.2- 5.1
燃料費	6.5	31.0-29.0	10.8-11.3
總成本（每仟瓦小時） 在5500 h/a	23.8	40.5-42.8	22.6-28.8
總成本（每仟瓦小時） 在7000 h/a	20.7	38.9-40.8	20.6-26.1
在5000 h/a	25.3	41.2-43.8	23.6-30.0
在3000 h/a	36.3	46.7-50.8	30.6-39.1

注意：核能發電廠假設爲壓水式反應器

	核　能	燃　油	燃　煤
建廠成本（＄/kw）	＄700	＄350-＄450	＄450-＄580
平均燃料成本（＄/GJ）	＄0.62	＄3.16-＄2.82	＄1.07

飛灰處理一向為燃煤電廠之困擾，若要使飛灰減至最低程度，可經由洗煤手段處理。洗煤不僅可除去部分硫化物且可減少灰分，因此提高熱值水平，使每產生一度電所需煤量可降低。其綜合效果為減少微粒及硫化物之排放以及促進煤之燃燒特性，進而促使營運及維護費用降低。目前世界各國大多採用靜電集塵器來處理飛灰。

〔３〕儲運裝卸

燃煤電廠通常應建於距離港口最近之地點，以期消除鐵路及其它內陸運輸等之費用。

3.1.4 煤之社會與環境成本

增加煤之生產與利用，可能導致重大的社會與環境壓力。其對於社會與環境衝擊包括生命安全之冒險、水質之破壞、材料污染與損壞、能見度降低、視覺器官損害、氣候劇變、植物生態之破壞和土地利用之改變等。

燃煤對公眾健康之主要危害是微量毒性元素之排放。其造成空氣污染、水資源污染和食物鏈污染。由於人們對環境與健康問題之覺醒，許多國家均已立法以管制污染。

其他環境問題包括採煤後土地改良和水資源之過濾。增加煤或其他礦物燃料之燃燒使用，其最大潛在危機在於大量二氧化碳逸入大氣將會造成氣候之劇變，然而，評估二氧化碳對氣候之影響所可能形成之災害係非常困難之事，猶待吾人進一步研究。

〔１〕採煤

採煤對工人健康與生命具有莫大威脅，多年來採煤業者已對此威脅認知頗深，因此對工作環境與安全問題莫不力求改善與提防。然而，各國之安全規範因國情各異，即使是採取高標準防範辦法之國家，採煤工作仍屬最危險職業之一。採煤之危險性主要在於甲烷與煤塵（coal dust）之可能爆炸，此外，亦有坍方、水淹或困難狀況下機械操作之危險性。長期危害則包括礦工黑肺病和其他工作在潮濕或塵灰狀況下之健康損害。據估計，欲符合美國採礦管制和安全署之規範，則每公噸煤產量得增加 4 美元之成本，而於美國有關黑肺病之防治則為每噸煤產需費 2 美元。茲將 1970～1974 年時期之歐洲經濟集團深部採礦之災害統計列表於 3.6。

表 3.6 歐洲經濟集團深部挖煤每產一百萬公噸之災害統計(1970～1974)

	每百萬公噸(單位:人)
20.天內復健	197
20.天以上復健	146
死亡(傷害後)(職業病)	0.8
部分不適	21
全身不適	0.8
死　亡	1

資料來源:國際能源局(1978年)

　　深部採煤法之主要困擾是礦區下陷影響表土和排水問題,後者亦是露天採煤的困擾。若藉減少開採坑內煤礦以減輕下陷問題,則其將增加採煤成本。至於水污染,主要源自硫化物在潮濕狀況下會氧化成硫酸塩(sulphate),因此需藉著排水措施以減少煤坑中之地下水;細心處置硫化物使其不與地下水接觸,封閉老舊煤坑,儘可能採用化學方法處理礦坑排水等均是可行方法。

　　礦區開採完畢後,土地之改良亦是非常重要。改良事項包括泥土、植物等之恢復舊觀,並避免水污染。平坦地區之土地改良較易,山陵地帶則較困難。土地改良之成本,以美國為例,每畝地約為 3000～8000 美元,或每噸煤約為 0.16～2.91 美元(以 1977 年美元幣值計算)。

〔2〕煤炭之處理與利用

　　燃煤之主要環境問題在於殘留飛灰與大氣污染物之排放。排放之污染物有硫與氮之氧化物和微粒(particulates),其危及人類農作物與建築物,亦可能導致酸雨(acid rain)之發生。另外,電廠之廢熱可能改變水棲生態並產生局部氣候改變。

　　大部分已開發國家均設有排放管制規範以限制二氧化碳與微粒之排放量,而某些國家亦限制氮之氧化物與碳氫化合物之排放量。藉著靜電集塵器或文氏洗滌器(Venturi scrubbers)可將燃煤電廠之廢氣微粒移除,其費用每噸燃煤約需 1～2 美元。通常利用高煙卤以分散硫之氧化物排放量;若需控制硫之氧化物排放量,則可利用石灰洗滌器(limestone scrubbers)自廢氣中將其去除,但將產生石灰渣(lime sludge)處理問題。平均言之,燃燒一公噸煤所產生硫之氧化物的處理費用約需 7～12 美元。

　　除非有能力支付防制污染設備費用,否則燃煤設施之污染物排放規範將抑

制煤利用之增加。替代煤之直接使用方案中，有集中式水蒸汽製造廠供給蒸汽使用，燃煤發電電力或煤之合成燃料等，因高熱值氣體（high Btu gas）——甲烷，具有天然氣之所有優點；而低熱值氣體（low Btu gas）——成分為一氧化碳，可供工業聯合企業使用，但利用價值較為有限，因為一氧化碳有毒，並且低熱值氣體含有硫化氫、氨與氰化物等之污染物，其去除費用昂貴。

3 1.5 煤之未來展望

全世界煤之蘊藏量很豐富，WEC 估計之世界確定可採蘊藏量約為 1039×10^9 公噸（1990 年底）。歷年世界能源會議（WEC）所估計的世界煤資源量與蘊藏量經常是向上修正。 BP 在1992年估計煤的 R/P 值（即總殘留蘊藏量除以年生產量之比值）是 232 年。但由於煤之開採及利用對環境有不良的影響，加上運送不便，故今後其使用率仍視油價上漲之程度而定。

世界煤炭（hard coal）生產量

1983 年	2,831,525 千公噸
1987 年	3,335,443 千公噸
1991 年	3,452,824 千公噸

資料來源：Energy Statistics Yearbook(UN)

台灣煤層甚薄，層厚通常是 0.3～1 公尺（美國平均為 1.5 公尺），且目前大多數煤礦均在 500 公尺以上深度，故通風、開採和運輸均感困難重重，成本頗高，而瓦斯爆炸事件頻傳，煤業經營日益困難。

煤田主要分佈於新竹至基隆一帶（見圖 3.2），此一產煤地區長約 120 公里，寬約 20 公里。按其分佈多寡，依次為台北縣、新竹縣、桃園縣和苗栗縣 台灣煤之年產量（66～81 年）列於表 3.7。

早期台灣之工業經濟發展多依賴自產煤炭，以後由於經濟成長迅速，自產煤炭供應不足故開始自國外進口，表 3.8 即為台灣煤炭於總能源供給中自民國 66 年至 82 年變化之情形。

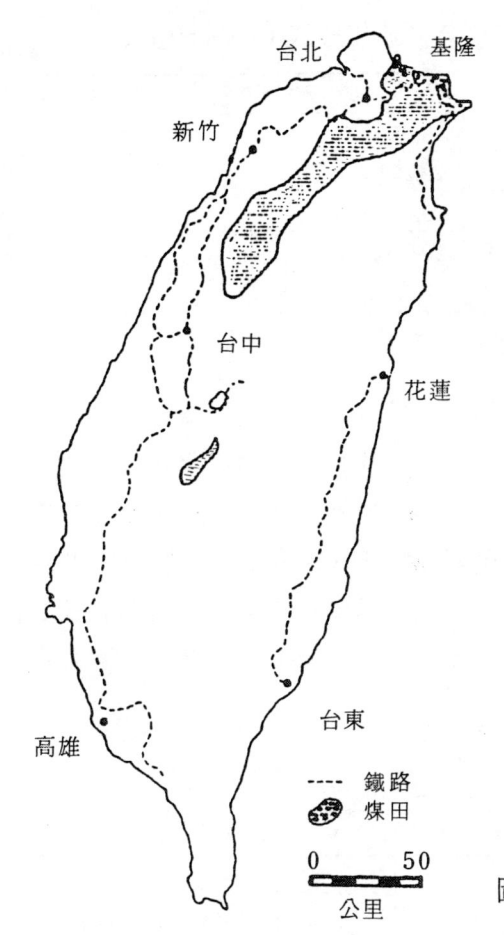

圖 3.2 台灣煤層分佈

表 3.7 台灣煤之年產量　　　　（單位：千公噸）

時　間	年產量 （千公噸）	時　間	年產量 （千公噸）
民國 66 年	2956	民國 74 年	1858
民國 67 年	2884	民國 75 年	1725
民國 68 年	2720	民國 76 年	1499
民國 69 年	2574	民國 77 年	1226
民國 70 年	2446	民國 78 年	784
民國 71 年	2384	民國 79 年	472
民國 72 年	2236	民國 80 年	403
民國 73 年	2011	民國 81 年	335

（資料來源：能委會 81 年台灣能源統計年報）

表 3.8　台灣歷年能源供給表（按能源別）

單位：千公秉油當量

年別	總供給	煤炭	石油	液化天然氣	天然氣	水力發電	核能發電
1977	24,762.8	2,713.0	19,035.0	—	1,991.1	999.3	24.5
1981	32,964.1	5,156.6	22,298.7	—	1,668.9	1,190.1	2,649.8
1985	39,511.5	8,591.2	20,737.3	—	1,326.8	1,720.5	7,135.7
1989	52,400.8	12,691.9	29,620.1	—	1,405.0	1,659.9	7,023.8
1993	67,431.1	18,401.3	35,453.5	2,555.4	818.5	1,668.8	8,533.6

資料來源：能委會，82 年能源統計手冊，83 年 4 月

目前台灣煤炭之使用集中於少數幾項之經濟活動，最主要被用以發電、水泥生產、冶金、焦炭生產、煤氣及其他化學工業之用。表 3.9 所示為民國68.年煤炭總需求及民國78.年至88.年煤炭需求之預估。如考慮不同工業之能源節約以及改用其他燃料後，則民國78.年煤炭之需求預估將較民國68.年者增加六倍，而民國88.年則將增加七倍，且亦可預知者乃煤炭之利用情形仍將維持與目前相同之各項經濟活動上。按此預估，台灣未來煤礦需求之增加將非常可觀，同時，

表 3.9　台灣各項經濟活動煤炭消費量預估　（單位：百萬公噸）

	民國 68.年 百萬公噸	%	民國 78.年 百萬公噸	%	民國 88.年 百萬公噸	%
發　電　用	1.7	36.4	13.4	45.6	10.0	28.6
非金屬礦物製品業	1.1	23.7	5.9	20.1	9.9	28.2
基　本　金　屬　業	1.1	22.5	6.7	22.8	8.5	24.3
化　工　業	0.1	2.4	0.6	2.0	0.9	2.6
紡　織　業（包括合成纖維）	0.1	2.0	0.8	2.7	1.5	4.3
木材、紙業	0.1	2.0	0.9	3.1	1.3	3.7
其　他　業	0.8	10.9	1.1	3.7	2.9	8.3
總　　計	5.0	100.0	29.4	100.0	35.0	100.0
自　　產	2.7		2.9	9.9	2.9	8.3
進　　口	2.3		26.5	90.1	32.1	91.7
存貨變動及出口	-0.04		—		—	

自產煤炭之供應勢難顯著增加。因此，未來大量進口煤炭乃勢之所趨，對於如何採購、運輸及分銷內陸乃吾人今後應審慎研究之重要課題。

3.1.6 與煤有關詞彙

茲編列與煤有關之重要術語如下供參考用。

1. 煤級（Rank）

指沉積後植物屑經地質年代變質作用後，煤物質重組所達之碳化程度。受碳化最少者為「低級煤」；受碳化最多者為「高級煤」。

2. 公噸煤當量（Metric ton of coal equivalent，簡稱 mtce）

常用單位，乃將石油、天然氣、核能、水力、硬煤、褐煤及其他能源等直接以燃料價值觀點來比較，換算燃料為煤當量主要乃依據熱值。

3. 焦炭（Coke）

煤在無空氣中加熱所得之固體燃料。

4. 深部採礦（Deep mining）

採礦利用直井及坑峒通達礦床。

5. 煤礦床；煤田（Coal deposits；coal fields）

煤炭在地下的自然產狀，其延伸及富集程度值得開發者，通常「煤田」指煤礦床上面的土地範圍。

6. 煤層（Seam）

沉積岩層中煤炭富集之岩層。

7. 探勘（Exploration）

探尋和確定煤礦床之延伸，品質及開發潛力。

8. 開採（Exploitation）

採掘礦床中煤炭，運至地面，並使其成為有價值商品之所有作業。

9. 直井（Shaft）

從地表通至礦內不同平坑的垂直井峒。直井用於下述工作：提升採煤、物料運搬、礦籠運輸人員；地下通風坑道須兩直井，一為新鮮空氣之進風，一為污濁空氣之排風；地下水之排洩，即礦坑排水，以及送回洗選棄渣作為地下充填等。

10. 長壁法（Longwall mining）

採礦法之一，在煤層中沿一長工作面或長煤壁將煤一次採出之作業，工作面可連續

前進或後退至數百公尺；煤採出後之空間可用廢石**充**填，但通常多任其崩塌。

11. 房柱法；煤柱法（Room and pillar mining；Bord and pillar mining）

採煤法之一，煤層中開鑿兩組互成直角之多數狹煤巷，使煤層分成許多煤柱。厚煤層常用此法，可避免地層下陷。

12. 斜坑採煤（Drift mining）

不開鑿直井而利用斜坑通至煤層的地下採法。

13. 採礦（Mining）

在地質礦床中開採該礦層。

14. 露天開採（Opencast mining）

自地表除去表土以為單層或多層礦床之採礦。

15. 表土（Overburden）

露天開採時必須移去之各層岩石、夾岩及採礦時損失之煤等。

16. 烟道氣（Flue-gas）

燃燒所產生之氣體（如 CO_2，H_2O，SO_2）、燃燒空氣之殘餘氣體（N_2，O_2）以及原來氣流中之固體及焦油霧。

17. 飛灰（Fly ash）

含於煙道氣、排氣內之固體、微粒物質。

18. 灰（燃燒殘渣）（Ash（combustion residue））

燃料燃燒後之殘餘物質，其來源為燃料中所含之礦物不純物；灰分可含未燃燒之燃料。

19. 灰分組成（Ash composition）

指特定之元素，以氧化物存在於灰分中所佔之百分比，通常限於矽、鋁、鐵、鈣、鎂、鉀、鈉、鈦、磷及硫等之定量。

20. 元素分析（Ultimate analysis）

燃料之碳、氫、氮、硫及氧等含量之分析。

21. 流化床燃燒（Fluidized bed combustion）

一種燃料的燃燒方法，其在燃燒床中與不燃顆粒在一起而以經過床體的燃燒空氣之向上流動方式保持懸浮狀態。此種不燃顆粒一般為煤灰或一種硫的吸收物如石灰石。

22. 洗煤（Cleaning）

處理煤以降低其礦物質（灰）含量。洗煤中之給料乃依不同物質之物理或物理化學特性而分離之。

3．2　石油和天然氣

欲明白石油及天然氣於能源供求上所扮演之重要角色，吾人需先認知其歷史背景，然後探討其起源以及如何探勘及生產，並瞭解其蘊藏量與資源量。最後再檢視其於未來之展望。

3.2.1　歷史背景

茲將石油與天然氣之歷史背景分述如下：

〔1〕石　　油

回顧以往大部分石油工業時期，石油之生產量總是多於需求量，然而由於今日石油公司或各國對石油供應短缺之恐懼或企圖節約石油資源，昔日供過於求之情勢已有顯著轉變。目前，石油之供應仍不甚樂觀，預料其將延續數十年之久。

西元1859年，美國賓夕凡尼亞州首先發現石油，不出數年，石油之利用即遍及全美各地。由於產量過剩導致生產者陷入困境，其後，由一家石油提煉及銷售公司接收並予合併，該公司即為洛克菲勒標準石油信託公司。1911年，反托拉斯法案制定後，標準石油（Standard oil）公司才終止壟斷全美國石油行業，此財團原擁有38家附屬公司，經解散後，其中三家隨後發展成為支配世界石油市場之主要角色，此即Exxon, Mobil和Socal，此外另加上其它四家—包括兩家美國公司（Gulf及Texaco）和兩家歐洲公司（Shell及BP）合稱七姊妹（the Seven sisters），它們支配了20世紀前半世紀之世界石油舞台。1950年，它們掌握全球非共產地區（美國本土除外）的80％以上之油產，而到1969年仍維持70％。

1920與1930年代，美國國內之石油競爭非常激烈，其原因乃新油田連續不斷地被發現，外加經濟不景氣，終導致生產過剩。各主要之國際石油公司（Exxon, Shell和BP）在1928年達成秘密協定，除承認當時各公司既有產銷

能力及議定未來增產之持有股份,並限制新石油供應設備之增設。此一卡特爾(cartel)組織維持到1940年代,後來雖然解體,但各石油公司於國際石油貿易上之合作仍繼續維持。此段期間,石油價格係由石油公司和產油國兩者磋商議定。此一議價方式一直維持到1960年代,但因中東地區持續不斷發現並開採大油田,終引起油價下跌。一些仰賴石油收入之產油國,於是組成所謂之石油輸出國組織(Organization of Petroleum Exporting Countries,簡稱OPEC)。石油輸出國組織創始於1960年,五創始國(參閱表3.10)於當時總共生產了大約80％之全球石油貿易額。OPEC創立之後,油價仍然依賴石油公司與產油國間之磋商。然而,於1964年OPEC爭取到一項附加權利金(每桶4分美元)。此時,中東地區不斷發現並開採大油田,同時新產油國家也加速石油的開採。

　　早於1938年,墨西哥政府出面干預石油公司,將全部石油公司收歸國營。新國營公司(PEMEX)受到當時各主要石油消費國之聯合抵制,因而被迫支付巨額補償費給被沒收公司。更早在1913年英國政府接管BP石油公司,藉提供額外財務以取得51％之股份,此由邱吉爾發起,以確保英國海軍之石油供應,但却很少干涉石油公司之管理。於1938年收歸國有之浪潮威脅下,委內瑞拉強迫各主要石油公司(Exxon、Shell、Gulf)提高支付權利金,並於十年後成功地立法,規定委內瑞拉政府可獲得50％之總利潤,這種分享利潤辦法立即被產油國仿效而盛行於1950和1960年代。其利潤係依照石油公司與產油國所同意之牌價(posted price)計算而得。

　　1973年,全球石油市場發生遽變,因OPEC中阿拉伯國家對那些援助以色列發動十月戰爭的國家,實施石油禁運。恰巧,開戰之初,石油公司代表會見

表 3.10　石油輸出國家組織(OPEC)
================================
　1. 阿拉伯會員國:
　　　阿爾及利亞、伊拉克*、科威特*、利比亞、卡達、
　　　沙烏地阿拉伯*、阿拉伯聯合大公國
　2. 非阿拉伯會員國:
　　　厄瓜多、加彭、印尼、伊朗*、奈及利亞、委內瑞拉*

　共有十三個會員國(厄瓜多自 1993 年 1 月 1 日起退出),
　其中附有星號*者為創始會員國
================================

OPEC代表，建議提高石油牌價，但並未達成協議。十月底，OPEC在科威特召開部長會議，片面地將油價由 3.01 美元提升至 5.12 美元，這個油價適用於所謂「標記石油」(marker crude)，即沙烏地阿拉伯在波斯灣拉斯塔奴拉港之輕油離岸價格 (light oil f. o. b.)。

1973 年 10 月，OPEC 再將石油價格提高之次日，阿拉伯會員國(OAPEC)決議即刻減產百分之五的石油，並且同意進一步減產行動和選擇性的禁運。由於減少石油供應，導致無法立即調整以滿足某些地區之石油需求，因而鹿特丹 (荷蘭) 石油現貨市場價格，迅即節節攀升至每桶20.美元以上，同時，伊朗在 1973 年 12 月成功地拍賣出一批石油，每桶高達 17.美元。不久之後，OPEC又將油價漲到每桶 11.65 美元，此為兩年前價格之五倍。此後，由於通貨膨脹及美元貶值，因此實質上，油價不增反而逐漸下跌，此一現象延續到1978年底。然而，1979 年伊朗動亂油產中斷，導致各地再度缺油，石油現貨市場價格上揚，OPEC因此又提高牌價。由於伊朗革命，每桶油價由 1978 年底的 12.8 美元，漲至 1979 年底 24.0 美元。1980 年 9 月兩伊戰爭爆發，又迫使油價漲至 34 美元，而石油現貨市場價格曾上漲至 40 美元以上。1983年 3 月，OPEC首度降低每桶石油的基價 5 美元，而達到每桶 29 美元，而於 1985 年元月底，OPEC的基準原油—阿拉伯輕原油又再下降 1 美元而達每桶 28 美元。

參考附錄二十世界原油價格 (1860～1994)，自 1985 年以後油價反常下降，究其原因不外乎 (1) 兩次石油危機，導致世界性經濟衰退，石油需求量減少。(2) 各國能源節約及各種替代能源措施奏效，石油倚重降低。(3) 非 OPEC 組織國家石油大量增產，OPEC 組織石油佔有市場急遽地下降，OPEC組織已無法壟斷石油市場，油價亦無法予取予求。(4) OPEC 組織國家財政情況已今非昔比，目前許多國家背負大量外債，並遭遇預算及經常收支赤字的窘困，故普遍違背配額增產並予降價求售。

展望未來國際石油市場仍將是供過於求的局面，但油價仍有可能小幅下降。如以長期而言，油價下降反有促進景氣作用，俟經濟好轉，石油需求必然再增；而石油資源日益耗竭，依市場供需定律，油價終必昇高。

參考表 3.11，現今世界五大產油國在世界產油量所佔之百分比如下：蘇俄佔 21%，沙烏地阿拉伯佔 17%，美國 15%，墨西哥 4% 及委內瑞拉 4%。據估計全球至少有 50 多個產油國家，但此五國總產量約佔全球之 60%。

表 3.11 1981 年全球原油產量
(20 大石油國家的產量)

國　　　　家	儲量（桶）	占全球總產量的百分比
蘇　　　　　俄	4,303,350,000	21.1
沙烏地阿拉伯	3,513,125,000	17.2
美　　　　　國	3,128,780,000	15.4
墨　　西　　哥	843,880,000	4.1
委　內　瑞　拉	769,420,000	3.8
中　國　大　陸	738,760,000	3.6
英　　　　　國	661,015,000	3.2
印　　　　　尼	585,640,000	2.9
阿拉伯聯合大公國	547,500,000	2.7
奈　及　利　亞	527,425,000	2.6
伊　　　　　朗	504,065,000	2.5
加　　拿　　大	469,025,000	2.3
利　　比　　亞	415,005,000	2.0
伊　　拉　　克	362,445,000	1.8
科　　威　　特	345,655,000	1.7
阿　爾　及　利亞	293,095,000	1.4
埃　　　　　及	218,270,000	1.1
挪　　　　　威	182,865,000	0.9
阿　　根　　廷	181,040,000	0.9
文萊－馬來西亞	156,585,000	0.8
全　球　總　計	20,373,570,000	

資料來源：大英百科全書，Vol21, p526

〔2〕天然氣

1960 年代，液化天然氣（LNG）運輸船尚未問世以前，天然氣之貿易量備受輸送管線限制，因此天然氣之利用僅限於區域性。然而今日船運費用高昂，LNG 貿易成長量仍然無法大量提高。表 3.12 摘要列出全球各地區天然氣消費量（等於生產量）。

表 3.12　世界地區能源消費（1991 年）

單位：千公噸油當量

地區別	固體燃料	液體燃料	天然氣	電力	合計
亞洲	881,425	693,781	219,649	124,698	1,919,552
大洋洲	40,431	39,247	19,956	4,663	104,297
非洲	71,353	80,567	30,603	5,490	188,013
南美洲	17,844	117,407	58,111	33,368	226,730
北美洲	501,069	935,526	602,457	255,515	2,294,567
中美洲	5,607	89,182	24,198	7,243	126,229
歐洲	443,401	604,336	322,580	265,521	1,635,839
前蘇聯	288,374	375,638	569,396	73,700	1,307,108
世界總計	2,243,897	2,846,506	1,822,752	762,957	7,676,112

資料來源：Energy Statistics Tearbook，聯合國

3.2.2　石油與天然氣之起源

　　石油源自動、植物殘骸，其形成之基本方式與煤不同；至於天然氣則為低碳氫化合物與甲烷之混合物，有時亦含有不定量之氮或雜質（例如硫化氫）。石油屬於高碳氫（非氣體的）化合物，平均大約由兩個氫原子與一個碳原子相結合，而天然氣則約為 4：1。不同的儲油層（oil reservoir）所發現的石油其組成多半不同，甚至同一儲油層之石油亦可能不同。

　　石油形成過程之第一步驟為有機物與砂混合形成沉積層，由於沉積物繼續不斷地堆積，導致溫度和壓力上升，最後沉積層變成沉積岩，稱之為源岩（source rock）。第二步驟為此有機物在源岩中轉變成碳氫化合物（石油）。由於沉積岩之壓力，外加地下水之流動，油珠因而遷移進入多孔性岩層，於某些情況下，石油陷於不滲透岩層（impermeable rock）所包圍之儲油層，此即今日所發現之油田。

　　形成石油圈閉（oil trap）之地質結構有很多種類型，圖 3.3 顯示其中三種。第一種類型稱為背斜型圈閉（anticline trap），外形如窟窿狀，天然氣、石油和水均儲存在儲油岩（reservoir rock）內，而儲油岩被一層非滲透性岩所覆蓋，它可防止天然氣和石油之逸離（圖 3.3(a)）；第二種類型稱為斷層型圈閉（fault trap），因為不滲透性岩發生斷層而阻止石油和天然氣之逃逸（圖 3.3(b)）；第三種類型稱為可變滲透性型圈閉，由於儲油岩之滲透性發生

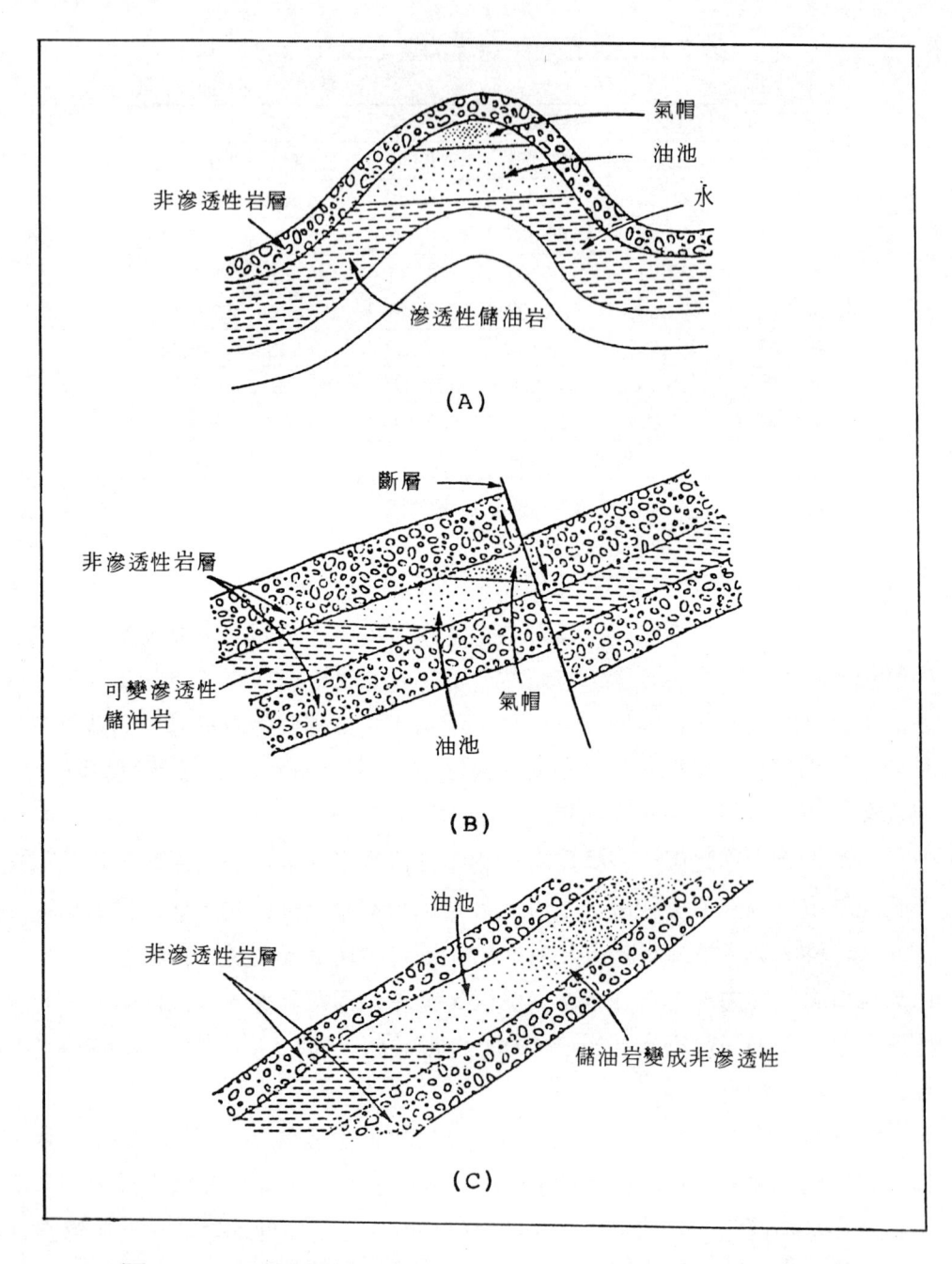

圖3.3　石油圈閉之地質結構：(A)背斜型 (B)斷層型 (C)可變滲透性型

變化而導致石油無法逸離儲油岩（圖 3.3(c)）。

植物殘骸轉化爲石油須歷經一百萬年以上，並得深埋於地底一公里以上之深度，方獲得足夠之壓力和溫度，但很少超過四公里深，因若在那樣深度，高溫將迫使石油分解成甲烷和石油焦（petroleum coke）。

3.2.3 探勘和生產

早期油井僅有數十至數百公尺深，近年來油井深度逐漸加深，大部分石油生產井之深度爲 500 至 3000 公尺。石油生產井之最深記錄爲 6500 公尺，而天然氣井則爲 7500 公尺。同樣地，油井內壓力變化亦逐漸增加，自 1 atm 變化至 1000 atm，一般油田之壓力梯度爲 $100 \sim 150$ atm/km。另外，溫度亦隨著深度而增加，通常產油區爲 $15 \sim 40°C$/km，而儲油層溫度一般低於 $110°C$。

於早期之石油探勘工作，均集中於油苗（oil seepages）發生地點附近，隨後轉移至有可能產生石油圈閉之地質結構。探勘需先作地質調查，測量露出地表之岩層傾斜角（angle of tilt），並對照鑽探結果以獲知地下岩層結構輪廓，這些技術已隨震測法之引入而精進。震測法係在地表上產生震波，例如小型引爆，然後以地表偵測器測量地下各岩層之反射波，經一系列之觀測，由反射波形可獲悉地下岩層之整個輪廓，然後辨識其中斷層或可能之石油圈閉，其施行於陸地較花時間，因爲引爆需鑿淺坑，若施行於海面上則較迅速簡便。震測法較常採行，另其他方法諸如地磁法、重力法、地球化學法（測試岩石中之碳氫化合物）或地熱、輻射和電導度等研判法，可按實際情形予以應用。

上述探勘法可供識別可能含有圈閉之岩層結構，但很難確認圈閉中是否儲有石油或天然氣，爲求肯定可能圈閉確實含有碳氫化合物，並推斷其中石油性質和數量，則必須鑽井以供深部測量與採樣。標準鑽探測量有物理（溫度和壓力）測量，電力（電導度）和核子（中子反射）測量等。此外，連續觀察鑽井所產生之岩屑亦有利於研判，尤其某一深度之岩層須加以採樣研判。

石油和天然氣數量之評估須經一系列步驟，首先實施震測以確定圈閉位置，然後再決定圈閉底下可能含有碳氫化合物之岩層結構體積。實務上，大部分可能地質結構包含有數層岩石。成功的地質探勘將可確定儲油層之深度與厚度，或其化學成分與儲油層狀況——例如多孔性、溫度和壓力。

探勘石油及天然氣之資料可藉油井流放而獲得充實或證實，然而往往需要多鑽油井以供測試。一旦油井開始生產，進一步測試將可增加採收率（recovery factor）估計值之準確度。通常油井開採初期，其生產率為一定，而於數月或數年後，因油井壓力下降故生產率將遞減。

3.2.4 蘊藏量與生產量比（R/P）

壓力差促使石油自儲油岩驅動進入鑽孔（bore hole），而壓力差可藉閥門來調整鑽孔出油量而加以控制。為求提高採收率，壓力差必須加以管制。因為，假如鑽孔中壓力與儲油岩中壓力相差太大，則原先溶於石油內之天然氣將會被釋放出來，這樣雖然一時增加油井出油速率，但是終久必然減少石油中之天然氣，致使石油之黏度增加，造成採收困難而減少石油之採收率。

因此，任何一口油井的生產速率必須加以節制。至於某一儲油層之生產速率可藉增加生產井數目而增加，但鑽井費用很高，因此，每一儲油層之生產井的數目取決於增加生產率與增加鑽井成本兩者之折衷。同樣地，油田生產速率亦受限制（油田即指同一地區數個儲油層之集合），當挖掘生產井產油之後，或許在三年左右，油田之生產速率即達到最大生產速率，而於往後 5～20 年均能夠維持此一生產速率（掘更多之油井）；爾後由於油田殘留愈來愈少，生產速率終而開始下降。

某一儲油層（或油田）之生產速率可用以年為單位之蘊藏量與生產量比值（R/P）表示，R/P 比值之定義是總殘留蘊藏量除以年生產量之比值。通常在儲油層開採初期，R/P 比值較高，而當儲油層逐漸枯竭則 R/P 比值降低。

3.2.5 石油蘊藏量與資源量

〔1〕石油之採收

欲評估某一儲油層之可採收石油數量，需要預先知道「在場石油量」(oil in place）和採收率的估計值。可採收石油量與儲油層狀況、石油組成和採收方式有關。

採收方式包括氣驅動式（gas drive）、水驅動式（water drive）和各式各樣的加強採收法（enhanced recovery method）。在氣驅動式中，當石油流入鑽孔並上昇排出時，儲油層中壓力開始下降，天然氣隨即由石油液體中釋放出來，其或伴隨石油流出油井（副產品），或保留在儲油層內而在石油上方形成氣帽（gas cap）。後一情形的氣帽會幫助維持驅動石油出井之壓力，這種情

況即稱爲氣驅動式。假如水能夠流入（從下方）儲油層內，其將取代流出鑿孔之石油並幫助維持壓力，此種情形即稱作水驅動式。實務上，只採用氣驅動式就可採收 5～20％石油。較爲常見是氣和水聯合驅動式，若岩石之滲透性良好，則採收率可達 50％（重油）至 80％（輕油）。

採收石油常依賴灌水進入儲油層以維持驅動油氣之壓力，另外常用的「二次」或「加強」採收法係將連同石油一併萃取之天然氣再注入油井以維持壓力。至於其它方式之加強採收法，一般成本較高，但油價繼續上昇時，將可推廣採用，其計有熱水注入法、溶劑注入法和水蒸汽注入法等。

表 3.13　1990 年底石油確定可採蘊藏量

地　區　別	確定可採蘊藏量（百萬桶）
非　　　洲	71,733
拉　丁　美　洲	118,793
北　　美　　洲	37,664
亞　　　　洲	40,202
（中華民國）	(5.8)
大　　洋　　洲	2,105
中歐與前蘇聯	60,584
西　　　　歐	96,924
中　　　　東	96,924
世　界　總　計	1,005,555

資料來源：1992 Survey of Energy Resources, WEC

表 3.14　世界各國原油蘊藏量 (estimated proved reserves)

單位：百萬桶

地　區　別	1982	1987	1992
亞洲及大洋洲	39,046	37,424	44,073
中　　　東	362,840	402,279	662,111
非　　　洲	56,171	55,194	60,488
西半球國家	122,066	120,165	153,051
西　　　歐	24,634	21,538	13,963
蘇聯/東歐	65,950	60,850	58,774
世　界　總　計	670,707	697,450	991,011

資料來源：International Petroleum Encyclopedia, 1992

〔2〕蘊藏量與資源量

目前全世界油田之採收率約介於 25～30 %之間，因此，僅有三分之一弱「在場石油量」可供取用。任何儲油層之確定蘊藏量（proven reserves），係指運用今日技術，可以商業化開採取得的石油數量，故確定蘊藏量等於在場石油量與採收率之乘積。目前全球確定蘊藏量為 1000×10^9 桶，若採用成本較高的加強採收法，則確定蘊藏量可增加到 200×10^9 桶以上。

3.2.6 非傳統性之石油—瀝青砂、重油及頁岩油

非傳統性石油一般係指瀝青砂、重油、及頁岩油，蘊藏量雖不是很多（參考表 3.15 及表 3.16），但在石油產量日益減少的壓力下，這些非傳統性石油是否能夠多予開發利用，將扮演著不可忽視的角色。

表 3.15　瀝青砂確定可採蘊藏量（百萬公噸）

國　　　　別	回收方法	確定可採蘊藏量
阿 爾 巴 尼 亞	－	8.9
加　　拿　　大	M	472
	P	42
中　國　大　陸	－	251
印　　　　　尼	－	0.3
義　　大　　利	－	33
馬　拉　加　西	－	0.9
奈　及　利　亞	－	24
羅　馬　尼　亞	－	0.6
敘　　利　　亞	－	0.3
千里達－托貝哥	－	1.4
委　內　瑞　拉	P	1.5
薩　　　　　伊	－	0.8

資料來源：1992 Survey of Energy Resources, WEC
註："－"表示不知道　　　"M"地表採礦
　　"P"浸漬回收

〔1〕瀝青砂與重油

瀝青砂與重油之性質介於常溫下不能流動之瀝青和能流動之石油之間，兩

表 3.16　頁岩油確定可採蘊藏量（百萬公噸）

國　　　別	回收方法	確定可採蘊藏量
澳　　　洲	P	3,651
巴　　　西	R	352
以　色　列	M	700
約　　　旦	M	4,000
摩　洛　哥	—	1,600
泰　　　國	P	145
土　耳　其	—	227
前　蘇　聯	—	2,000

資料來源：1992 Survey of Energy Resources, WEC
註：　"—" 表示不知道　　　"M" 地表採礦
　　　"P" 浸漬回收　　　　"R" 蒸餾

者皆爲低品質之石油。瀝青之比重較水爲重，其 API 度小於 10°，而重油大部分介於 10°到 20°API 度。（註：API 爲美國石油工業協會之簡稱，其用以表示油之比重單位）

適合生產之瀝青砂，其成分通常包括 10～20％（以重量計）之瀝青，而水分約佔 5％，以及 78～85％之砂與泥土。

〔2〕頁岩油

頁岩油之組成爲泥土、高分子量有機礦物和煤油，有時亦含有大量雜質，諸如重金屬。煤油並不溶於有機溶劑，但能以加熱頁岩萃取，傳統頁岩之開採工作包括四大步驟：由礦坑採取頁岩；壓碎頁岩；置蒸餾器中加熱，以萃取石油並回收產生的氣體，並藉蒸餾和氫化以提升產油品質；最後，蒸餾過之頁岩必須加以適當處置。

3.2.7　石油及天然氣之未來展望

〔1〕石油

目前全世界石油確定蘊藏量約 1000×10^9 桶，而年生產量約 23×10^9 桶，因此 R／P 比爲 43 年。然由於每年所新增加之確定蘊藏量平均少於年消費量，加上年消費量逐年增加，故 R／P 比將逐年下跌。

目前全球確定之石油蘊藏量和 R/P 比列於表 3.17。三分之二之全球蘊藏量集中於中東地區，例如沙烏地阿拉伯、科威特和阿拉伯聯合大公國等，這些國家人口稀少，國家發展計劃投資金額少於目前石油收入，再加上其政府亦考慮應保留石油資源以提供其後代子孫使用，故其石油產量將可能減產。一旦減產發生，全球又得調整石油需求，而調整之方式不外乎是節約用油，多使用替代燃料或降低經濟成長率。

就長期而言，下一世紀之大半，石油在能源市場佔有率將逐漸下降，但其於能源供應上仍將影響深遠。

台灣石油蘊藏主要分佈於苗栗和新竹一帶。自產原油於全國消費中尚不及1％，99％以上得依賴進口。民國 66 年，石油佔我國能源消費的比例高達 72％，由於核能之引進，民國 82 年石油比重已經降低，但仍佔 53％ 左右。有鑒於過分倚重進口石油，政府正加強在本省沿海進行石油鑽探，甚至與海外國家合作進行石油探勘。

表 3.17　世界原油蘊藏量（1992 年底）

	蘊藏量(十億桶)	％	蘊藏量/生產量比例(年)
北　美　洲	39.7	4.0	9.8
拉　丁　美　洲	123.8	12.4	43.7
OECD 歐　洲	15.8	1.6	9.2
非 OECD 歐 洲	59.2	5.9	17.5
中　　　東	661.8	65.7	99.6
非　　　洲	61.9	6.2	24.9
亞 洲 及 大 洋 洲	44.6	4.5	17.9
世　界　合　計	1,006.8	100.0	43.1

資料來源：BP Statistical Review of World Energy, June, 1993.

〔2〕天然氣

目前天然氣提供近乎 24％ 全世界能源供應量。本世紀天然氣供應量之增加幾乎不亞於石油，然而，天然氣工業之發展通常局限在可與天然氣儲氣層以管路相接之市場。唯有大型儲氣層及確實之需求，昂貴之管路設施成本方有回收

可能。因此天然氣之消費量變化頗大，日本為 2 ％（佔總消費能量），美國為 25.％。一旦現有市場之天然氣資源耗竭，則未來天然氣之角色將大受運輸費用之影響。

世界確定之天然氣蘊藏量列於表 3.18。顯然，北美洲和西歐之未發現資源量相當可觀，依長期觀點而言，OPEC 之天然氣確定蘊藏量最富潛力。

民國 79 年，台灣地區天然氣蘊藏量估計約十七兆立方公尺，主要分佈在苗栗、新竹一帶。82 年天然氣產量約為 827.73 百萬立方公尺，約佔本省能源供給量的 1.23％，其主要利用係充當家庭燃料、石化工業原料和工業燃料。經濟部為長期穩定供應國內所需天然氣，已訂定長、中、短期天然氣供應計劃，即 (1) 短程方面：優先供應家庭、商業及無法用其他能源替代之工業。(2) 中程方面：積極開發新竹外海油氣。(3) 長程方面：盡快完成進口液化天然氣接收站及其配合設施，以期自民國 79 年起每年進口液化天然氣一百五十萬公噸。

表 3.18 世界天然氣蘊藏量（1992 年底）

	蘊藏量(兆立方呎)	％	蘊藏量/生產量比例（年）
北 美 洲	262.8	5.4	12.0
拉 丁 美 洲	259.5	5.4	75.8
OECD 歐 洲	191.8	3.8	27.6
非 OECD 歐 洲	1,963.3	40.2	65.5
中 東	1,520.1	31.0	*
非 洲	346.9	7.1	*
亞 洲 及 大 洋 洲	341.0	6.9	52.5
世 界 合 計	4,885.4	100.0	64.8

註：* 超過 100 年
資料來源：BP Statistical Review of World Energy, June 1993.

3.2.8 與石油及天然氣有關詞彙

許多有關石油及天然氣探勘及生產名詞茲編彙如下：

1. 原油；石油（Crude oil；petroleum）

天然產生之礦物油，含有各類碳氫化合物，原油可能為石蠟基、瀝青基或兩者之混合，端視其在常態蒸餾後之殘留物而定。

2. 天然氣（Natural gases）

產於地下的天然礦產之氣體，主要含甲烷。

3. 儲油層（Oil reservoir）

含有天然聚集可生產油氣之地下多孔狀滲透性地層。

4. 瀝青頁石；油頁岩（Bituminous shale ; oil shale）

含瀝青之岩石，用蒸餾法可以釋放出其碳氫化合物。

5. 瀝青砂；油砂（Tar sands ; oil sands）

「瀝青砂」指特別在加拿大發現的一種地質現象，在其地面或地表附近飽含瀝青之砂岩；以機械或加熱處理可自砂中分離出碳氫化合物。

6. 鑿孔（Bore hole）

主要藉機械方法所鑽鑿之孔眼或井孔，用以探究地質情況或開發油層。

7. 探勘（Exploration）

尋找礦物或化石燃料礦床，包括地面和地下的調查，採用技術如鑿井、光學地質、地球物理和地球化學的勘查。探勘也包括測定礦床之特性及準備開發工作。探勘延伸至發現，而此名詞遠較勘查之意義廣泛。

8. 勘查（Prospecting）

應用專門技術（製圖的、地質的、地球物理等等）進行視察—指定區域內之地面與地下的調查以期發現石油。

9. 地球物理勘查（Geophysical prospecting）

勘查的方法主要係應用地球科學以研究地球表面的地質。各種所使用技術乃依據其所基於之物理現象予以分類。

10. 電勘查（Electrical prospecting）

利用電場和電流特性的勘查方法；此法係經由觀察地下組成不均勻所造成之電磁場變化而得。

11. 重力測量勘查（Gravimetric prospecting）

利用重力場之偏差的勘查方法。

12. 磁勘查（Magnetic prospecting）

利用地球的磁場偏差之勘查方法。

13. 地震勘查（Seismic prospecting）

由創造震波及觀察該波由音響阻抗反射到達時間，製作可能的地質構造圖之勘察方法。此法包括發射一表面訊點（例如由一小爆發或一物落下的衝激），令震波向下經地下交互層，而自地表紀錄各地層所反射之震波到達時間。

14. 驅動（Drive）

原油和天然氣經油氣層岩石之毛孔空間向一井孔之位移，這是由於油氣層流體膨脹或流體移動，即壓力高的地方移至較低壓再處所造成，也因如此能生產油或氣。

15. 水驅（Water drive）

水自含水帶與油、氣帶連結的多孔岩層中流入時的壓力可補足由於油氣被抽取後所造成之壓力差而產生的驅動。此水可由位於油或氣帶下方之一含水地層（底部水之驅逐）或由在油或氣帶外圍之含水地層（邊緣水之驅逐）流入。

16. 耗乏驅動（Depletion drive）

井中壓力減低時，由於油氣層中氣體的膨脹，漸由飽和油釋出而產生的驅動。油達到鑽孔時，氣膨脹在油氣層幫助提昇油至地面。

17. 氣頂驅（Gas-cap drive）

驅動係因自由氣囊（氣頂）在最高的油氣層岩石部分膨脹所致。此生產機構被認為一較有效的耗乏驅逐之類。

18. 一次採收（Primary recovery）

油或氣之生產由於油氣層與井底之壓差自然驅動的結果。油流至地面可以自然產生（自流井）或可用機械泵完成（泵井）。

19. 增加油採收（Enhanced oil recovery 簡稱 EOR）

一次、二次經濟的採收方法之外，還有先進之方法。其發展使得開拓的油氣層範圍加大。這些採收技術包括：其技術包含混合溶劑之注射進入油氣層，碳氫化合物氣和二氧化碳；熱技術包括蒸汽注入或就地碳氫化合物之部分燃燒。化學技術以添加化學品至注射水以改進水注射，例如小蘇打油、濕劑、水溶性聚合物。「增加採收」傾向於代替「二次採收」及「三次採收」；如此的採收技術在一井生產之開始即經常被應用。

20. 液化石油氣（Liquefied petroleum gas 簡稱 LPG）

輕質烴類之一種混合物，在常溫與常壓之條件下為氣態，由增加壓力或降低溫度，將其維持於液態。主要成分為丙烷、丙烯、丁烷與丁烯，組成與性質視各國之規範而定。

21.汽油（Gasoline）

煉製的石油餾分，通常沸點範圍為 30～220°C，此餾分併合某些添加劑，用為火花塞燃點引擎作燃料。推而廣之，此名詞也用於沸點在此範圍之其他產品，其組成與性質視各國之規範而定。別義（美國）：為火花塞燃點的內燃機之燃料，包括在汽油範圍內的煉油廠產品，但不再處理（摻配除外）即可作為車用汽油銷售。

22.柴油（Diesel oil）

在製氣油範圍的一種液體烴混合物供用於壓縮點火的內燃機。組成與性質視各國的規範而定。

23.航空燃油（Jet fuel）

用於噴射推進系統作為能源之石油餾分。推而廣之，適用於飛機氣渦輪機之燃料。組成與性質視各國之規範而定。

24.燃料油（Fuel oils）

使用於燃燒器之烴混合物（液體或可液化之石油產品），通常不含低沸點成分，組成與性質視各國之規範而定。

25.重油（Heavy oil）

碳氫化合物在傳統的較重質原油與瀝青間之等級，他們的特點為高黏度、流動點和密度（比重約在 1 和 0.9 間或美制比重 10 至 25 度間），而無法採用傳統之提煉法。

26.合成天然氣（Substitute natural gas 簡稱 SNG）

從煤或烴或其他碳質物製造而可與天然氣替換之氣體燃料。

27.F.O.B.（Free On Board）

$1000 f.o.b. Taipei 意即此 $1000 之價格並不包括該項貨物於台北送上貨運以後之一切運費及其他費用在內。

3.3 核分裂能

理論上，核能之產生循兩種可能途徑，其一為核分裂（fission），即重元素（例如鈾、鈽）吸收中子分裂成為二質量約相等之分裂產物，並釋出大量能量之反應。另一為核融合（fusion），即兩輕元素融合產生新元素，並釋放出大量能量之反應。核融合技術目前仍無法商業化，故今日核子動力均源自核分裂，由核分裂產生之電力，目前約佔全世界總電力供應量之百分之十。本節內容主要探討由核分裂而產生之核能，包括原子核物理、各種反應器、核能發電

第三章 非再生能源　85

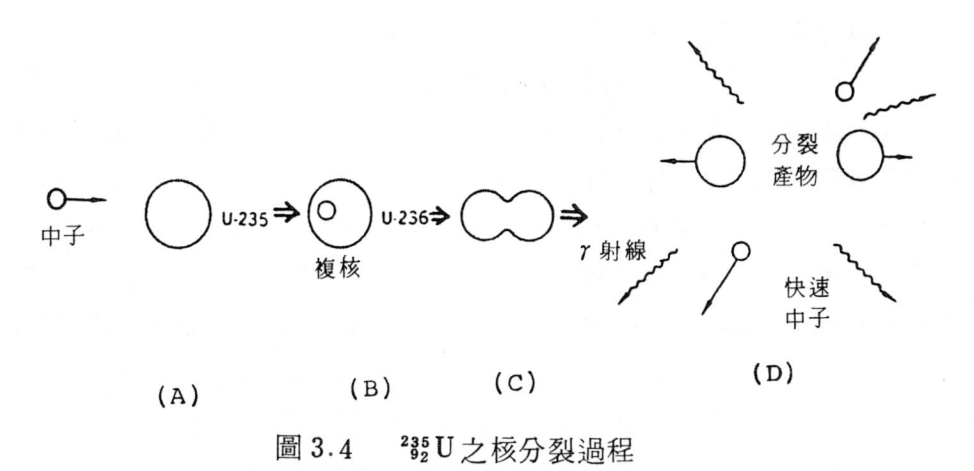

```
                            分裂
                            產物
    ○→     ◯  U-235⇒ ◉ U-236⇒ ∞ ⇒
    中子                                γ射線
                                              快速
                                              中子
    (A)     (B)      (C)           (D)
```

圖3.4　$^{235}_{92}U$ 之核分裂過程

成本及其未來展望，至於核融合能則置於 4.9 節中討論之。

　　核分裂之過程可分成數個階段，首先中子撞擊重原子核；中子被吸收而形成複核（compound nucleus）；此複核並不穩定，而繼續分裂成兩個或以上之原子核，同時並放射出數個中子；這些中子又被其他原子核所吸收，如若具有足夠之原子則可能發展形成鏈鎖反應（chain reaction），此鏈鎖反應即構成核子反應器（nuclear reactor）運轉之基礎。圖 3.4 為 $^{235}_{92}U$ 之核分裂過程。

　　單一鈾原子之分裂，約產生 200 Mev（10^6 ev）之能量，而一個碳原子之燃燒，僅產生 4 ev 能量。換句話說，1 公噸鈾進行核分裂，其所釋放出之總能量約等於 250 萬公噸煤之燃燒熱。

　　天然鈾（natural uranium）含有 99.3％之 $^{238}_{92}U$ 和 0.7％之較輕同位素 $^{235}_{92}U$，後者乃核子反應器中最常被利用之燃料。當反應器運轉一段時日後，$^{235}_{92}U$ 所佔之百分比會顯著地下降，同時燃料亦受到分裂產物之污染，因而鏈鎖反應無法繼續維持，此時即須更新燃料。但是舊燃料仍含有用之 $^{235}_{92}U$ 及大量之 $^{238}_{92}U$ 和少量之鈽元素，其均可再供其他型式反應器之使用。

3.3.1　原子核物理

　　物質係由原子所構成，而原子是由一個原子核和環繞其外之電子所組成。原子核含有 N 個不帶電荷之中子和 Z 個帶正電荷之質子，而核外繞以 Z 個高速旋轉之負電荷電子。原子之大小視電子雲軌道的大小而定，一般約為原子核直徑的 1000 倍，而每個中子和質子之質量約為電子質量的 2000 倍，因此大約有

99.8％的原子質量集中於原子核。

　　除了少數之輕原子核，一般穩定的原子核，其中子數均超過質子數。質量數（mass number）A＝N＋Z，通常用以表示原子核。於原子核物理中，常以化學元素符號表示元素外，另在元素符號左下方表示其質子數，元素符號左上方標示其質量數。例如碳—12可以 $^{12}_{6}C$ 表示，意即碳之質量數為12，且碳原子核含有6個質子。對於同一種化學元素，其原子所含之質子數相同，但其所含之中子數則不一定相同，例如，$^{238}_{92}U$ 即表示具有146個中子和92個質子之鈾，而 $^{235}_{92}U$ 即表示具有143個中子和92個質子之鈾。此種原子核之中子數不同而質子數相同之元素稱作同位素（isotopes），注意此二種鈾同位素具有相同之化學性質，但其原子之重量略有不同，值此之故，原子核對中子之吸收反應亦有所不同。原子核內之質子與中子是以強大的核子力（nuclear force）結合一起，其強度遠大於約束電子繞行原子核之靜電力。自安定的原子核分離出一個中子約需數MeV（10^6 eV）之能量，此值一般稱為束縛能（binding energy）。因為質量與能量可以互換（1905年愛因斯坦相對論），又原子核質量均少於其組成粒子質量之總和，所以束縛能（E_b）等於其質量差（△m）與光速(c)平方之相乘積，亦即 $E_b = \triangle mc^2$。質量差△m可由下式求得：

$$\triangle m = Nm_n + Zm_p - {^A_Z}M_n \qquad (3.1)$$

式中
　　　A：質量數　　　　　　　　N：中子數
　　　m_n：（自由）中子質量　　m_p：（自由）質子質量
　　　${^A_Z}M_n$：原子核質量，其質量數為A，質子數為Z

　　由於原子核之質量不易測出，而原子質量較易測得，故計算質量差（或束縛能）時，吾人常依下式計算：

$$\triangle m = Nm_n + Zm_H - {^A_Z}M_a \qquad (3.1')$$

式中　　M_a：原子質量
　　　　m_H：氫原子質量

　　茲計算氚（^3_1T）之束縛能：因Z＝1，N＝2，m_n＝1.008665 amu，m_H＝1.007825 amu，${^A_Z}M_a$＝3.016049 amu，則

　　　　△m＝2（1.008665）＋1（1.007825）－3.016049

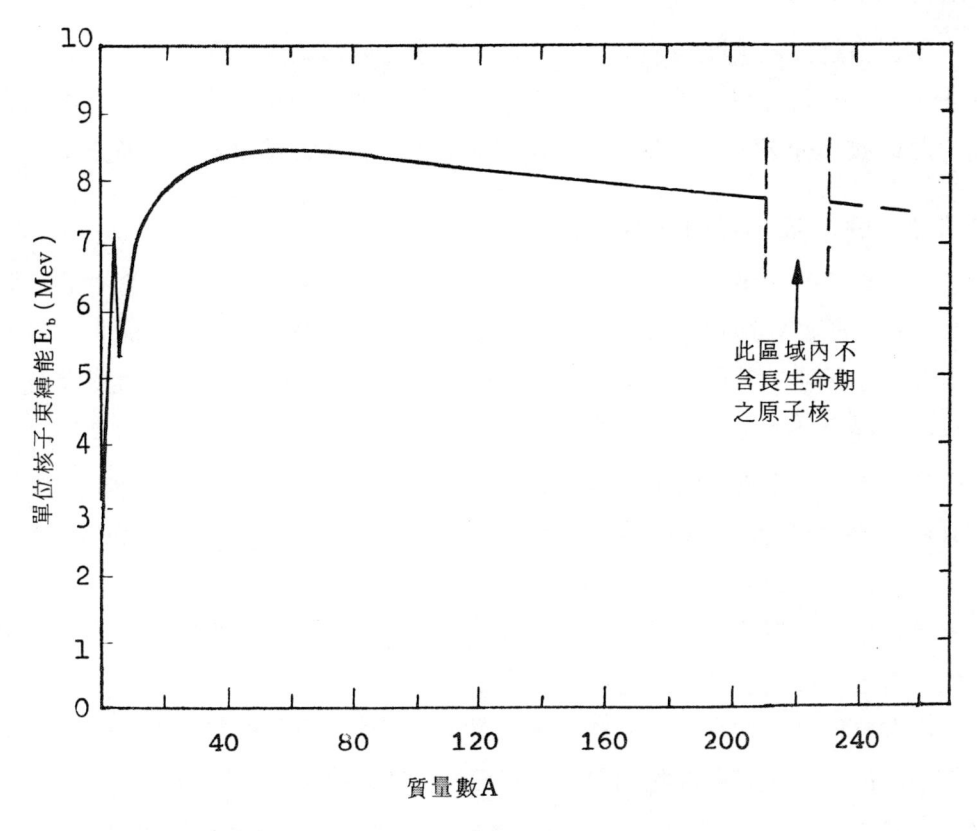

圖 3.5　穩定原子核之單位核子束縛能

　　　＝ 0.009106　amu（原子質量單位）
∵ lamu ＝ 931　MeV
∴ E_b ＝ 8.48　MeV　—氚之束縛能

　　圖 3.5 為穩定原子核之單位核子束縛能（binding energy per nucleon）的曲線圖，此圖顯示單位核子束縛能隨著質量數之增大而增加，直至質量數為 60 時為止，此後隨質量數之增大 E_b 反而減少。此提示兩種獲得原子能之可能途徑，第一，若二個低質量數之原子核融合一起，則每單位核子束縛能增加，此始末之束縛能差值將可利用某種適當方式釋放；第二，可促使高質量數之原子核分裂成較小原子核而釋放能量。上述第一種方式即為核融合反應，其乃太陽和熱核彈之能量來源；而第二種方式稱為核分裂反應，此為核子反應器（有

控制）或分裂核彈（無控制）之能量來源。

由觀察獲知，某些重核（ A ＞ 230 ）會進行自發式之分裂反應，於此分裂過程中，原子核分裂成兩個或以上之分裂產物，而每一產物帶走部分之釋放能量（此因較小分裂產物之單位核子束縛能較大），同時並放射出數個中子。

3.3.2 同位素、輻射和半生期

每一種化學元素其原子核均具有一定數目之質子數，但其可能含有若干同位素（即質子數相同但中子數不等之元素），因此，雖是同一化學元素其可能具有多種原子核，其原子量通常取其同位素之平均值。鈾之同位素 $^{238}_{92}U$ 及 $^{235}_{92}U$ ，於產生核分裂能方面特別重要。

不穩定之同位素含有過多或過少之中子，此時「母原子核」（parent nuclide）可藉放射性衰變（radioactive decay）釋放一個或多個質點而僅剩下「子原子核」（daughter nuclide）。放射性衰變之型式計有 α 衰變、β 衰變、γ 放射和自發分裂反應等。衰變過程可能重覆進行，且依次釋放能量並改變核子數，直至最終產物為穩定之原子核為止。

具有放射性之物質，其衰變速率隨原子核而異，但其放射過程係依據「衰變法則」進行，亦即單位時間內某一特定原子核之衰變機率恒為一常數，以方程式表之：

$$\frac{dN}{dt} = -\lambda N \tag{3.2}$$

式中 λ 為某一特定原子核在單位時間內（例如秒）衰變之機率。若以 T_H 表示半生期（即放射性核種衰變至其初值一半所需之時間），則

$$\frac{N}{N_0} = \left(\frac{1}{2}\right)^{T/T_H} \tag{3.3}$$

式中 N_0 表示開始衰變時之原子數，而 N 為經過時間 T 後之尚未衰變的原子數。在已知之放射性核種中，其半生期之長短隨元素而異，可能短至數分之一秒，亦可能長達 10^{10} 年（地球年齡約為 4×10^9 年）之久。

3.3.3 中子反應

於中子撞擊原子核後，可能發生三種狀況：第一種情形，中子自原子核彈

表 3.19　每個原子核分裂放射之平均中子數目

同位素	入射中子能量	每個原子核分裂放射之平均中子數目
^{235}U	0.025 eV	2.44
	1 MeV	2.50
^{239}Pu	0.025 eV	2.87
	1 MeV	3.02
^{233}U	1.1 MeV	2.46

表 3.20　核分裂之平均能量分佈

	MeV
分裂產物動能	168 ± 5
瞬時 γ 射線	5 ± 1
分裂中子動能	5 ± 0.5
分裂產物放射 β 質點	7 ± 1
分裂產物放射 γ 射線	6 ± 1
微中子	10 左右
總分裂能量	201 ± 6

註：上述諸值適用於 $^{233}_{92}$U，$^{235}_{92}$U，$^{239}_{94}$Pu 等元素

回，而中子與原子核均無變化；第二種情形，中子被原子核吸收而產生稍重之原子核。因為被吸收中子的束縛能（7～8 MeV）被原子核吸收，加上此原子核又吸收大部分中子之動能，故新原子核即處於激發狀態（即擁有過多能量之狀態），此種多餘能量通常迅速以 γ 射線方式放射（非核分裂反應），然後原子核又回復基態；第三種情形最為重要，即中子被原子核吸收，產生如第二項所述新激發狀態之原子核。但是此一激發原子核非常不穩定，幾乎立即（T ＜ 10^{-15} 秒）分裂成數個較輕原子核。原先原子核與分裂產物之束縛能差值，大部分係以動能之形式出現，亦即分裂產物於碰撞地點將以**極快**速度運動**離開**。數種常見放射性物質之平均放射中子數目列於表 3.19 中。表 3.20 顯示 $^{235}_{92}$U 和 $^{239}_{94}$Pu 等吸收慢速中子（slow neutron）後之分裂產物之能量分佈和大小。

3.3.4　鏈鎖反應

當一重原子核（例如鈾）吸收一中子後，可能導致核分裂反應發生而放射出數個中子，並釋放大量之能量（見表 3.20），如作適當的安排，使放射出之數個中子恰有一個能與附近之一個原子核再度發生核分裂反應，如此即可維持

鏈鎖反應，亦即每單位時間內所分裂之原子核數目爲一常數。如果少於或多於一個中子繼續產生核分裂，則鏈鎖反應將停止或強度不斷地增加，因此如何維持鏈鎖反應是任一核子反應器最重要之設計考慮項目。

3.3.5 核子反應器

核子反應器之分類有多種方式，常用之分類法是依據(1)引發核分裂的中子之動能，(2)反應器的目的，(3)反應器核心的幾何形狀和組成，或(4)冷却劑的型態。

如依據引發核分裂的中子動能之大小來分類反應器，則可分成三大類，即熱反應器（thermal reactor）、中級反應器（intermediate reactor）和快速反應器（fast reactor）。於快速反應器中，核分裂過程是由平均動能約爲數十 MeV 的快速中子所引發；在中級反應器中，核分裂過程是由平均動能約爲 0.1～1.0 MeV 的中子所引發；而熱反應器的核分裂過程，則由平均動能約爲 0.1 eV 的中子所引發。

由於中級反應器之設計較爲困難，迄今只建造過兩具液態鈉冷却潛艇核子反應器，此二艘潛艇目前均已退役。雖已有數種中級反應器之設計構想，然至今尚未動手建造。於此，僅分述熱反應器和快速反應器如下：

〔1〕熱反應器（thermal reactor）

此種型式之反應器包括有下列各種組件：
- 可分裂燃料（fissionable fuel）：將分裂鏈鎖反應維持其中
- 緩和劑（moderator）：將分裂中子減慢至熱能範圍
- 冷却劑：循環經過燃料而帶走分裂釋出之熱
- 控制器：例如中子吸收器，減少中子數目
- 可分裂燃料之稀釋劑，通常用 $^{238}_{92}U$
- 供支撐上述組件之結構材料

許多熱反應器之冷却劑通常亦同時充當緩和劑使用。

〔2〕快速反應器（fast reactor）

此種型式之反應器包括有下列各種組件：
- 可分裂燃料：通常使用 $^{235}_{92}U$，但 $^{239}_{94}Pu$ 亦可使用
- 冷却劑

- 控制器
- 燃料之稀釋劑（通常用 $^{238}_{92}U$）
- 支撐上述組件之結構材料

此外，若快速反應器為孳生式（breeder），則亦包括：

- 燃料滲有可孕材料（fertile material）：適用於轉換用（目前常將 $^{238}_{92}U$ 轉換成 $^{239}_{94}Pu$）

實際上，目前運轉中之核子動力反應器均使用鈾－235做燃料，而以鈾－238稀釋之。反應器型式與設計之選擇，通常取決於經濟因素，並受國情影響，因此各國使用情形不甚相同。各國常用的反應器有(1)輕水式反應器包括壓水式反應器和沸水式反應器二種，(2)重水式反應器，(3)高溫氣冷式反應器，(4)快速孳生式反應器，和(5)其它型式反應器等，以下將分別簡要說明。

〔1〕輕水反應器（LWR）

包括壓水式反應器和沸水式反應器兩種，世界上大部分反應器均屬於此一類型，茲分述如下：

壓水式反應器（Pressurized Water Reactor，簡稱PWR）

PWR使用之燃料為 ^{235}U，新添燃料含有3.3％之 ^{235}U，而以二氧化鈾（UO_2）型式存在。由於使用普通的水（輕水）做冷却劑和緩和劑，故「輕水式反應器」即因此得名。輕水為含有 ^1_1H 的水，而重水則含有 ^2_1H 的水。反應器之結構材料係以不銹鋼為主，而控制係利用含硼的控制棒吸收中子（因硼對熱中子具有高度吸收率）。

壓水式反應器之主要構造如圖3.6和圖3.7所示。小圓柱狀二氧化鈾塞於鋯合金管而形成燃料棒（fuel rod），大約1公分直徑和4公尺長。另外約有200支燃料棒構成一燃料組（fuel assembly），再由燃料組構成反應器核心（core）。核心裝置於不銹鋼製壓力容器之內，壓力容器之壁厚超過20公分（圖3.8）。高壓水進入燃料棒間隙充當冷却劑，其將燃料棒冷却，並可減緩中子之分裂速度（即緩和劑作用）。高壓水被反應器加熱後，送至蒸汽產生器（圖3.7），於該處將第二循環流體（水）加熱成蒸汽，此蒸汽推動渦輪機再帶動發電機產生電力（圖3.7）。壓力容器裝置於包封殼內，以防止放射性污染物

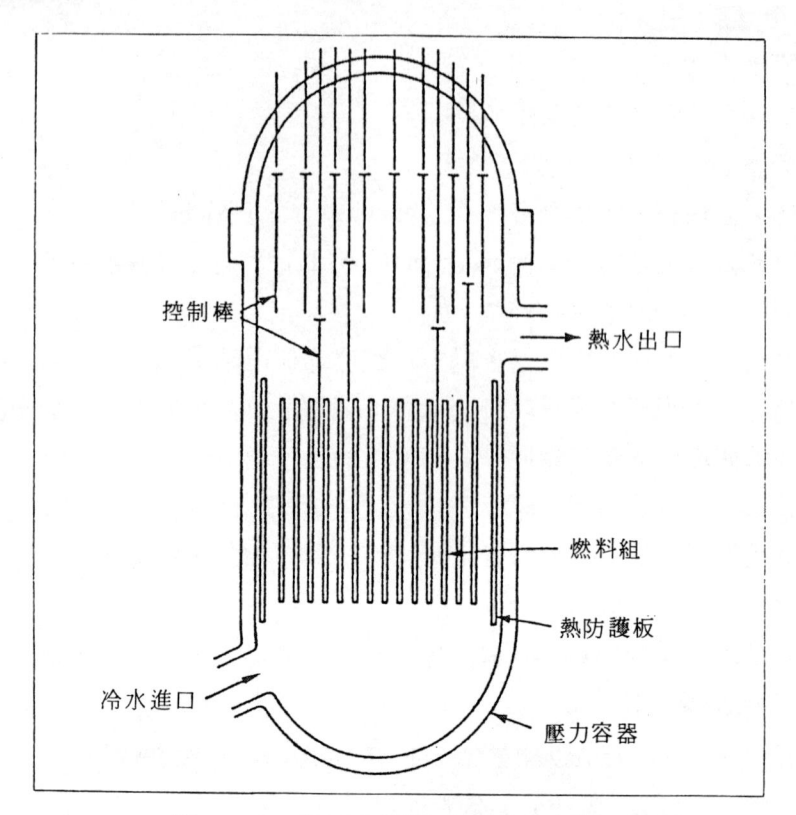

圖3.6 PWR反應器核心和壓力容器示意圖

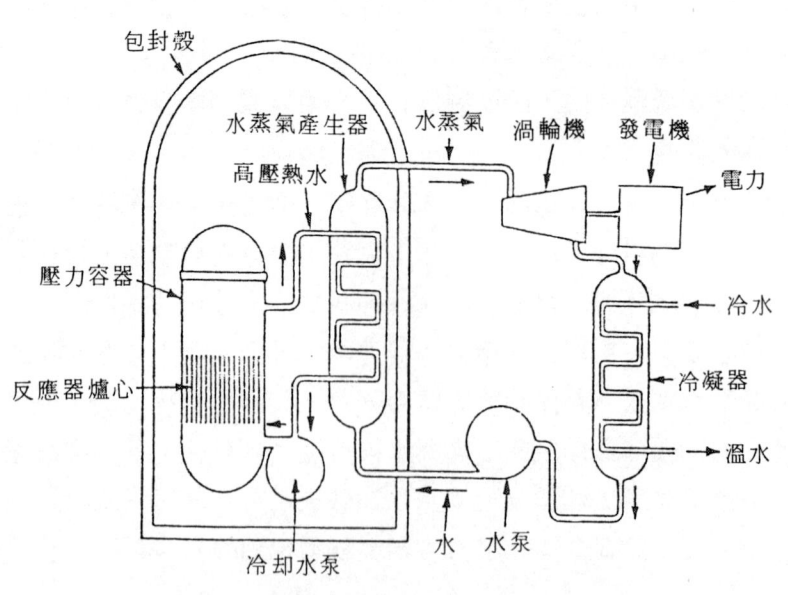

圖3.7 PWR反應器和發電系統示意圖

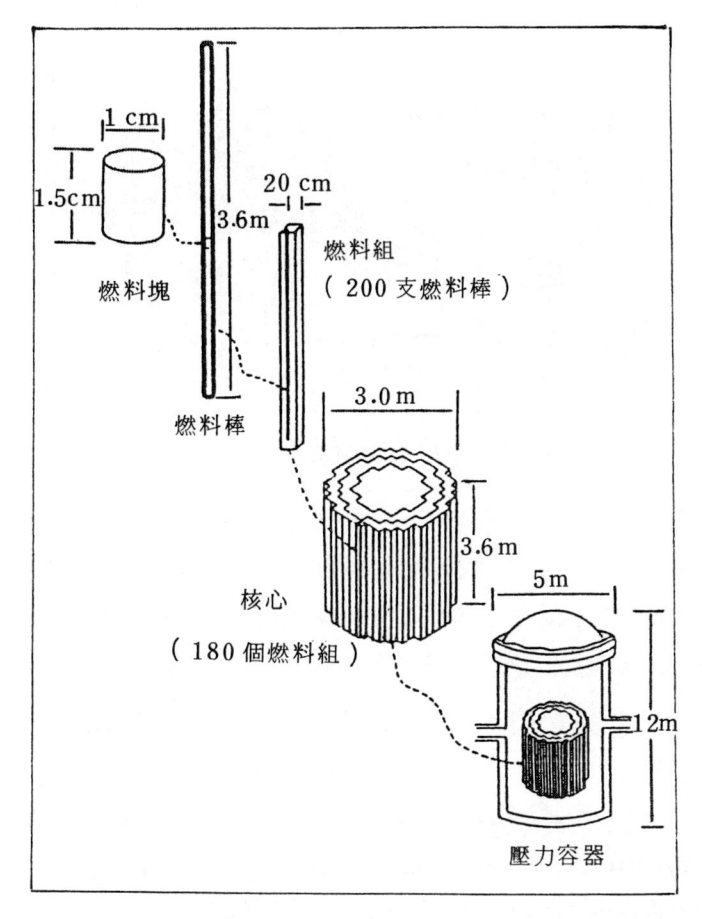

圖 3.8　反應器核心

之外洩。於第二循環之水,並無放射性污染之慮。

　　除運用含硼之控制棒外,多種緊急處置可終止分裂鏈鎖反應,常用方法之一為將硼塩溶液注入第一冷却劑中。若中斷冷却水,鏈鎖反應將自動停止,缺少充當緩和劑之水,其所產生熱中子數將遞減故也。

　　容量為 1 GW(e) 之壓水式反應器,所使用之鈾金屬約為 90 公噸(或大約 102 公噸 UO_2)。當燃料使用一段時間之後,其組成將會改變,因此需要添加新燃料。此時,首先終止鏈鎖反應,減低壓力容器內之壓力,再掀開上蓋,然後逐一更換燃料組。核能電廠通常一年添加新燃料一次,每次更換大約三分之一的核心。

沸水式反應器(Boiling Water Reactor,簡稱 BWR)

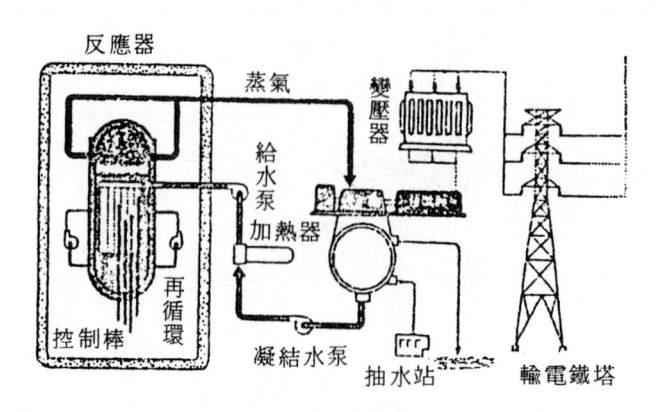

圖3.9 沸水反應器核能電廠

沸水式反應器亦屬於輕水式核子反應器，其與壓水反應器在基本觀念上僅有些微差異，但其使用之燃料，冷却劑和緩和劑並無不同。最主要的區別在於 BWR 之第一冷却水直接產生蒸汽驅動渦輪機而發電，但 PWR 則須使用第二循環方行。沸水式反應器核能電廠之概略圖如圖3.9所示。

〔2〕重水式反應器（Heavy Water Reactor，簡稱 HWR）

重水式反應器（例如 CANDU），其所使用之緩和劑為重水（D_2O），由於重水式反應器之緩和比（moderating ratio）相當高，故能非常有效地將快速中子變換成慢速中子。因此可直接使用天然鈾作燃料，其反應器核心所用的天然鈾僅含 0.7％的 ^{235}U。

〔3〕高溫氣冷式反應器（High Temperature Gas Reactor，簡稱 HTGR）

使用石墨充當緩和劑，而燃料為高濃縮鈾（93％之 U-235），至於冷却劑則採用氦氣。

〔4〕快速孳生式反應器（Fast Breeder Reactor，簡稱 FBR）

主要設計係利用液態鈉做冷却劑，燃料採用 $^{239}_{94}Pu$ 或 Pu 之同位素，或 $^{235}_{92}U$ 亦可，唯不需使用緩和劑。

〔5〕其他型式反應器

其他反應器，例如氣體—石墨反應器（gas-graphite reactor）採用天然鈾為燃料，而冷却劑為加壓之二氧化碳，並且以碳充當緩和劑使用。

各種主要核子動力反應器之材料，如表3.21所示。

表 3.21　各種重要動力反應器之材料

	壓水反應器 (PWR)	沸水反應器 (BWR)	重水反應器 (CANDU)	高溫氣冷反應器 (HTGR)	液態金屬快速孳生器 (LMFBR)
燃料型式	UO_2	UO_2	UO_2	UO_2, ThC_2	PuO_2, UO_2
濃　　縮	3% U-235	2.5% U-235	0.7% U-235	93% U-235	15 wt% Pu-239
緩 和 劑	水	水	重水	石墨	無
冷 却 劑	水	水	重水	氦氣	液態鈉
鍍　　層	鋯合金	鋯合金	鋯合金	石墨	不銹鋼
控　　制	B_4C 或 銀-鉬-鎘棒	B_4C	緩和劑	B_4C	鉭或 B_4C 棒
容　　量	鋼	鋼	鋼	加壓式混凝土	鋼

3.3.6　核能發電成本

核子動力需要高度技術及安全標準，投資成本花費頗大，通常電廠容量愈大愈經濟，目前一般核能電廠容量約在 3000～3600 $Mw_{(t)}$，亦即有 1000～1200 $Mw_{(e)}$ 的發電容量。曾有人提議建造 200 $Mw_{(t)}$ 容量之小型反應器，以供工業製程所需蒸汽，然迄今並無實現。不論如何，核能發電於未來數十年中，可預期仍將是發電的主要方式。

以壓水式反應器為例，若核能電廠效率以30%計，則每 $Kwh_{(e)}$ 之電力約需 2.5×10^{-5} 公斤天然鈾，而天然鈾目前成本約每公斤80美元，換言之，發電成本約2美釐/度，若再加上濃縮處理則成本增至 4～5 美釐/度。因此，核能發電之主要成本在於建廠費用而非燃料費用，此乃鑒於核能發電較燃油或燃煤發電有較高技術性和安全顧慮所致。事實上，核能電廠之費用起伏頗大，此因容量不同、設廠地點不同、利率不同、設廠時期不同以及通貨膨脹等，均會影響核能電廠之成本。

3.3.7　核分裂能之未來展望

自從1950年代，美、英、法等國之核能電廠開始商業化運轉以後，核能在發電上一直維持穩定的成長。1960 年代至 1970 年代初期為核能電力之繁榮期，核能電廠的訂購於 1974 年達最高峯（共 62 座），見表 3.22。

由於 1973 至 1974 年油價上漲，造成全世界經濟衰退，1975年之電力需求幾乎停滯。此後，電力需求之成長仍然欲振乏力，究其原因部分由於能源價格

表 3.22　OECD國家核能反應器訂購狀況

	機組數		機組數
1965	17	1974	62
1966	26	1975	29
1967	45	1976	12
1968	21	1977	12
1969	24	1978	22
1970	23	1979	9
1971	39	1980	16
1972	50	1981	10
1973	48		

高漲，部分是世界經濟蕭條持續之結果。

　　核能電力成長之決定因素在於電力需求、石油替代品發電發展和公衆反對核能之阻力。近年來，經濟合作與發展組織（OECD）國家人民之輿論反對，加上反核行動促使核能設施興建延期或審核程序更爲繁複，因而導致核能計劃擱置或取消。因此，核能開發之未來潛力極具不確定性。

　　於1989年核能發電佔OECD總發電量16％左右（見表3.23），此係由於1970年代動工之核能電廠在1980年代陸續完成。然而於1980年代多數國家核能計劃多擱置或取消，如此將導致1990年代之後，核能電力成長大幅減少，目前僅有少數國家訂購新核能電廠。此情況預料將不會有太多改變，除非電力需求之未來展望、公共觀念、政府審核發照、興建與運作，以及其他許多有關經濟、財政與環境因素等有重大之改善。

　　爲降低過分倚賴國外進口石油並達成能源多元化目標，台灣電力公司於民國59年底，在本省北部興建我國第一座核能發電廠，裝置兩部容量各爲636 MW汽輪發電機，其主要蒸汽產生系統係採用沸水式反應器；第一號機於民國67年12月10日開始商業運轉，我國因而進入核能發電新紀元；第二號機則於68年7月15日商業運轉。第二座核能發電廠亦是位於台灣省北部，距離核一廠不遠；兩部機組容量各爲985 MW，其亦採用沸水式反應器；第一號機於民國70年12月28日開始商業運轉，第二號機組則於71年底商業運轉。第三座核能發電廠建於台灣南部，兩部機組容量各爲951 MW，其採用壓水式反應器，其中第一號機於73年5月商業運轉，而第二號機已經在74年加入商業運轉。無論如何，核能

表 3.23　OECD 會員國總發電裝置容量及核能發電裝置容量預測

（單位：萬瓩，淨出力）

國　　名	1989 年（實績） 總發電設備	核能（％）	2000 年 總發電設備	核能（％）	2005 年 總發電設備	核能（％）
澳　　　洲	3,490	0(0)	4,290	0　(0)	4,740	0　(0)
奧　地　利	1,680	0(0)	1,910	0　(0)	2,080	0　(0)
比　利　時	1,400	550(39.3)	1,580	550　(34.8)	1,730	520 (a)(30.1)
加　拿　大	9,890	1,190(12.0)	14,520	1,590　(11.0)	16,350	1,810　(11.1)
丹　　　麥	820	0(0)	1,120	0　(0)	1,170	0　(0)
芬　　　蘭	1,230	230(18.7)	1,510	230　(15.2)	1,620	230 (a)(14.2)
法　　　國	10,030	5,280(52.6)	10,670	6,260　(58.7)	10,800	6,390 (a)(59.2)
西　　　德	9,740	2,240(23.0)	9,820	2,270 (a)(23.1)	9,360	2,270 (a)(24.3)
希　　　臘	860	0(0)	1,370	0　(0)	1,580	0　(0)
冰　　　島	90	0(0)	100	0　(0)	100	0　(0)
愛　爾　蘭	370	0(0)	460	0　(0)	560	0　(0)
義　大　利	5,000(a)	110(1.9)	7,930	0　(0)	8,930	120 (a)(1.3)
日　　　本	15,820	2,760(17.4)	19,830	4,970　(25.1)	22,000	6,100 (a)(27.7)
盧　森　堡	120	0(0)	120	0　(0)	120	0　(0)
荷　　　蘭	1,810	50(2.8)	1,880	40　(2.1)	2,020	150 (a)(7.4)
紐　西　蘭	740	0(0)	900	0　(0)	980	0　(0)
挪　　　威	2,660	0(0)	3,070	0　(0)	3,270	0　(0)
葡　萄　牙	730	0(0)	1,030	0　(0)	1,190	0　(0)
西　班　牙	4,350	760(17.5)	5,040	950 (a)(18.8)	6,000	950 (a)(15.8)
瑞　　　典	3,320	1,000(30.1)	3,410	860 (a)(25.2)	3,410	400 (a)(11.7)
瑞　　　士	1,530	300(19.6)	1,680	300　(17.9)	1,680	300　(17.9)
土　耳　其	1,580	0(0)	3,900	0　(0)	5,680	0　(0)
英　　　國	7,280	1,120(15.4)	8,210	990 (a)(12.1)	8,630	1,000 (a)(11.6)
美　　　國	71,800	9,800(13.6)	81,800	10,400　(12.7)	92,900	10,400　(11.2)
OECD 合計	157,049	25,390(16.2)	186,150	29,410　(15.8)	206,900	30,640　(14.8)

資料來源：Nuclear Energy Data 1990（OECD・NEA，1990 年 6 月）

發電於我國之能源供應方面，將扮演日益重要之角色。圖 3.10 即顯示台灣省核能設施的地理分佈。

98　能源應用

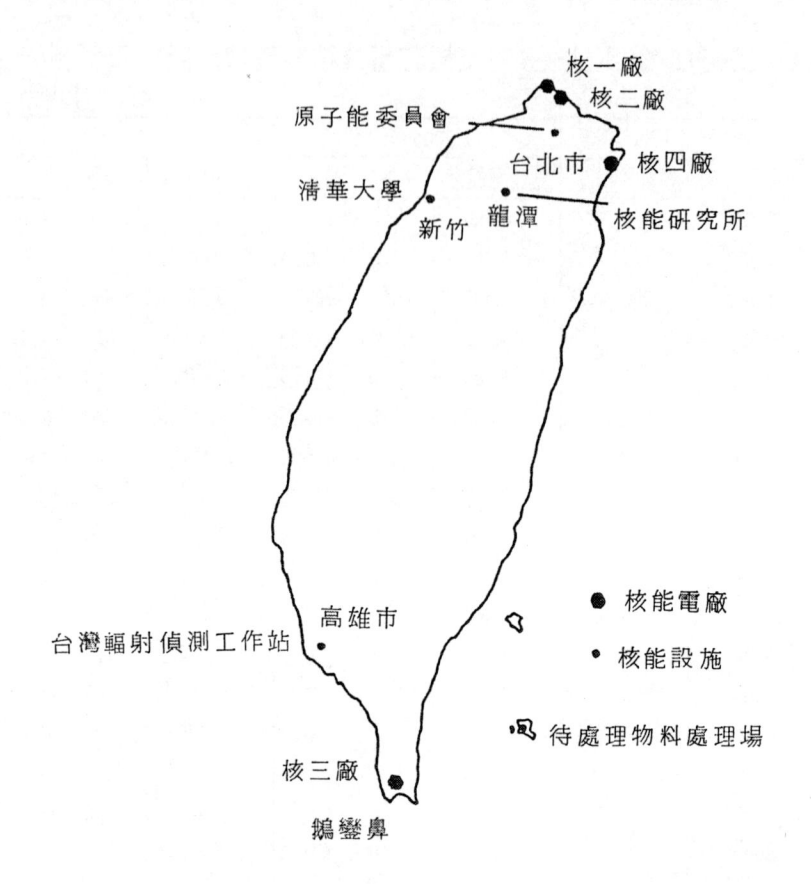

圖 3.10　我國核能設施地理分佈

3.3.8　與核分裂能有關詞彙

1. 核分裂（Nuclear fission）

　　一個重原子核分裂為質量相差不遠的兩個較小原子核（或偶而分裂為兩個以上）通常伴隨著放出中子與伽馬輻射。

2. 分裂能（Fission energy）

　　原子發生核分裂時釋放的能量。

3. 天然鈾（Natural uranium）

　　含有天然存在的各種鈾同位素混合物之鈾。

4. 濃化鈾（Enriched uranium）

　　鈾中含有可分裂同位素鈾 235 的含量百分比，經增加至高於其天然鈾中的含量。

5. 可孕（Fertile）

核種在吸收中子之後能直接或間接地轉變爲可分裂核種者，即視爲「可孕」。

6. 可孕材料（Fertile material）

在吸收中子之後，能直接或間接地迅速轉變爲可分裂材料之同位素，尤其是鈾 238 與釷 232；可孕材料有時亦稱爲源物料或孳生器材料。

7. 濃化（Enrichment）

同一元素的各種同位素混合物中，某一特定同位素的含量百分比，超過其天然混合物中的含量。

8. 核燃料（Nuclear fuel）

含有可分裂核種能在反應器中維持核分裂鏈反應的物質，亦包括含有可孕核種能轉化爲可分裂核種的物質。

9. 核鏈鎖反應（Nuclear chain reaction）

引發核反應的必要媒介（例如中子）爲核反應本身所產生，因而促發一系列連續進行的相同核反應。一個核反應直接引發次一代核反應的平均數目，隨著其小於 1，等於 1，或大於 1 的情況，此一系列的核鏈反應遂成爲收斂（次臨界）的，自行持續進行（臨界）的，或發散（超臨界）的。

10. 臨界狀態（Criticality）

核分裂鏈反應使核分裂能維持自行持續穩定進行的狀態。

11. 緩和（Moderation）

中子與某核種碰撞後，僅有小部分中子被捕獲，而絕大部分中子均因散射而使中子能量減低的現象。

12. 增殖因數（Multiplication factor）

在一時段內由核分裂產生的中子總數與同一時段內經吸收及滲漏而損失的中子總數之比率(k)。

13. 臨界（Critical）

有效增殖因數等於 1 的狀態。

14. 超臨界（Supercritical）

有效增殖因數大於 1 的狀態。

15. 次臨界（Subcritical）

有效增殖因數小於 1 的狀態。

16. 轉化比（Conversion ratio）

由可孕材料轉化為可分裂核種的數目與同一時間內可分裂核種消耗數目之比。

17. 孳生比（Breeding ratio）

大於1的轉化比。

18. 核反應器（Nuclear reactor）

能維持且控制核分裂鏈反應自行持續進行的裝置。

19. 孳生器（Breeder）

可分裂材料的生產量多於消耗量的反應器，亦就是轉化比大於1的反應器。

20. 快中子（Fast neutrons）

動能超過某一定值的中子，在反應器物理中，此值通常選定為0.1百萬電子伏。

21. 沸水反應器（Boiling water reactor，簡稱BWR）

使用水為冷却劑與緩和劑，並且讓水在核心內沸騰的反應器。對動力反應器而論，在反應器壓力容器內產生的略帶放射性蒸汽，係直接通至汽輪發電機。沸水反應器需要採用濃化燃料。

22. 壓水反應器（Pressurised water reactor，簡稱PWR）

用水為冷却劑與緩和劑，並使水在高壓力之下以阻止其沸騰，在高溫之下仍能維持液態的反應器。對動力反應器而論，供應汽輪發電機的蒸汽，係間接由熱交換器（蒸汽發生器）產生。壓水反應器需要用濃化燃料。

23. 氣冷反應器（Gas-cooled reactor，簡稱GCR）

以氣體為冷却劑，並以石墨為緩和劑的反應器。對動力反應器而論，供應汽輪發電機的蒸汽，係間接由熱交換器產生。鎂鋁鈹合金（Magnox）型氣冷反應器採用天然鈾為燃料，至於進步型氣冷反應器（AGR）與高溫氣冷反應器（HTGR），則均需要採用濃化燃料。

24. 重水反應器（Heavy-water reactor，簡稱HWR）

使用重水為緩和劑的反應器。在「重水緩和，氣體冷却反應器」（HWGCR）中，冷却劑為氣體；在「重水緩和，沸騰輕水冷却反應器」（HWLWR）或「產汽重水反應器」（SGHWR）中，冷却劑為輕水；在「加壓重水緩和與冷却反應器」（PHWR）中，以重水為冷却劑。對動力反應器而論，供應汽輪發電機的蒸汽，有的重水反應器係直接在反應器壓力容器內產生，有的則係間接由熱交換器產生。重水反應器有的只要採用天然鈾為燃料，有的則需要採用濃化鈾為燃料，隨其型式而異。

第三章　非再生能源　　101

25.輕水反應器（Light-water reactor，簡稱LWR）
　　以純淨的常用水或蒸汽與水的混合體為冷却劑之反應器。為與重水有所分別，故稱常用水為輕水。沸水反應器（BWR）與壓水反應器（PWR）均屬輕水反應器的一例。

26.反應器壓力容器（Reactor pressure vessel）
　　用以承受實際運轉壓力，並裝放反應器核心與冷却劑的容器。

27.反應器核心（Reactor core）
　　反應器內含有可分裂材料且容納核分裂鏈反應進行的區域。

28.燃料元件（Fuel element）
　　反應器中以燃料為主要成分，而且在結構上為最小的分立部分。燃料棒、燃料丸、燃料錠均為燃料元件特有的形狀。

29.反應器圍阻體（Reactor containment）
　　完全圍繞反應器周圍，且可承受壓力的包封圍阻系統，即使在反應器事故情況下，其設計仍可防止超出許可數量的放射性物質洩放到控制區之外。

30.緩和劑（Moderator）
　　不會大量捕獲中子，而可由碰撞散射以減低中子能量的材料。

31.反應器冷却劑（Reactor coolant）
　　流動通過反應器核心或圍包用以移除熱量的液體或氣體。參閱「主冷却劑」。

32.控制元件（Control element）
　　可在反應器內移動的一種組件，其本質在影響反應度，用以控制反應器。控制棒為棒狀的控制組件。

33.放射性（Radioactivity）
　　某些核種具有下列現象之一的特性：(1)從其原子核自發放出粒子或加馬輻射的現象；(2)其原子核具有自發分裂的現象；或(3)其原子核在捕獲軌道電子後放出X輻射的現象。

34.半衰期（Half-life）
　　在一放射性物質中，原子分裂數達到半數時，以致其活性衰變至原有數值之一半所需的時間。

35.重水（Heavy water）
　　氧化氘 D_2O。水中之氫原子為同位素氘取代；其在正常水中之存在量約為六千分之一。高純度的重水於某型式核反應器中可用作緩和劑。

問　題

1. 區別再生能源與非再生能源之意義。
2. 煤、石油及天然氣各是如何形成的？如何開採？
3. 說明煤炭發電之利與弊。
4. 瀝青砂、重油及頁岩油與一般石油性質有何不同？
5. 說明核分裂能發電之優缺點。
6. 解釋名詞：
    (1)酸雨　　(2)同位素　　(3)R／P　　(4)中子反應

參考資料

〔1〕 C.Simeons,"Coal - Its Role in Tomorrow's Technology", Pergamon, 1978

〔2〕 R.Dutch and Shell Group,"The Petroleum Hand book", Elsevier, 1983

〔3〕 J.P.Riva, Jr.,"World Petroleum Resources and Reserves", Westview, 1983

〔4〕 M.M.El - Wakil,"Power Plant Technolgy", McGraw-Hill, 1984

〔5〕 經濟部能源委員會,「煤炭—銜接未來能源之橋」, 1980

〔6〕 楊思廉等編,「工業化學概論」, 五洲, 2／e, 1983

〔7〕 楊家瑜譯,「核能電力工程」, 中華, 1979

〔8〕 楊家瑜譯,「核能轉變」, 中華, 1980

〔9〕 何松齡、孫觀漢等編著,「核能面面觀」, 正中, 1984

〔10〕 鄧光新等編,「原子能發電」, 6／e, 中國電機工程學會, 1982

第四章

再 生 能 源

```
4.1   太 陽 能        4.2   風     能
4.3   地 熱 能        4.4   水 力 能
4.5   潮 汐 能        4.6   海 浪 能
4.7   海洋熱能轉換      4.8   生 質 能
4.9   核 融 合 能
再生能源詞彙
```

本章中，針對各種再生能源（即自然能）包括太陽能、風能、地熱能、水力能、潮汐能、海浪能、海洋熱能轉換、生質能及核融合能將逐一詳予介紹。於傳統式能源逐漸枯竭之際，對各種形式再生能源的開發研究正被各國重視，因此加強對各種再生能源的認識且進一步尋求適合本國發展之再生能源，應是學習能源科技者共同努力的目標。

4.1　太　陽　能

太陽能即地球接收自太陽之輻射能，其直接或間接地提供地球上絕大部份之能源。地球與大氣圈不斷地自太陽獲得 0.17×10^{18} W之輻射能量，數量實在大得難以想像。假設每人平均需要 10^3 W，則一百億人才不過是需要 10^{13} W，因此只要將抵達地表太陽能的百分之一轉換成可用的能量，則滿足全球能源需求已是綽綽有餘。但是太陽能在先天上也有它的缺點，首先，它是「稀薄的」（diluted）能源，需要廣闊面積才能收集到足夠人類使用的能量。其次，太陽能是「間歇性的」能源，無法連續不斷地供應，例如陽光僅出現在白天，而且時常受到雲層掩蔽，因此太陽能必須加以儲存，以供夜晚或多雲日子使用，故有時需要他種輔助之能源設備配合使用。圖4.1.1說明地球能量循環之

104　能源應用

圖4.1.1　地球能量循環圖

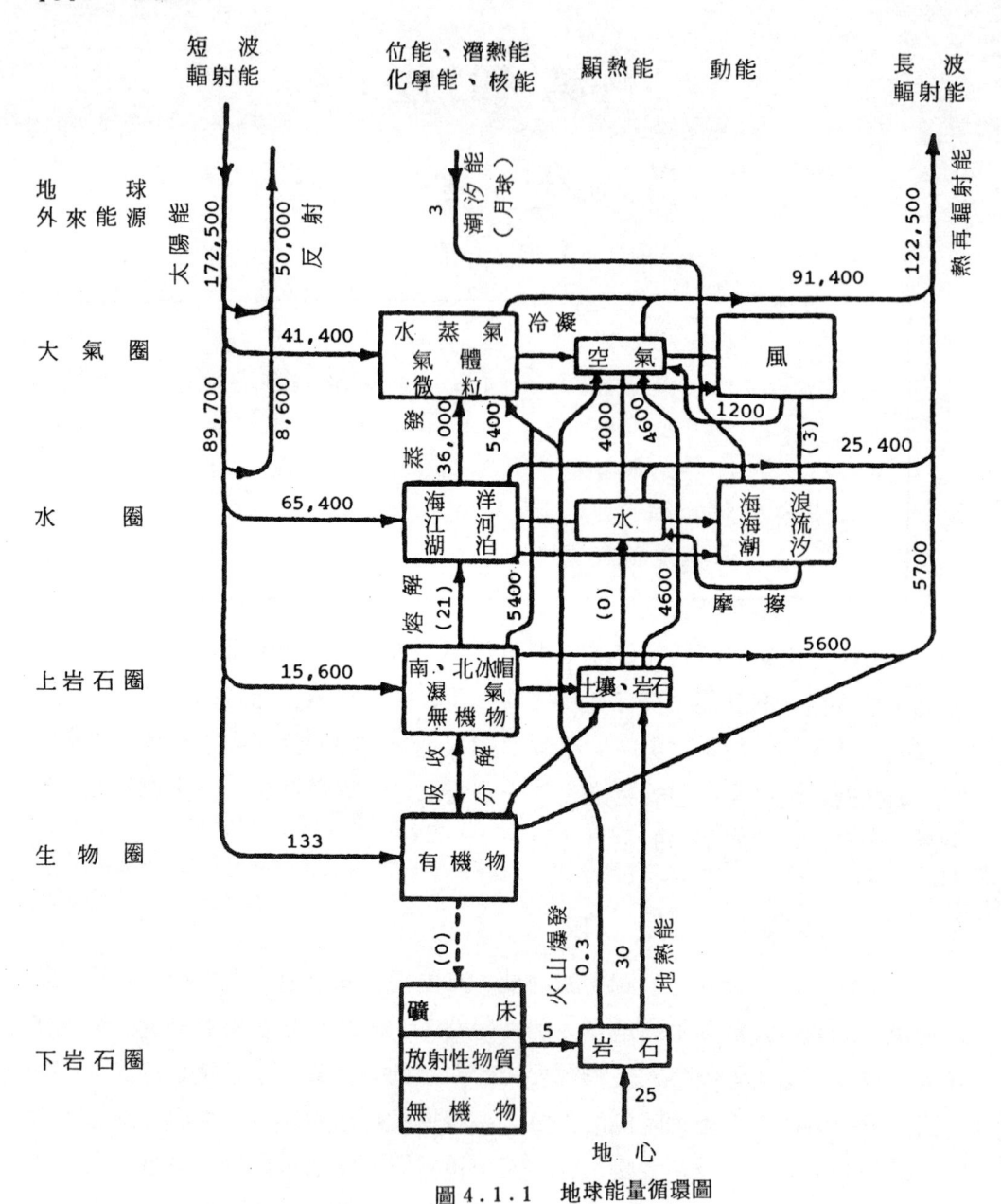

〔註〕：1. 單位為 TW(10^{12} W)。
　　　 2. 括號內數字為近似值。
　　　 3. 全球總能量消費約為 9 TW。

情形,由圖中獲知太陽能係地球外來能源中最大者。

4.1.1 太陽輻射之基本原理

太陽內部所產生能量之本質,目前仍是個未解問題。由光譜測定法,已確定太陽是由氣體物質所構成,約有 80％的氫和 19％的氦,其餘則為少量之重元素。太陽為一個直徑 1.39×10^6 公里之球體,距離地球約 1.5×10^8 公里,其熱度越靠近球心越熱,其表面溫度高達 $5762 K$,而球心溫度可能達到 $20 \times 10^6 K$。放出之熱能速率為 3.8×10^{23} 仟瓦,約等於 4.3×10^9 公斤/秒質量轉變成之能量,其中只有一小部分 0.17×10^{18} W 抵達地球大氣外圍。

一般咸信太陽能係源自氫核之融合反應,即二個氫原子之同位素氘(D)依據以下二式反應而得:

$$_1D^2 + _1D^2 = _2He^3 + _0N^1 + 3.2 MeV \qquad (4.1.1)$$

或

$$_1D^2 + _1D^2 = _1T^3 + _1P^1 + 4.0 MeV \qquad (4.1.2)$$

(式中釋放之能量係來自反應物與生成物之質量差異)

(4.1.2)式產生之氚(T),亦可與氘融合反應釋出能量,即

$$_1D^2 + _1T^3 = _2He^4 + _0n^1 + 17.6 MeV \qquad (4.1.3)$$

太陽輻射能穿越大氣層,因受到吸收、散射及反射等作用,故能直接抵達地表之太陽輻射能僅存三分之一,又其中 70% 是照射在海洋上,於是僅剩下約 1.5×10^{17} 仟瓦·小時,此仍是一個大數目,數值約為美國 1978 年所消費能量之 6000 倍,可惜由於受到科技、經濟和社會等因素限制,只有其中一小部份被人類所利用。

〔1〕 太陽常數

地球除自轉外,並以橢圓形之軌道繞行太陽,兩者間之距離並非一定(見圖4.1.2)。光或熱之強度與光源或熱源之距離平方成反比,故太陽對地表之輻射量亦非常數。一般所謂之太陽常數,係指當地球位於太陽與地球之平均距離時,在地球大氣外圍垂直太陽輻射能之單位面積上於單位時間內所通過之太陽輻射量。目前,公認之太陽常數為 1353 瓦/平方米。

〔2〕 太陽輻射能

穿越地球大氣圈而抵達地表之太陽輻射能,在量與質上均異於抵達大氣外

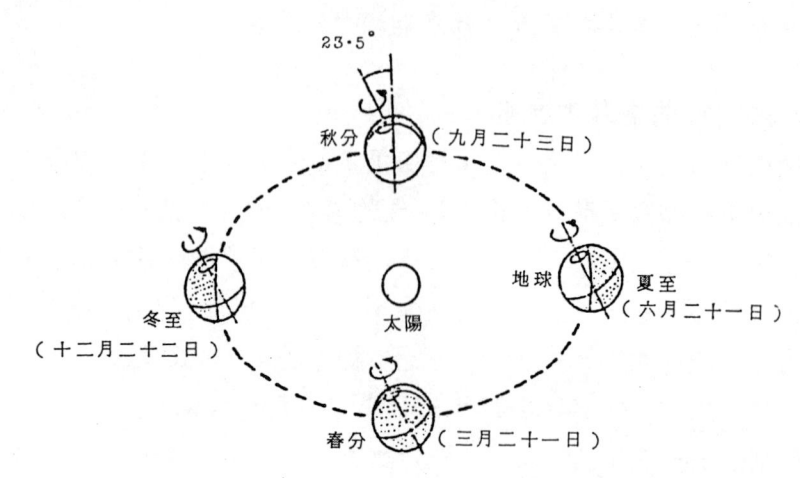

圖4.1.2　太陽-地球之時間位置關係圖

圈之輻射能。因其穿越大氣圈時，會受到下列因素影響(1)被氣體分子吸收，即水和二氧化碳會吸收紅外線輻射能，而臭氧（O_3）會吸收紫外線輻射能(2)被氣體分子散射(3)被塵粒散射。

未被吸收或散射而能夠直抵地表之太陽輻射能稱為「直接」輻射能；而被散射之輻射能，則稱為「漫射」（diffuse）輻射能，於地表上各點之總太陽輻射能即為直接和漫射輻射能二者之總和。所謂日照率（insolation）係指地表上單位水平面積，於單位時間內所接收之總太陽輻射能量。某一地點之日照率隨太陽在天空之高度而變化，太陽仰角（altitude angle）為日射方向與地平面之夾角。如太陽高度愈小，則太陽輻射能穿透之大氣層厚度愈大（圖4.1.3），此時由於吸收與散熱作用，太陽在低空時之日照率較在高空時之日照率為低。

4.1.2　太陽能收集器

太陽能收集器係將太陽輻射能轉換成較實用能量（例如，熱或電力）之任何系統的必備組件，依其性質可區分為非集中式和集中式。非集中式收集器，其收集器面積（即截取太陽輻射能之面積）等於吸收材料面積（即吸收太陽輻射能之面積）；至於集中式收集器，其截取太陽輻射能之面積較大，有時甚至大於前者數百倍，因此集中式收集器可獲得較高之溫度。茲將二種太陽能收集

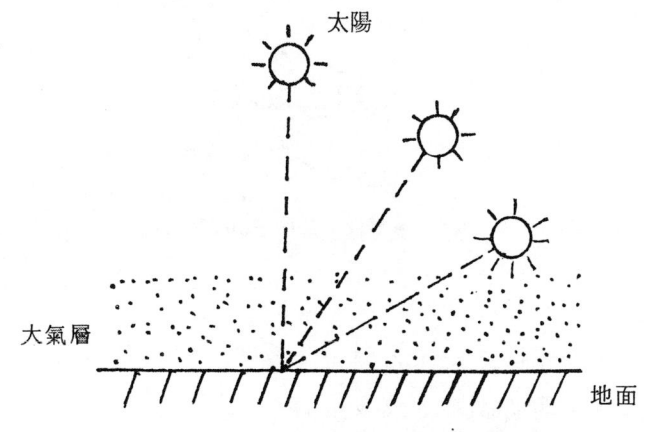

圖 4.1.3　太陽高度與日照之關係

器之特性分述如下：

〔1〕平板式收集器—非集中式

　　非集中式平板收集器適於中等溫度之應用，其兼有利用直接或散射輻射能之特性，因此，即使在陰天無直接輻射能時亦能發生作用。平板式收集器不需太陽追蹤裝置，而且本身結構簡單，維護及故障少，故於太陽能系統中其應用最為廣泛，一般可作供應熱水、熱空氣及乾燥、蒸餾、冷凍系統之用途。

　　平板式收集器之設計種類繁多，大部分根據圖 4.1.4 所示之原理裝置而成。其主要構成包括(1)吸收面，利用各種金屬或非金屬製成，表面塗黑，可截取並吸收太陽輻射能。(2)透明蓋，為透明玻璃或塑膠，可允許太陽輻射進入，並可減少吸收面之熱損失（溫室反應）。(3)輸熱流體（heat transported fluid），例如水或空氣，流經管線以移走所吸收之熱。(4)絕熱底板。一般平板式收集器之效率，約達 35～40 ％。

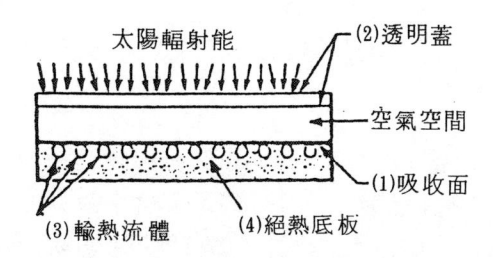

圖 4.1.4　典型之平板式收集器剖面圖

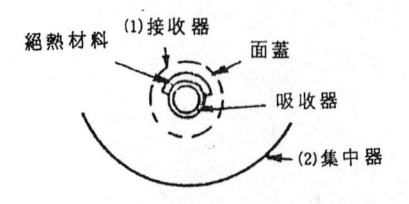

圖 4.1.5　太陽能集中式收集器

〔2〕集中式收集器

如利用反射或折射元件將陽光入射方向改變，使入射光聚集到吸收器上以增高能量密度之裝置，即所謂集中式收集器。

集中式收集器之主要組件有二，其一爲接收器，包括吸收太陽輻射能轉換成另外能量形式之吸收器，以及面蓋、絕熱材料等；另一爲集中器（concentrator），其將直達之輻射能，經反射或折射，使之聚集至吸收器上（見圖 4.1.5）。

目前集中式收集器包括有平面接收－平面反射集中器、圓柱接收－圓錐反射集中器、拋物線面集中器、拋物線體之二次反射集中器、Fresnel 反射集中器和 Fresnel 折射集中器等，如圖 4.1.6 所示。

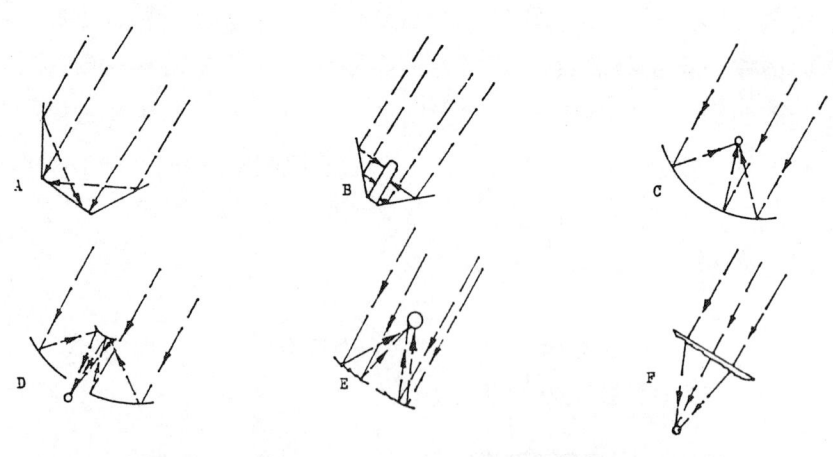

(A)平面接收－平面反射　　(D)拋物線體二次反射
(B)圓柱接收－圓錐反射　　(E) Fresnel 反射
(C)拋物線面　　　　　　　(F) Fresnel 折射

4.1.6　各種型式之集中式收集器

(A)早期太陽能應用

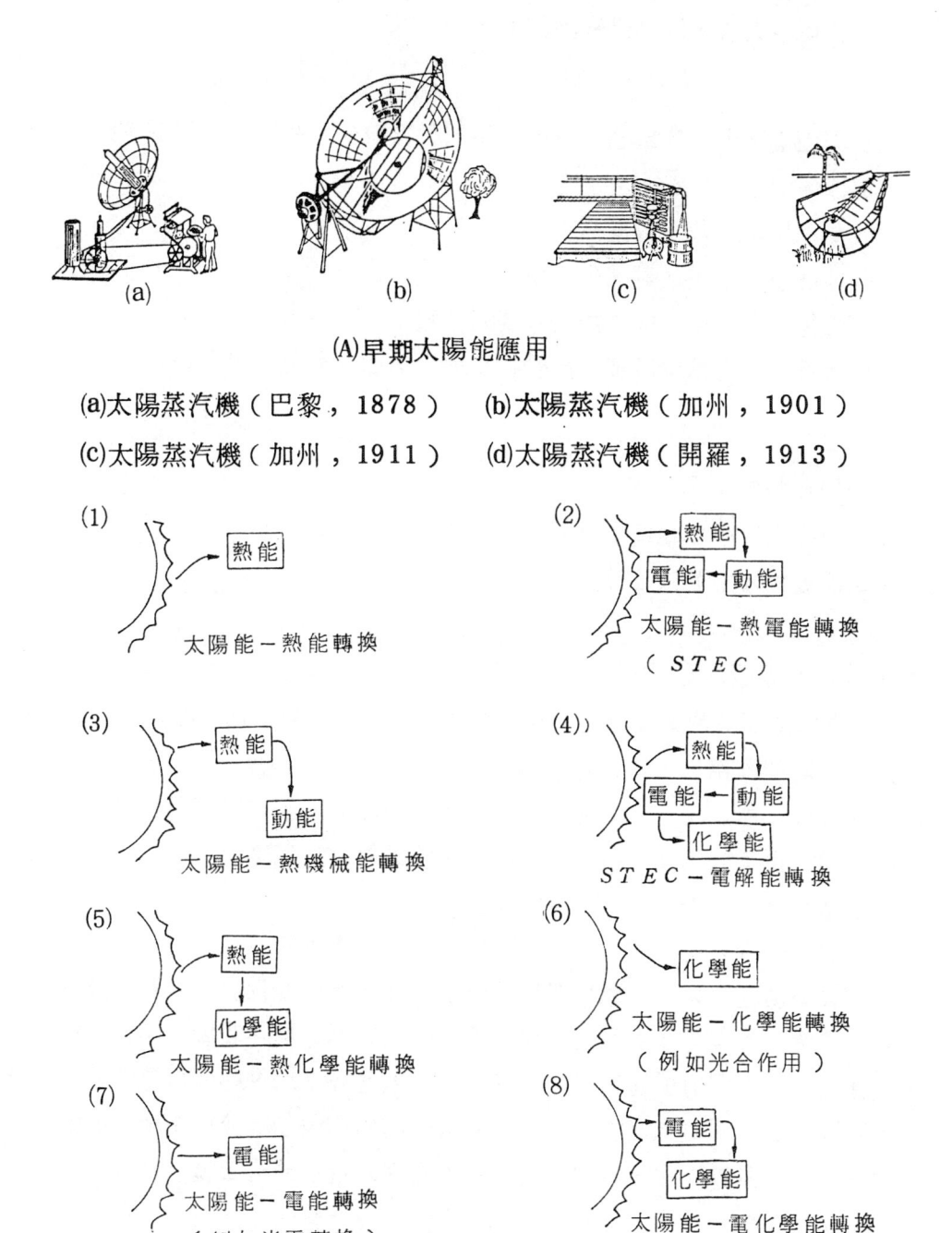

(a)太陽蒸汽機（巴黎，1878）　　(b)太陽蒸汽機（加州，1901）
(c)太陽蒸汽機（加州，1911）　　(d)太陽蒸汽機（開羅，1913）

(1) 太陽能－熱能轉換
(2) 太陽能－熱電能轉換（STEC）
(3) 太陽能－熱機械能轉換
(4) STEC－電解能轉換
(5) 太陽能－熱化學能轉換
(6) 太陽能－化學能轉換（例如光合作用）
(7) 太陽能－電能轉換（例如光電轉換）
(8) 太陽能－電化學能轉換

(B)各種太陽能轉換途徑

圖 4.1.7　太陽能之應用

綜合集中式收集器之優缺點如下：

優點

1. 反射面製造雖較為精密，但因所需用材料較少，故單位面積成本較平板收集器便宜；
2. 收集能量密度較平板型高；
3. 吸收面積較小，故熱損失較少；
4. 可獲得較高溫度，故適用於較高溫系統；
5. 因溫度較高且單位體積之熱儲存量較大，因此熱儲存成本較低。

缺點

1. 需追日裝置；
2. 反射面之反射率隨使用時間變化，需要定期磨光；
3. 較平板式收集器接收較少漫射輻射能。

4.1.3 太陽能之應用

早期人類即發現太陽能之應用，如圖 4.1.7(a)所示，而現今已發展出許多種類之太陽能應用。太陽輻射能轉換之途徑有很多種，圖 4.1.7(b)顯示其中八種，各種途徑所運用之技術種類非常繁多，於此吾人不擬詳細說明，如欲獲知各種轉換技術可自相關書籍獲得，本節中將針對太陽能應用作進一步探討，以下即數種常見之太陽能應用系統的介紹。

〔1〕太陽能熱水系統

早期最廣泛之太陽能應用即用於將水加熱，現今全世界已有數百萬具太陽能熱水裝置。太陽能熱水系統主要元件包括收集器、儲存裝置及循環管路三部分。此外，可能還有輔助之能源裝置（如電熱器等）以供應無日照時使用，另外尚可能有強制循環用之水泵，以控制水位或控制電動部分或溫度之裝置以及接到負載之管路等。如依循環方式太陽能熱水系統可分為二種：

(1)自然循環式

如圖 4.1.8 所示，此種型式之儲水箱置於收集器上方。水在收集器中接受太陽輻射之加熱，溫度上升，造成收集器及儲水箱中水溫不同而產生密度差

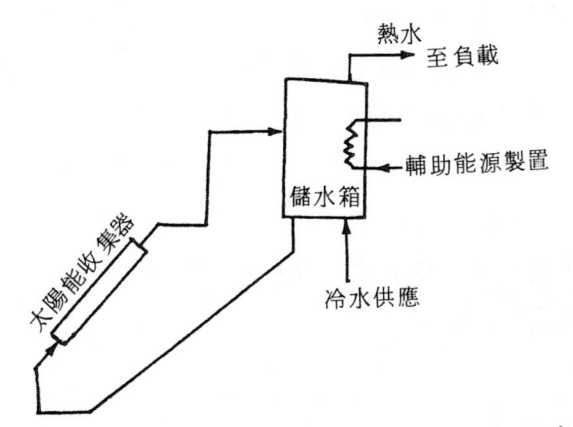

圖4.1.8　太陽能熱水系統—自然循環式

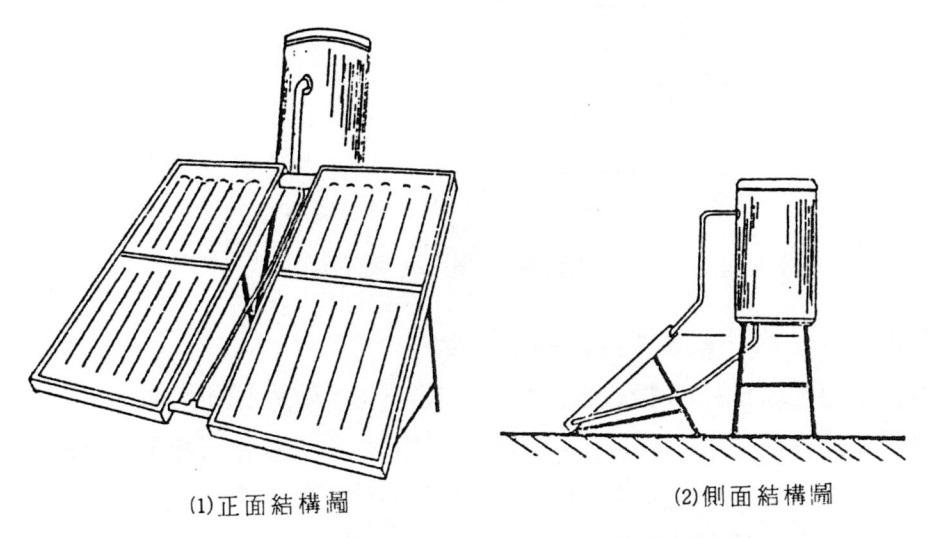

(1)正面結構圖　　(2)側面結構圖

圖4.1.9　自然循環式太陽能熱水系統結構圖

，因此引起浮力，此一熱虹吸現象（thermosiphon），促使水在儲水箱及收集器中自然流動。由於密度差之關係，水流量與收集器之太陽能吸收量成正比關係。此種型式因不需循環水泵，維護甚為簡單，故已被廣泛採用，其結構圖如圖4.1.9所示。

(2)強制循環式

如圖4.1.10所示，此種熱水系統利用水泵使水在收集器與儲水箱之間循環。當收集器頂端水溫高於儲水箱底部水溫若干度時，控制裝置將啟動水泵使

水流動。水泵入口處設有止回閥（check valve）以防止夜間水由收集器逆流，引起熱損失。由此種型式的熱水系統之流量可知（因來自水泵之流量可知），容易預測性能，亦可推算於若干時間內之加熱水量。如在同樣設計條件下，其較自然循環式具有可以獲得較高水溫的長處；但因其必須利用水泵，故有水泵電力、維護（如漏水等）以及控制裝置時動時停，容易損壞水泵等問題存在。因此，除大型熱水系統或需要較高水溫之情形，吾人方選擇強制循環式，不然一般大多採用自然循環式熱水器。

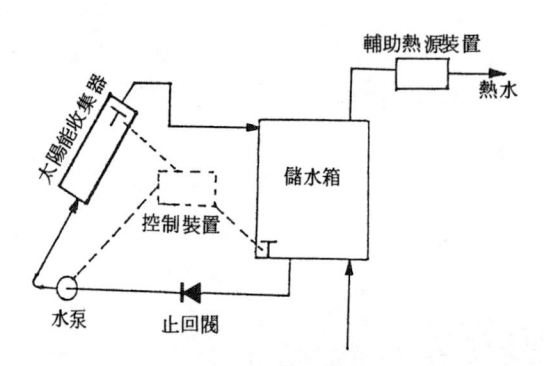

圖 4.1.10　太陽能熱水系統—強制循環式

〔2〕太陽能暖房（space-heating）系統

　　利用太陽能作為房間冬天暖房之用，於許多寒冷地區已使用多年。因寒帶地區冬季氣溫甚低，室內必須有暖氣設備，若欲節省大量化石能源之消耗，應設法應用太陽輻射熱。大多數太陽能暖房使用熱水系統，亦有使用熱空氣系統，本節僅將簡介其結構以供參考。

　　太陽能暖房系統係由太陽能收集器、熱儲存裝置、輔助能源系統，及室內暖房風扇系統所組成，如圖 4.1.11 所示，其過程乃太陽輻射熱傳至收集器，經收集器內之工作流體將熱能儲存，再供熱至房間。至於輔助熱源則可裝設在儲熱裝置內、直接裝設在房間內或裝設於儲存裝置及房間之間等不同設計。當然亦可不用儲熱裝置而直接將熱能用到暖房之直接式暖房設計，或者將太陽能直接用於熱電或光電方式發電，再加熱房間，或透過冷暖房之熱泵（heat pump）裝置方式供作暖房使用。

　　最常用之暖房系統為太陽能熱水裝置，其將熱水通至儲熱裝置之中（固體

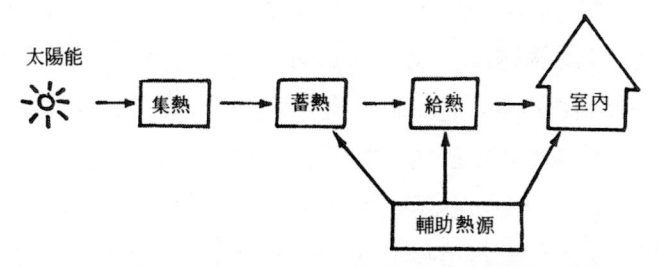

圖 4.1.11　太陽能暖房系統過程圖

、液體或相變化之儲熱系統），然後利用風扇將室內或室外空氣驅動至此儲熱裝置中吸熱，再把此熱空氣傳送至室內；或利用另一種液體流至儲熱裝置中吸熱，當熱流體流至室內，再利用風扇吹送被加熱空氣至室內，而達到暖房效果如圖 4.1.12 所示。

至於太陽能空氣加熱之暖房系統如圖 4.1.13 所示，收集器將空氣加熱後，通至熱儲存裝置中（碎石），然後用（亦可不用）輔助熱源預熱，經風扇鼓動通至室內作暖房，而後空氣再流回收集器吸熱。

〔3〕太陽能冷房及冷凍系統

一般民衆常爲炎熱季節感到苦惱，於炎熱天氣中對於食物之冷凍、冷藏及居室之冷房更覺需要。一般商用冷却系統之耗電或耗油量相當驚人，太陽能冷房及冷凍誘人之處，乃在於吾人愈需要冷却（冷房或冷凍）時，往往是太陽輻射愈大之時；此種情形恰與冬天暖房相反，冬天裏愈需要暖房時，常是太陽輻

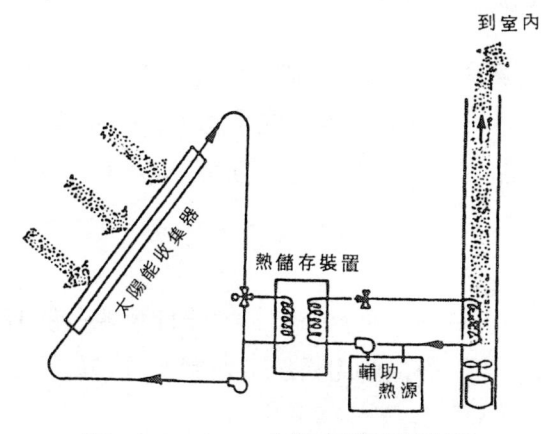

圖 4.1.12　太陽能暖房系統

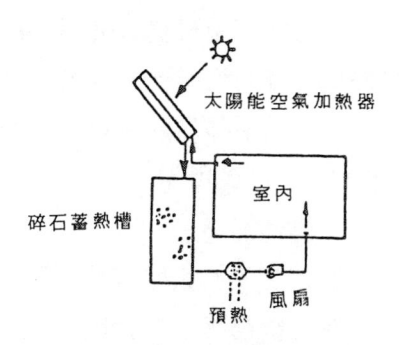

圖 4.1.13　太陽能空氣加熱之暖房系統

射較小之時。然而，太陽能冷却系統之開發應用，卻不如暖房之進步，究其原因在於冷却系統技術較爲困難以及成本較爲昂貴使然。不過發展迄今仍有一些有關此方面之研究發展實例，以下將說明數種常較爲實用之系統供作參考。

太陽能冷却系統之方式可分三種，第一種爲熱動式（heat-operated），主要有吸收式（absorption）及噴射式（ejection）兩種，其利用太陽輻射熱加熱工作流體，使之經過冷凝、膨脹、揮發及吸收，或經過噴射、冷凝、揮發及混合等過程而達冷却效果。第二種爲功動式（work-operated），主要利用太陽熱電或光電產生動能而帶動壓縮機，壓縮冷媒使之經過冷凝、膨脹及揮發而達冷却效果。以上熱動或功動式均係機械式冷却系統。第三種則爲非機械式之輻射冷却（radiative cooling）及揮發冷却（evaporating cooling）；前者利用收集器於夜晚與較低天空溫度做輻射熱交換，而將其中工作流體溫度降低供冷房使用的方法（見圖4.1.14）；後者則利用太陽輻射將空氣加熱除濕後，通入濕度較高房間中，使房間中之潮濕空氣揮發而得到冷房效果之方法。

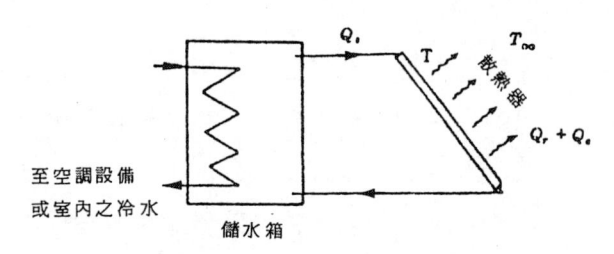

圖4.1.14　輻射式冷房系統

太陽能應用於空氣調節和冷凍上，如欲達成冷却效應則需大批組件，故花費昂貴。目前商業化太陽能冷却系統爲H_2O/LiBr 吸收式系統，如圖4.1.15 (a)所示，圖中外加熱量Q_g可得自太陽能平板收集器，至於其冷却使用之過程如圖4.1.15(b)所示。

〔4〕太陽能發電

發電係未來太陽能最重要運用之一，目前較可靠有效之太陽能發電系統有(1)太陽熱動發電，(2)太陽電池（光電），(3)衞星動力系統。茲摘要分述如下：
(1)太陽熱動發電

有多種熱力機械可利用太陽能推動，諸如朗肯引擎及史特靈引擎等，目前

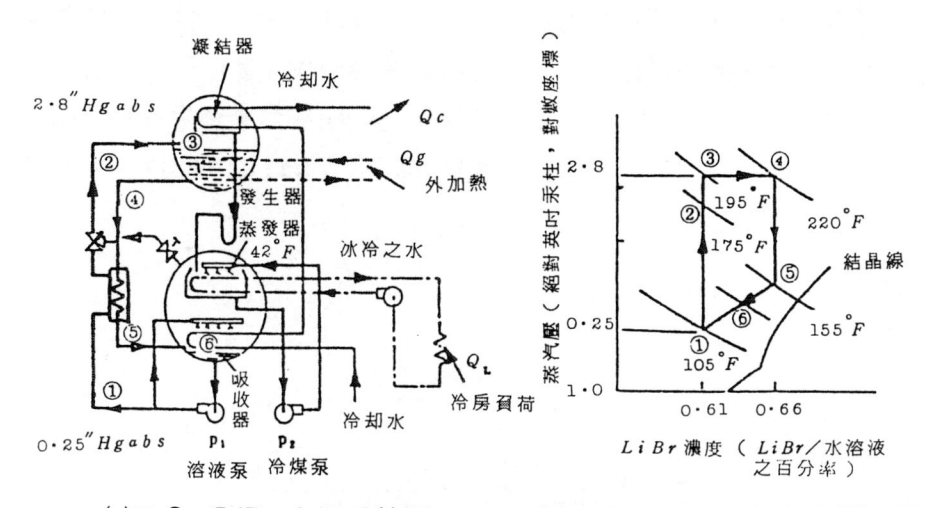

(a) H_2O/LiBr 冷卻系統圖　　　(b) H_2O/LiBr 冷卻作用過程圖

圖 4.1.15　太陽能冷卻系統

大部份焦點集中於朗肯循環引擎。發電設備之效率取決於收集器效率和引擎效率，若增加收集器溫度則能提高引擎效率，但將減少收集器效率，故如何折衷求取最佳之運轉溫度，是為工程人員需面對之重大課題。

太陽能熱動發電系統之設計有二種，一為曲面集中收集器之應用，另外一種是以平面反射鏡集中於塔形熱動裝置（tower power generating unit）。圖 4.1.16 表示一集中收集器之太陽熱動發電系統。收集器將工作流體加

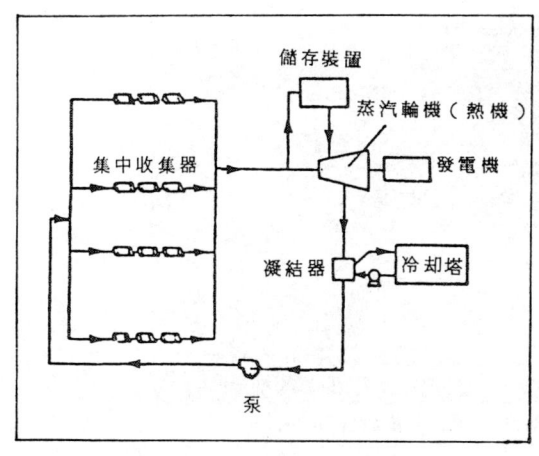

圖 4.1.16　集中式收集器型式之太陽能熱動發電系統

熱成高壓蒸汽後，進入蒸汽渦輪機（steam turbine）（或進入儲熱裝置），待渦輪機轉動帶動發電機後，蒸汽經凝結器冷凝成液態由泵打回收集器中吸熱，如此循環不已。另以塔形平面反射集中之太陽能熱動發電系統，如圖4.1.17所示。其中4.1.17(c)所示，係美國加州靠近Barstow處之一應用實例，其可供應10MW之電力。

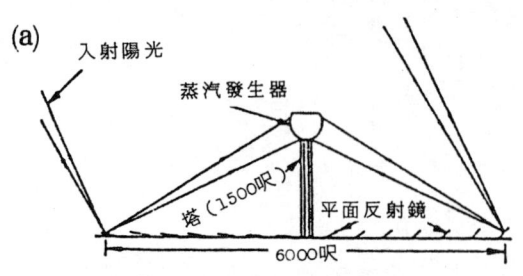

(a) 塔形太陽能熱動系統之反射集中系統圖

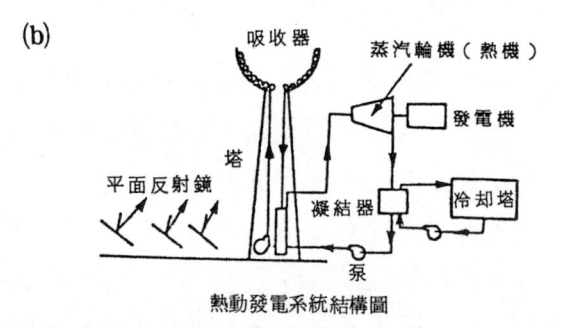

(b) 熱動發電系統結構圖

(c) 應用實例——位於美國加州Barstow

圖4.1.17　太陽能熱動發電系統

(2)太陽電池（光電）

　　能源有多種形式，最普遍且方便使用者為電能。利用化學能或核能產生電能之過程，均需將之先轉變成熱能，再使其產生機械功，最後帶動發電機發電。而光電系統，因不必將能轉變熱能再轉換成動能，故不受卡諾限制(Carnot limitation)，而且此種僅靠陽光照射直接產生電能的裝置（即太陽電池），具備可利用太陽之漫射輻射、本身質量輕（約14Kg／KW）、無活動元件，使用安全、無熱、無氣、無放射性、單位質量有相當大的功率輸出，適宜大型或小型發電、轉換效率與電池大小無關等優點，目前雖然價格較貴且缺乏適當儲存裝置，然因礦物能源之逐漸枯竭以及使用後之環境污染問題，科技專家正努力嘗試將太陽電池應用至地面上之發電，其於未來很可能成為人類主要電力來源的裝置，故甚富發展潛力。

　　太陽電池於1954年由美國貝爾研究室三位研究員D.M.Chapin，C.S. Fuller，及G.L. Pearson發明，最初使用於人造衛星上供作產生電源，但由於近年來發生能源危機以及吾人重視太陽能源之利用，已引起世人將其更廣泛應用於地面之興趣，俾作為地面電源之用。美國預估於西元2000年其使用太陽電池發電將佔全國總電力消耗之2％，至2020年將增加為15％。乍視之下雖然2％似乎不多，但卻比現今核能發電所佔之百分比要高（美國核能現佔1％，水力4.2％，煤18.6％，天然氣31.8％，油44.4％）。

　　太陽輻射至地球大氣之能量約有 3.75×10^{21} Btu／年（ 0.945×10^{21} Kcal／年），而於1975年全世界能量消耗約 2.2×10^{17} Btu／年（ 0.554×10^{17} Kcal／年），此值僅是入射太陽能量之極小部份而已。以台灣年平均太陽輻射為 $300 cal／cm^2\text{-}day$ 計，三萬六千平方公里面積之一年太陽輻射能為 $300 \times 365 \times 36,000 \times 10^{10} cal = 3,942 \times 10^{16} cal = 4.58 \times 10^{13}$ KW-hr 能量，如設太陽電池之轉換效率為10％計算，則全部面積可產生 4.58×10^{12} KW-hr 電力。另由此數值亦可瞭解，即需多少面積方可供應一年所需電力。如圖4.1.18所示，於美國加州Laguna山上之一光電能量轉換場，其佔地¾英畝，可提供電力60KW供鄰近地區使用。

　　目前使用和發展最廣之太陽電池為單晶矽太陽電池，此因矽具有化學穩定性，可製造長壽命之電池。大部份商業化矽太陽電池之轉換效率為10％，某

118　能源應用

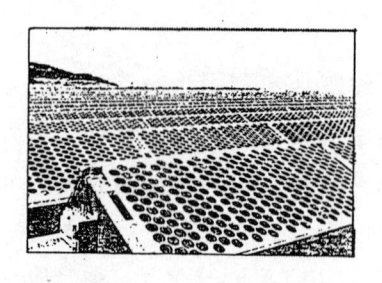

圖 4.1.18　太陽電池發電實例
—美國加州 Laguna 山上

些甚至高達 15 %，然目前矽太陽電池之造價仍高，因此其用途僅限於某些特殊情況下。

因利用單晶矽製作太陽電池之造價頗貴，故吾人亦致力發展使用多晶矽材料製作太陽電池，惟目前尚止於萌芽階段，亟需更多人力投入。硫化鎘（CdS）太陽電池雖與矽太陽電池之發展同時起步，但迅即落於矽太陽電池之後，不過由於它的製造技術費用低廉，目前已再度引起人們興趣。砷化鎵（Gallium arsenide）電池，目前仍於發展研究中，效率高達 20～28 %，但造價昂貴是其缺點。

圖 4.1.19 為太陽電池之應用實例，圖中手錶及計算器內之太陽電池用以將太陽能轉變為電力使用。

(3)衛星動力系統

衛星動力系統係將安置於太空軌道上收集器所收集之太陽輻射能轉變成微波能，然後將其傳回地表，微波能再經整流而送至各用戶。預計於西元 1990

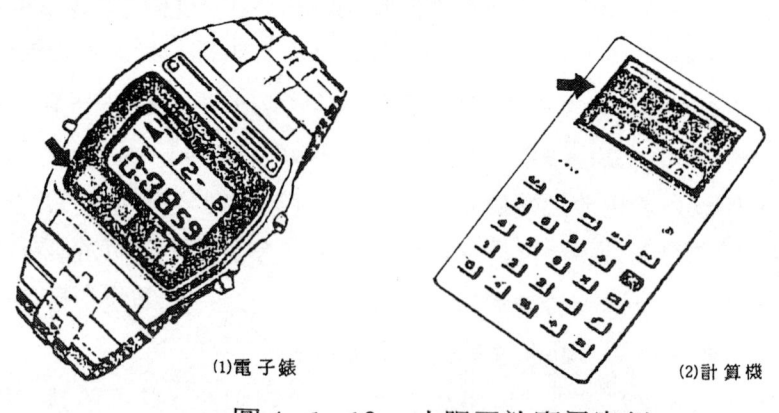

(1)電子錶　　　　　　　　　　　(2)計算機
圖 4.1.19　太陽電池應用實例

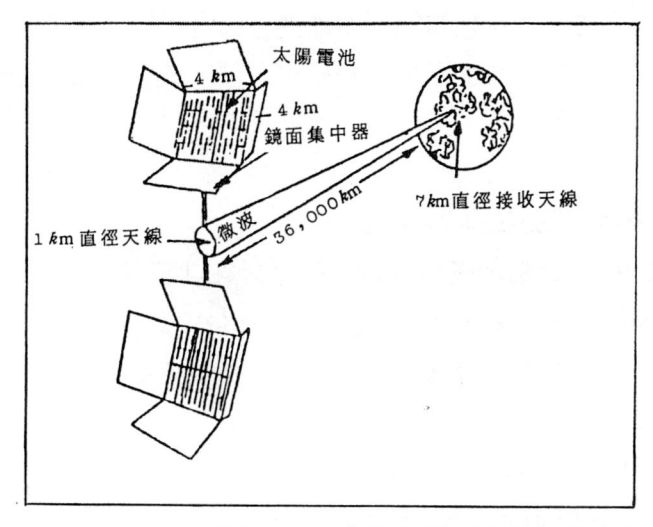

圖 4.1.20　構想中之 10000MWe 衛星發電系統

年時，此技術方能商業化，其效率約為 7％。圖 4.1.20 為一構想中之 10000 MWe 衛星發電站示意圖。

〔5〕太陽能泵水系統

於太陽光強烈地區，泵水之需求亦必迫切。此外，農業上泵水應用所需動力系統之馬力較低（約 5～20HP），若採用引擎驅動泵，實無效率可言，此時宜考慮採用太陽能泵水系統。

4.1.4　太陽能之未來展望

太陽能係一種取之不盡用之不竭之能源，足供未來人類大部分所需，而其對環境之污染又小，換言之，太陽能是一種最具發展潛力之非傳統性能源。

未來太陽動力之發展，將視一連串限制而定，包括科技上問題、市場與經濟上的限制，以及政治與立法上對傳統觀念的影響。此外，工程教育是否能將目前對於礦物燃料之倚重，轉移至太陽能應用方面，亦是一項重要的影響因素。

太陽能於技術上並不需要高度水準技術，但它需要各種專門技術，包括天文、氣象、物理、化學、機械、電機及建築等的配合，故需集多方面專門人才共同研究。另一方面，放棄仍可以合理價格使用之傳統性礦物能源，短期內仍將不易為人所接受，故目前太陽能技術及商品化開發仍甚緩慢。現今只有在熱

能應用（如熱水）方面可與別的能源作經濟上競爭，但依能源型態及未來能源供應觀點視之，毫無疑問，太陽能終必成為人類未來主要能源之一，此有待吾人努力參與研究及發展。

4.1.5 與太陽能有關之能源詞彙

本節摘錄一些與太陽能應用有關之能源詞彙如下：

1. 全日射量（Global radiation）

於單位時間內，太陽直射及天空漫射到達水平面的總輻射量。

2. 直達日射量（Direct radiation）

由太陽直射而來，不改變輻射方向的太陽輻射量。

3. 漫射日射量（Diffuse radiation）

由太陽輻射經大氣吸收、散射後之間接天空輻射與由地面及地上物體反射之輻射總量

4. 輻射量（Irradiance）

單位時間照射在單位面積上之太陽能，其單位為 W/m^2 或 $J/m^2 \cdot Sec$。

5. 太陽常數（Solar constant）

以太陽與地球平均距離為基準，地球大氣層外表面的垂直入射輻射量約為 $1367 \pm 5 W/m^2$。

6. 反照率（Albedo）

地面反射及散射到天空中各方向輻射量與全日射量的比值。

7. 放射率（Emissivity）

實際物體表面所放射輻射量，與同溫黑體輻射量之比。放射率因波長而異。

8. 吸收率（Absorptance）

表面吸收的輻射量與全部入射輻射量之比。吸收率因波長而異。

9. 透射率（Transmittance）

物體透射之輻射量與全部入射輻射量之比值。透射率因波長而異。

10. 反射率（Reflectance）

反射能量佔全部入射輻射量之百分比。反射率因波長而異。

11. 溫室效應（Greenhouse effect）

太陽輻射穿過如玻璃等之容許短波透射而長波（如紅外線）不易透射之材料，照射

於物體表面後，由於物體放射之長波不易再透出，致使該空間溫度升高之效應。由二氧化碳所造成之溫室效應可能引起地表溫度之升高。

12. 太陽熱能收集器（Solar collector）

吸收太陽輻射能，並可將太陽能轉變為熱能並傳送至熱交換媒體的一種裝置。

13. 氣體式太陽能收集器（Air-cooled solar collector）

以氣體為熱交換媒體的一種太陽能收集器。

14. 液體式太陽能收集器（Liquid-cooled solar collector）

以液體為熱交換媒體的一種太陽能收集器。

15. 平板式收集器（Flat plate collector）

不使用聚光裝置的太陽能收集器，此種裝置太陽能入射面積等於吸收面之放射面積

16. 集中式太陽能收集器（Concentrating solar collector）

裝有反射鏡、透射鏡或其他光學裝置，可裝置可聚太陽光的收集器；此種收集器的太陽能入射開口面積大於吸收器面積。

17. 覆蓋（Cover）

蓋在太陽能收集器表面上的材料，直接曝露在太陽輻射下，並以溫室效應的作用捕捉紅外線。

18. 吸收器（Absorber）

能吸收太陽輻射並將之轉變成熱能並傳送至熱傳媒體的收集器組件。

19. 集中器（Concentrator）

將太陽輻射聚集到吸收面上的收集器組件。

20. 收集器效率（Collector efficiency）

同一時間內，收集器實際獲得能量與收集器口徑入射太陽輻射量之比值。

21. 一次熱傳送流體（Primary heat-transfer fluid）

與太陽能收集器直接接觸，用以傳送太陽能收集器所吸收之太陽輻射熱能之流體，如空氣、水或其他流體等。

22. 次級熱傳送流體（Secondary heat-transfer fluid）

藉熱交換傳送一次熱傳流體熱能之流體（此流體可與一次熱傳流體相同或不同）。

23. 蓄熱系統（Heat-storage system）

裝有蓄熱媒介體的容器所組成之熱能貯存系統。

24. 蓄熱媒體（Heat-storage medium）

將熱能以潛熱、顯熱或其他化學能之形態貯存於蓄熱系統中之熱能貯存物質。

25. 太陽能建築物（Solar architecture）

依據當地氣候情況的建築物設計，能藉此設計收集、貯存，以及分配照射在建築物上的能量。使用的方法有透明不透明牆壁的配合，建築物側的熱質量與自然循環的利用（被動系統）。

26. 太陽能加熱系統（Solar heating）

利用太陽能收集器將照射在建築上的部份太陽能傳送到熱交換器中的媒體上，熱能因而被收集起來，並以傳統的加熱系統分配（主動系統）。

27. 太陽能熱水（Solar water heating）

收集太陽能並以此一能量加熱或預熱用水的系統，主要用途是供家庭熱水使用（家庭熱水）。

28. 太陽能乾燥（Solar drying）

利用太陽的熱量乾燥農業與工業產品。

29. 太陽鍋（Solar cooker）

以聚焦或非聚焦之收集太陽能烹煮食物的裝置。

30. 太陽爐（Solar furnace）

將太陽輻射集中在物體上，再以熱傳或熔解氣方式吸熱，以此吸收熱量使爐溫升高

31. 太陽熱泵（Solar thermal pump）

動力來源以太陽能為熱源的熱機而帶動之泵浦。

32. 太陽熱能發電廠（Solar thermal power station）

一種裝置可將太陽能傳送到熱媒介質中，並能將其中的熱量轉變成電能。太陽能塔式發電廠是一種典型的太陽能電廠，利用輔助反射平面鏡直接將太陽輻射轉變成電力。

33. 太陽光電池；太陽電池（Solar photovoltaic cell; Solar cell）

利用光電效應能將太陽輻射直接轉變成電力的裝置。在光電效應中，由輻射產生的電流載波因內部電場的驅動，而在外廻電路中流動。

4.2 風　能

追根究底，風能亦源自太陽能，據估計抵達地球之太陽能約2％變換為風能。如圖4.2.1 所示，於北半球及南半球中緯度地區，高層常吹西風，而天候之變化源自高、低氣壓之移動，就此地帶而言，氣壓係由西向東移動，天候表現出風、雨及溫度變化等各種氣象變化，然此一般性氣象動態由於海陸空氣溫度之差異，大大影響局部地區之氣象。

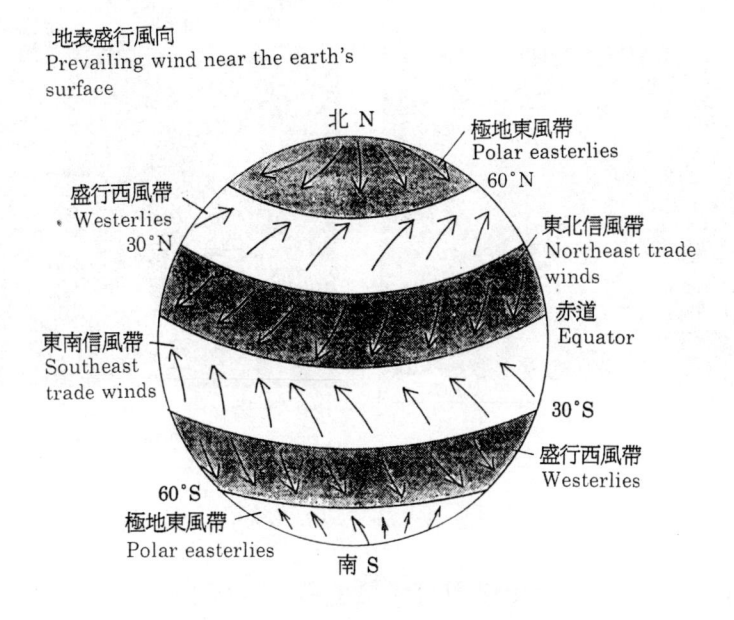

圖 4.2.1　地球表面盛行風帶

當太陽輻射能穿越地球大氣層時，大氣層約吸收 2×10^{16} W之能量，其中一小部分轉變成空氣之動能。因為熱帶比極帶吸收較多之太陽輻射能，於是產生大氣壓力差異導致空氣流動而產生「風」。至於局部地區，例如，在高山和深谷，白天內，高山頂上空氣受到陽光加熱而上升，深谷中冷空氣取而代之，因此，風由深谷吹向高山；夜晚裏，高山上空氣散熱較快，於是風由高山吹向深谷。另一例子，如在沿海地區，白天由於陸地與海洋溫度差異，而形成海風吹向陸地；反之，晚上陸風吹向海上（見圖4.2.2）。

目前發展之風力系統係由轉子或渦輪機具有類似飛機螺旋槳之葉片和發電機組成，二者均裝於塔架上。如欲將風力轉換成電力或機械動力，則須使風轉

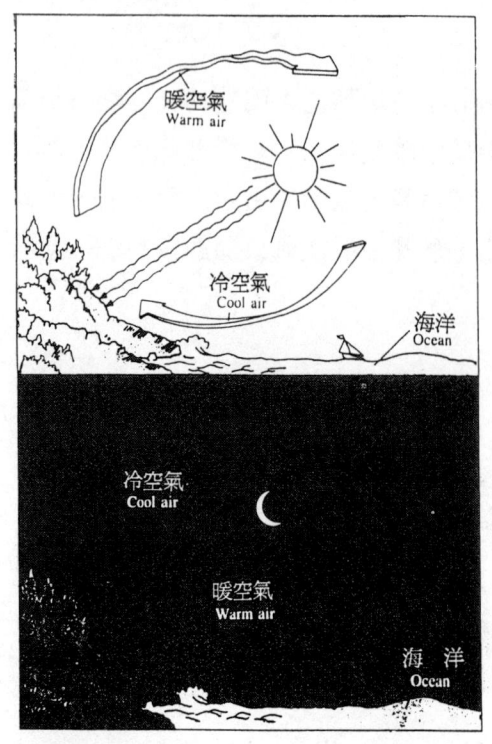

海陸風成因
Causes of sea-land winds

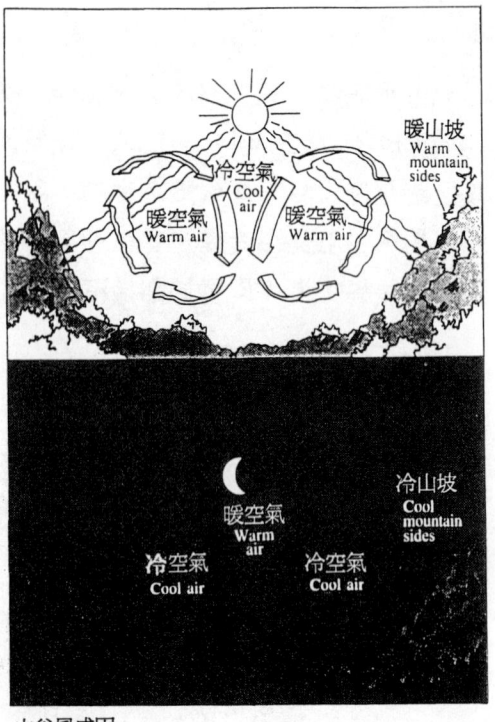

山谷風成因
Causes of mountain-valley winds

圖 4.2.2 風之形成

動轉子,再帶動發電機之轉軸即可。風能轉換系統所產生之電力,可直接立即使用或儲存於蓄電池再供爾後使用。換流器-供改變交、直流型式之用和控制盤亦是典型風力系統之組件。轉子和發電機之特性及變幻無常風速均會影響風之可用功率之大小,故設計製造這些組件時均須特別注意。

4.2.1 風能利用法則

多年來,風能已普遍應用於泵水和研磨穀物等方面。經驗獲知,下列通則於風能利用實務上甚為有用:

・風之功率正比於風速之三次方;
・風之功率正比於轉子掃過之面積;
・風之功率正比於空氣密度;

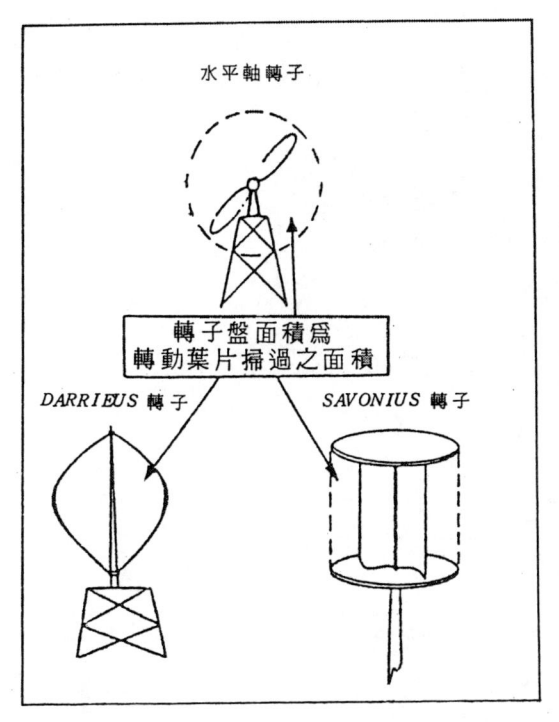

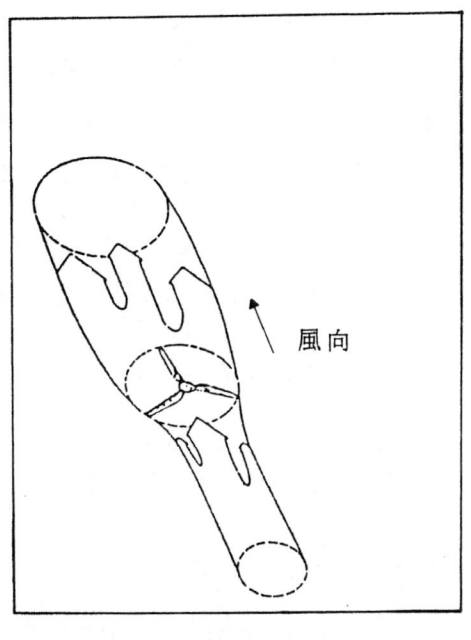

圖 4.2.3　各種轉子盤面積

圖 4.2.4　穿越葉片時空氣流變化之情形

- 理想風力系統之最大可能抽取能量效率等於 59.3%。

貝茲法則（Betz's Law）說明風之可用功率（available power in the wind）為：

$$P_w = \frac{1}{2} C_p \times \rho \times A \times V_\infty^3 \qquad (4.2.1)$$

式中　　　P_w：風之可用功率（W）

C_p：葉片（或轉子）效率

ρ　：空氣密度（lbm/ft³）

A　：轉子盤面積（ft²）（參考圖 4.2.3）

V_∞：風速（ft/sec）

圖 4.2.4 顯示空氣穿越傳統式風車葉片情形，首先，在輪葉前方，空氣流稍小於轉子盤面積；當穿越輪葉之時，空氣流立即膨脹至與轉子盤面相等之面積，此時葉片獲得部分風之功率。風車抽取之功率（P_w）除以未受擾動風力穿越與輪葉等面積之功率（$\frac{1}{2} \rho A V_\infty^3$），稱為轉子功率係數（rotor power coefficient）或轉子效率。

轉子效率不可能達到100%，依物理學法則，自由轉子效率最大極限值為59.3%，此由以下軸向動量理論可以獲證。

軸向動量理論（Axial momentum theory）

作用於轉子之軸向風能推力之動量為：

$$T = \dot{m}(V_\infty - V_2) = \rho A U (V_\infty - V_2) \qquad (4.2.2)$$

式中$\dot{m}$為質量流速，$\dot{m} = \rho A U$，U係轉子旋轉軸方向之氣流速度。

參考圖4.2.5，由Bernoulli方程式可得

(1)上游（upwind）處：

$$P_\infty + \frac{1}{2}\rho V_\infty^2 = P^+ + \frac{1}{2}\rho U^2 \qquad (4.2.3)$$

(2)下游（downwind）處：

$$P_2 + \frac{1}{2}\rho V_2^2 = P^- + \frac{1}{2}\rho U^2 \qquad (4.2.4)$$

又$P_\infty = P_2$，故轉子前後壓力差為：

$$\triangle P = P^+ - P^- = \frac{1}{2}\rho(V_\infty^2 - V_2^2) \qquad (4.2.5)$$

又轉子軸向推力可用轉子前後之壓力差表示，即

$$T = A \triangle P \qquad (4.2.6)$$

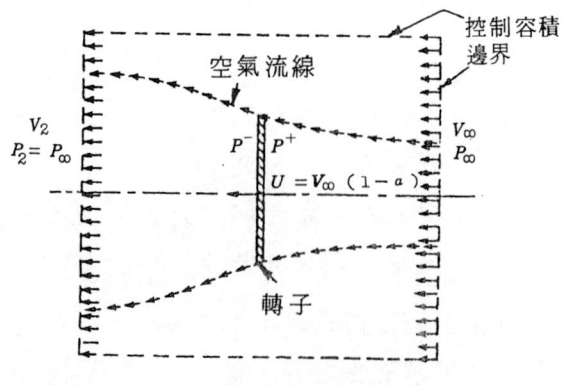

圖4.2.5　軸向空氣流動模型

故由（4.2.2）及（4.2.5）式可得

$$\rho A U (V_\infty - V_2) = \frac{1}{2} \rho A (V_\infty^2 - V_2^2) \qquad (4.2.7)$$

因此轉子旋轉軸方向之氣流速度爲：

$$U = \frac{1}{2}(V_\infty + V_2) \qquad (4.2.8)$$

亦卽通過轉子之速度爲葉輪前方風速與尾流風速之平均值。轉子可獲得之功率爲：

$$\begin{aligned} P_w &= \frac{1}{2}\dot{m}(V_\infty^2 - V_2^2) \\ &= \frac{1}{2}\rho A U (V_\infty^2 - V_2^2) \end{aligned} \qquad (4.2.9)$$

由前述定義，轉子功率係數爲：

$$C_p = \frac{P_w}{\frac{1}{2}\rho A V_\infty^3} \qquad (4.2.10)$$

而軸干擾因素（axial interference factor）a，其用以說明渦輪機對於空氣流之影響，可以下式說明：

$$U = (1-a) V_\infty \qquad (4.2.11)$$

（4.2.11）式代入（4.2.8）式則尾流速度 V_2 爲：

$$(1-a) V_\infty = \frac{1}{2}(V_\infty + V_2)$$

卽 $V_2 = (1 - 2a) V_\infty \qquad (4.2.12)$

由（4.2.9）及（4.2.10）式

$$C_p = \frac{U(V_\infty^2 - V_2^2)}{V_\infty^3} \qquad (4.2.13)$$

將（4.2.11）式與（4.2.12）式代入（4.2.13）式可得：

$$C_p = 4a(1-a)^2 \qquad (4.2.14)$$

因此，C_p 爲 a 之函數。欲獲得最大功率係數，可將 C_p 對 a 微分，並令之爲零，卽

$$\frac{dC_p}{da} = 1 - 4a + 3a^2 = 0$$

顯然，$C_{p(max)}$ 發生在 $a = \frac{1}{3}$ 處，故知 $C_{p(max)} = \frac{16}{27} = 0.593$，因此，自由轉子最大抽取功率為

$$P_{w(max)} = 0.593 \left(\frac{1}{2} \rho A V_\infty^3 \right)$$

由此式獲知，風車之實際輸出僅為理想狀況之 59.3%。但實際風車因流體力學損失之影響，輸出係數約為 0.4。另外，一般風車之效率設為 70%，因此 $C_p = 0.7 \times 0.593 = 0.415$，如效率更低時，$C_p$ 值常低於 0.4。

4.2.2 風能轉換系統─風車

風車係人類最早用以轉換能量的裝置之一，波斯人和中國人在數千年前即已懂得使用風車，直到十二世紀時，歐洲才普遍利用風車研磨麵粉和泵水。荷蘭低地使用風車泵抽排水，其風車之功率可達 50 HP。美國則使用較小型之風車灌溉田地和驅動發電機發電。

1920 年代，人們開始研究利用風車作大規模發電。1931 年，於蘇聯之 Crimean Balaclava 地方建造一座 100 KW$_e$ 容量之風力發電機，此乃最早商業化之風力發電機。目前世界上最大裝置為美國聯邦風力計畫下之三具 MOD-2 風力機，位於華盛頓州 Goldendale 地方。每具葉片長 300 英呎，在風速 20 mph 下，可產生 2.5 MW$_e$ 電力，足供 2000～3000 戶住家使用。（參考圖 4.2.6 及 4.2.7 所示）

風車之種類很多，如依其形狀及旋轉軸的方向區分，可歸納出二種最主要之型式：

- 水平軸式轉子
- 垂直軸式轉子

(1) 水平軸式轉子（horizontal-axis rotor）

此型轉動軸與風向平行（見圖 4.2.8）。若依據輪葉之受力可區分成升力（lift）或阻力（drag）型；若依輪葉數則有單葉、雙葉、三葉或多葉型；若依風向，則有逆風（upwind）和順風（downwind）型，逆風型轉子即葉片正對著風向。大部分水平軸式風力輪葉會隨風向變化而調整位置。

圖 4.2.6　風能利用實例—美國北卡羅萊納州

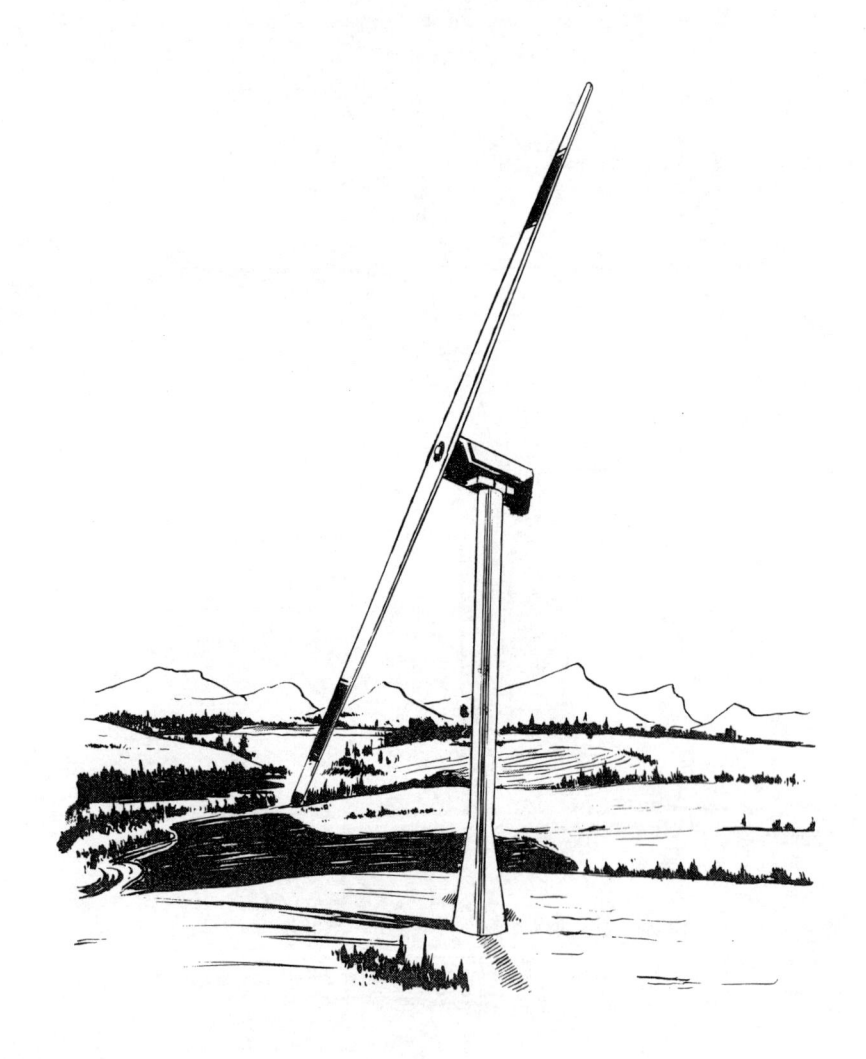

圖 4.2.7 風能利用實例—美國華盛頓州

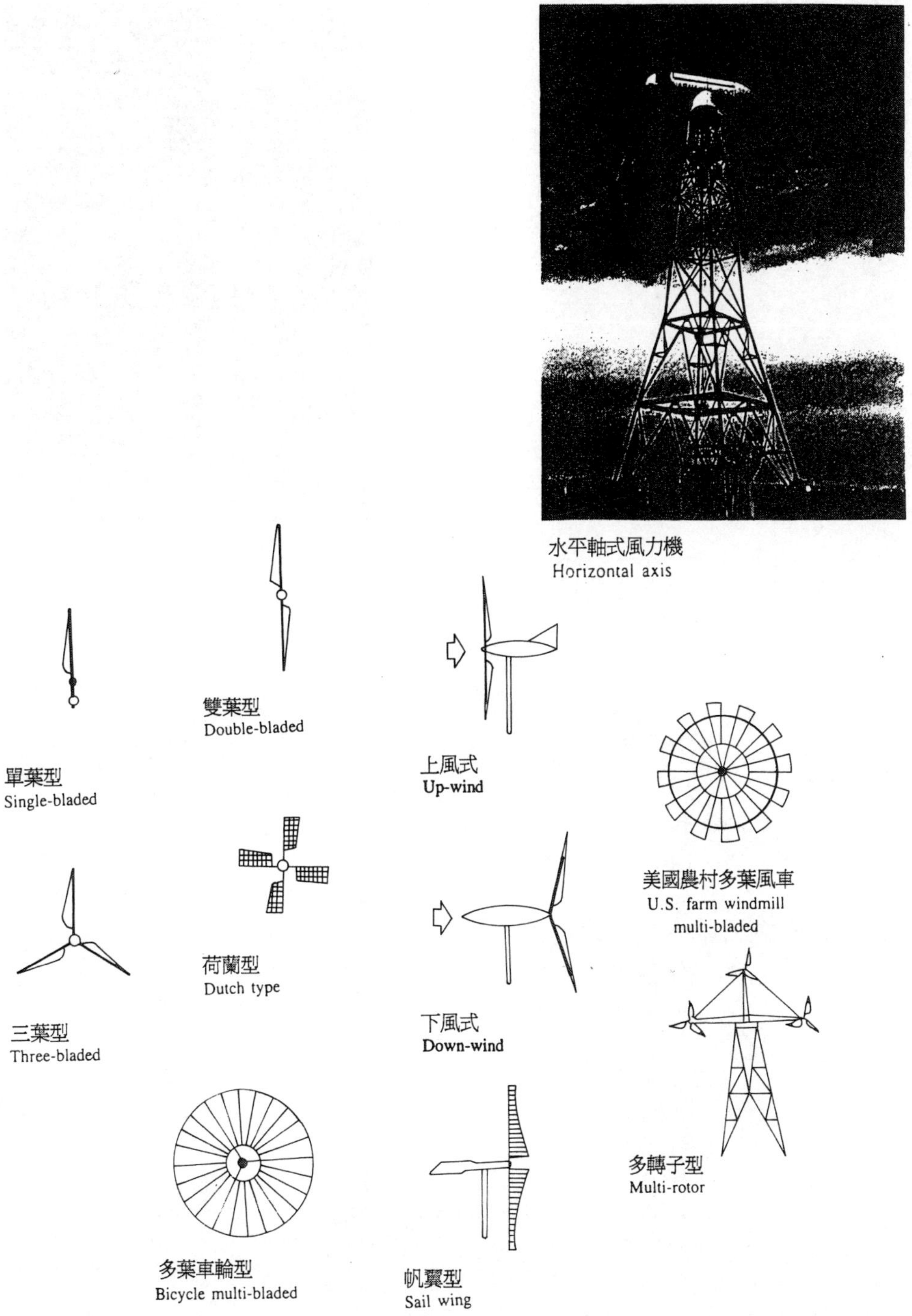

第四章　再生能源　131

水平軸式風力機
Horizontal axis

單葉型
Single-bladed

雙葉型
Double-bladed

三葉型
Three-bladed

荷蘭型
Dutch type

多葉車輪型
Bicycle multi-bladed

上風式
Up-wind

下風式
Down-wind

帆翼型
Sail wing

美國農村多葉風車
U.S. farm windmill multi-bladed

多轉子型
Multi-rotor

圖 4.2.8　水平軸式風車

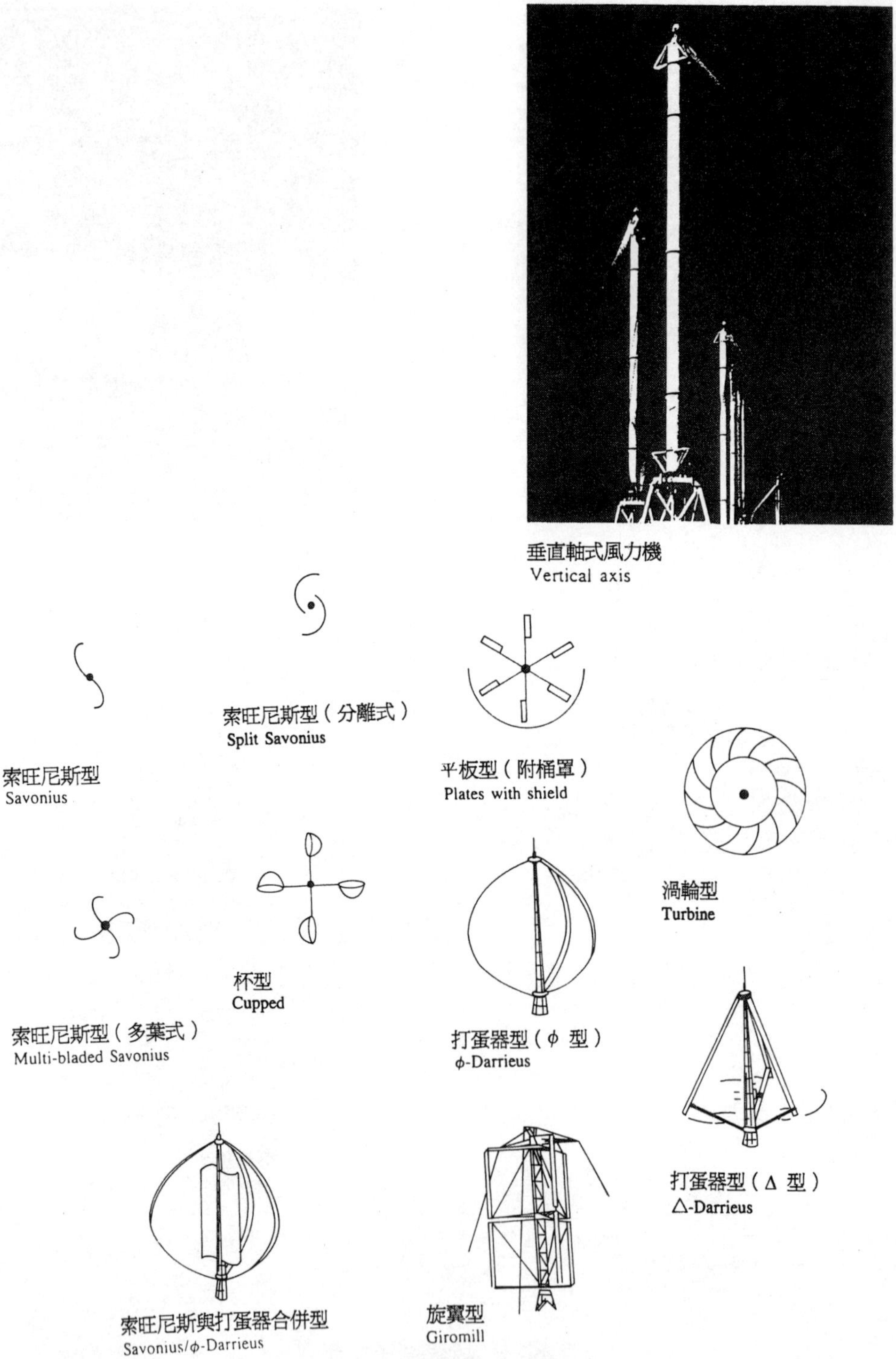

132　能源應用

垂直軸式風力機
Vertical axis

索旺尼斯型
Savonius

索旺尼斯型（分離式）
Split Savonius

索旺尼斯型（多葉式）
Multi-bladed Savonius

杯型
Cupped

平板型（附桶罩）
Plates with shield

打蛋器型（φ型）
φ-Darrieus

索旺尼斯與打蛋器合併型
Savonius/φ-Darrieus

旋翼型
Giromill

渦輪型
Turbine

打蛋器型（Δ型）
Δ-Darrieus

圖 4.2.9　垂直軸式風車

第四章　再生能源　133

圖4.2.10　風車應用─美國德州

(2)垂直軸式轉子（vertical-axis rotor）

　　此型轉動瓣與風向成垂直（見圖4.2.9）。此型之優點為設計較簡單，因為其不必隨風向改變而轉動調整方向。但此系統無法抽取大量風能並需要大量材料是為其缺點。此型有桶形（Savonius）轉子和打蛋形（Darrieus）轉子等。桶形轉子係採用S型輪葉，且大多數為阻力型。輪葉之旋轉是依賴作用於順風和逆風葉片部分之阻力差異。圖4.2.10為美國西德州州立大學測試中之打蛋形型式風車。

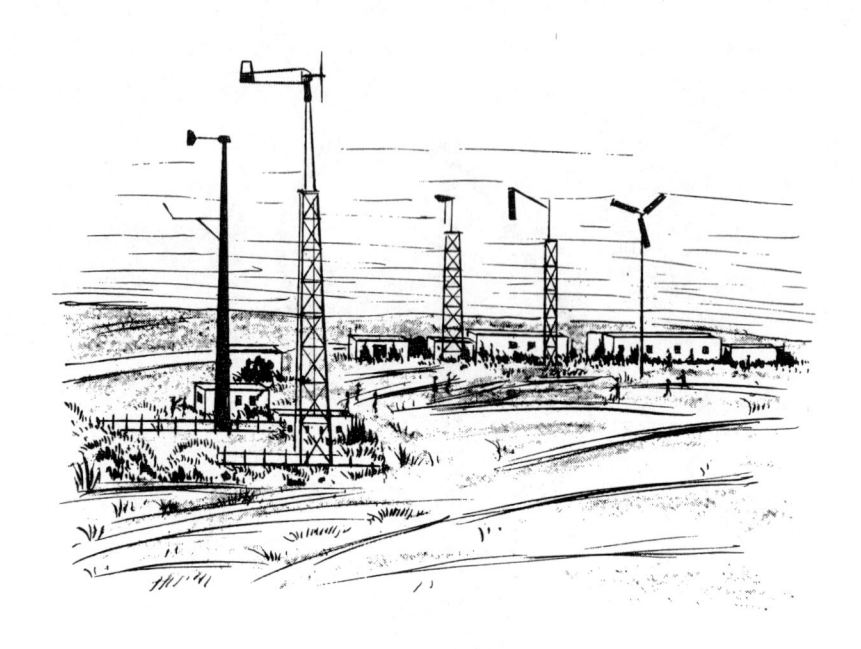

圖 4.2.11　小型風車應用系統

4.2.3　風能之應用

如按風能之最終使用形式，包括有下列幾種應用：
- 電能；
- 化學能（製造氫、氧及氨等）；
- 熱能（壓縮及熱泵等）；
- 位能（水力儲存及抽水等）。

而若依風能轉換系統大小規模，則其有下列數種應用：

〔1〕小型風能轉換系統（如圖 4.2.11 所示）
- 家庭、農場、牧場和小型產業之全部電力供應；
- 家庭、農場、牧場和小型產業之輔助電力供應；
- 加熱和冷却；
- 抽水；
- 交通工具推進動力和相關小型能源儲存（未來可能發展）；
- 抽油。

圖 4.2.12　風車配合抽蓄水力發電

〔2〕中型風能轉換系統
　　・社區或中產業之全部電力供應；
　　・電力公司之輔助電力供應；
　　・抽水；
　　・穀物乾燥與升降機運轉。

〔3〕大型風能轉換系統
　　・大產業之全部電力供應；
　　・大電力公司之輔助電力供應；
　　・抽蓄水力電廠使用（圖 4.2.12）；
　　・能量密集工業之間接輔助動力。

4.2.4　風能之未來展望

　　傳統燃料終將逐漸耗竭，其價格勢必日益上漲。因此，風能業已喚起人們再檢視其能否成為未來主要可靠能源之一。目前，從風力抽取可用動力已經證實可行，許多國家正積極地試驗風能轉換系統，惟風力機械仍無法大量推展使用，因為風力機械之每度發電成本遠較其它發電成本昂貴，加以風力之多變性，無法單靠風能轉換系統供應所需動力，其必須與某種能源儲存系統聯用。因此，今後風能利用之研究與發展之主要課題在於(1)降低發電成本，(2)發展可靠之能源儲存系統（詳見第五章之說明）。

　　台灣受季風及變性氣團的影響，十月至翌年五月吹東北風，強而穩定；夏

季則受海洋性氣團影響，盛吹西南風。根據統計資料，指出台灣本島沿海一帶、山區及離島，風力潛能頗高，值得吾人研究與開發。

一般風力機之起動風速約為 3 m/s，而本省年平均風速可達 4～5 m/s，已屬相當可用，若達 6～7 m/s 之年平均風速，則更具有開發利用之價值。未來本省風力機可應用於下列各方面：

- 離島及偏遠地區之電力供應；
- 一般住家供電；
- 農業抽水灌溉；
- 水產養殖魚池之泵抽排水及灌注氧氣等工作。

4.2.5 與風能有關詞彙

本節摘錄與風能應用有關詞彙如下：

1. 貝茲法則（Betz's Law）

對一理想風力機而言，轉子具有一掃動面積 A，在週遭風速 V_∞ 下之最大輸出動力理論值為：$8/27 \rho AV_\infty^3$　其中 ρ 為空氣密度。

2. 動力係數（Power coefficient）

軸所產生之機械動力與在特定環境同速通過掃動面積所構成之動力比。

3. 推力（Thrust）

葉片斷面上風合力之分力，其方向與葉片斷面之運動方向相同。

4. 氣力發電機（Aerogenerator）

為一種風力機之轉子與發電機結合的裝置。

5. 風力機；風車（Wind turbine；Windmill）

一種將風能轉換成機械能的裝置。

6. 葉片（Blade）

風力機轉子上之元件，其為風所驅動藉著空氣動力而在轉子軸上產生有用之轉矩。

7. 打蛋形轉子（Darrieus rotor）

具有垂直式或交叉式風軸之轉子或風力機，而軸上通常裝有二片或三片氣翼葉片。

8. 桶形轉子（Savonius rotor）

通常為由兩個偏位半圓桶狀葉片或帆組成繞著垂直或交叉式風軸轉動之轉子或風力機。

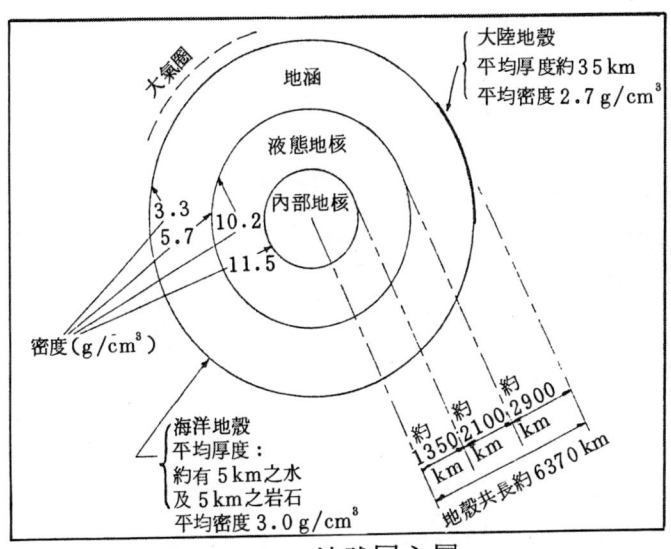

圖4.3.1 地球同心層

9. **垂直軸式風力機（Vertical axis wind turbine）**

具有垂直式或交叉式風軸之風力機或轉子，即打蛋形或桶形者。

10. **水平軸式風力機（Horizontal axis wind turbine）**

具有水平軸之風力機或轉子，即螺旋槳式。

4.3 地熱能

多年來，人類對火山（volcanoes）、間歇泉（geysers）、噴氣孔（fumaroles）、溫泉和沸泥池（pools of boiling mud）等感到既新奇又恐懼，而這些景象散佈於世界各地，且大多發生在多地震地帶。

地球內部情況全賴間接知識獲得，地球常視由五個同心層（見圖4.3.1）所組成，首先，大氣層環繞著地球，然後是地殼（crust），其後依次為地涵（mantle）、液態地核（liquid core）和內部地核（inner core）。

地熱能主要來自地球內部放射性元素衰變所釋出之能量，和儲存於地核熔岩之大量熱能，其依賴岩石之導熱性或藉助熔岩與水之向上移動而傳導至地球表面。地熱能之數量異常龐大，依粗略估算，地球之總地熱含量約有3×10^{27}仟卡。開發技術上，吾人能經濟有效利用者，僅為地殼底下數公里深之熱源。

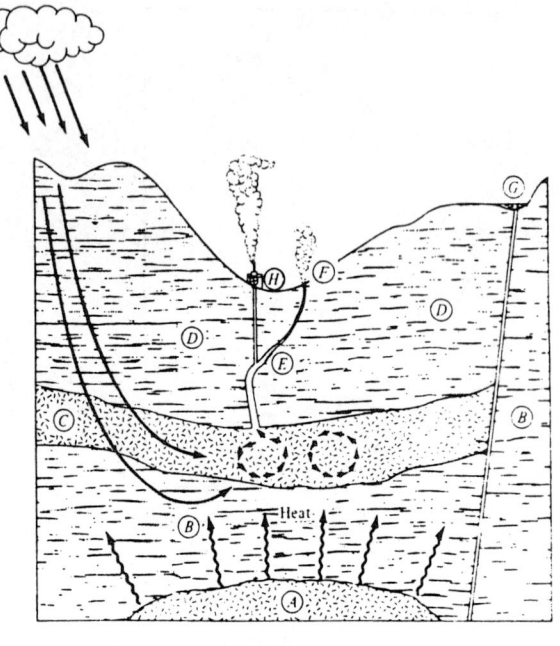

A：岩漿
B：火成岩
C：多孔性及可滲透性之儲槽
D：岩石（無滲透性）
E：裂縫
F：噴氣孔
G：溫泉
H：地熱井

圖 4.3.2　一典型地熱田

地殼內之地熱能，主要儲存於岩石本身，而少部分則儲存在岩石孔隙（pores）或裂隙（fractures）之水中。地熱能乃一低能量密度之能源，必須經由大量岩石集取，目前，水是地熱能之主要輸送媒介。

4.3.1　地熱資源之分類

地熱資源有許多種類，如圖 4.3.2 所示為一典型之地熱田。基本上，地熱資源可區分為三種(1)熱水系統(2)熱乾岩系統(3)地質壓力系統。茲分別敘述如下：

〔1〕熱水系統

熱水系統含溫度頗高之熱水，其可再細分成

1. 主蒸汽系統

此型較少見，例如，Geysers（美國）、Larderello（義大利）、松川（日本）及 Kamojang（印尼）等地熱田屬之。主蒸汽系統產生飽和或過熱蒸汽，溫度通常在 250°C 左右。圖 4.3.3 為美國加州 Geysers 之

圖4.3.3　世界最大地熱電廠
—— 美國加州Geysers

地熱電廠，其乃目前世界最大之主蒸汽型地熱電廠。
2. 主液體系統

此型依賴液體（水或鹵水）之對流作用，將熱能自地球內部岩石輸送至地表。例如，Wairakei（紐西蘭）和Cerro Prieto（墨西哥）等地熱田屬之。

〔2〕熱乾岩系統

大量之熱乾岩位於地球內部深處。目前此系統之開發利用仍處於研究階段，中等深度熱乾岩系統之開發已屬可行，惟仍未商業化。至於極深處之熱乾岩系統之開發工作，仍未具經濟性。此型得利用人工由地面導入冷水進入熱乾岩地區，然後抽取加熱過之熱水以供使用。

〔3〕地質壓力系統

地質壓力地熱池內儲有高壓（超過100Mpa）之沉積地下水。構造上屬於熱圈閉（heat trap），通常由不透氣和低導熱度頁岩所包圍。熱能相當可

觀，惟位於地底深處，故鑽井費用甚高。一般約位於地下 3～7 公里處，常伴有大量天然氣。

4.3.2 地熱資源量

世界能源會議（WEC）組織於 1980 年估計全世界地熱能發電之潛力（其僅計算地殼以下 3 公里深岩層之地熱能）如下：

- 世界地熱資源量　　　　　　4.1×10^{25}　　焦耳
- 2％資源量可供發電利用　　8.2×10^{23}　　焦耳
- 可產熱能　　　　　　　　　1.8×10^{22}　　焦耳
- 可產電能　　　　　　　　　3.6×10^{21}　　焦耳

最後數字折合 1.14×10^{8} 百萬瓦·年，約為目前全球電力產量之 120 倍，由此可見地熱能頗為可觀。至於地熱資源依地理分佈百分比如下（WEC 資料）：

- 北　美　洲　　　　20.99％
- 中　美　洲　　　　 0.66％
- 南　美　洲　　　　13.91％
- 西　　　歐　　　　 3.90％
- 東　　　歐　　　　17.09％
- 亞　　　洲　　　　20.75％
- 非　　　洲　　　　13.67％
- 太平洋島國　　　　 9.03％
  　　　　　合計　100.00％

台灣位居太平洋島弧之西緣，而在日本與菲律賓之間。台灣之火山活動，主要分佈於北部大屯火山群區和東部海岸山脈，其餘分佈於附近海面之火山島嶼。本省地面地熱徵兆－溫泉與噴氣孔遍佈全島，據估計近百處之多。自民國 66 年起，開始積極實施全省地熱普查與探勘工作，發現台灣地熱蘊藏量相當豐富（如表 4.3.1 所示），然其是否可以提供吾人大量替代能源，仍有賴各界努力投入研究開發工作。

表 4.3.1 台灣全省主要地熱區潛能評估

地 區	溫度(°C) 範圍 平均		儲集層 體積 (km³)	儲集層 熱能 (km³)	可產熱能 (10^{18}J)	功 能 (10^{18}J)	電 能 (MWe for 30 yr)	備註
大屯山區	200 290	245	40.0	24.3	6.10	1.20	514	根據探勘資料評估
清 水	180 220	200	6.0	2.9	0.73	0.15	61	〃
土 場	160 180	170	3.0	1.2	0.30	0.06	25	〃
盧 山	150 210	180	4.5	1.9	0.50	0.10	41	〃
知 本	140 200	170	3.0	1.2	0.30	0.06	25	〃
金 崙	140 180	160	6.0	2.3	0.57	0.11	48	〃
瑞 穗	140 180	155	2.0	0.70	0.18	0.04	16	根據普查資料推估
紅 葉	130 190	160	1.5	0.57	0.14	0.03	12	〃
寶 來	110 160	140	2.0	0.65	0.16	0.03	14	〃
富 源	80 160	120	1.5	0.41	0.10	0.02	9	〃
霧 鹿	150 210	180	2.0	0.86	0.22	0.04	18	〃
東 埔	120 180	150	2.0	0.70	0.18	0.04	16	〃
樂 樂	120 140	130	1.5	0.45	0.11	0.02	9	〃
谷 關	130 180	150	2.0	0.70	0.18	0.04	15	〃
馬 陵	130 170	150	1.5	0.53	0.13	0.03	11	〃
紅 香	130 170	150	1.5	0.53	0.13	0.03	11	〃
四 區	140 210	175	2	0.84	0.21	0.04	18	〃
五 區	150 210	180	2	0.86	0.22	0.04	18	〃
臭 乾	135 185	160	2	0.76	0.19	0.04	16	〃
茂 邊	170 210	190	2	0.92	0.23	0.05	19	〃
烏 來	150 200	170	1.5	0.61	0.15	0.03	13	〃
關仔嶺	120 190	150	1.5	0.53	0.13	0.03	11	〃
中 崙	120 185	150	1.5	0.53	0.13	0.303	11	〃
礁 溪	100 160	130	1.5	0.45	0.11	0.02	9	〃
桃 林	150 210	180	1.5	0.65	0.16	0.03	14	〃
比 魯	130 190	160	1.5	0.57	0.155	0.03	12	〃
合 計							986	

資料來源：鄭文哲:「台灣地熱資源之利用途徑」，能礦所，73 年

4.3.3 地熱能之應用

地熱能之利用歷史非常久遠，古代羅馬人、希臘人、土耳其人、日本人、墨西哥人和毛里斯人（紐西蘭）利用溫泉水供沐浴之用，甚至利用地熱能供應家庭洗衣、烹飪等。由於近代科技精進，地熱能之應用更形講求效率，諸如發電或直接熱能利用等之相互配合利用。

電能係最方便能源之一，於1904年在義大利Larderello地區首先利用熱蒸汽發電。於1925年，冰島Reykjavik地區利用天然熱水作為地區性暖房之能量來源，及供應住戶用熱水。如圖4.3.4所示，於世界各國蘊藏有豐富之地熱能源。按1989年資料顯示，利用地熱能發電之國家為數頗多，如表4.3.2所示即一些主要國家設立地熱電廠之情形。

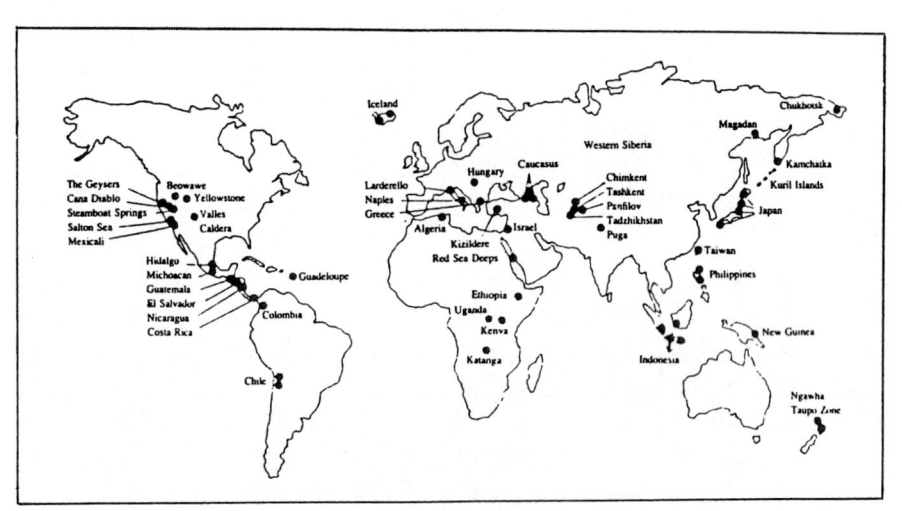

圖4.3.4　地熱蘊藏分佈圖

〔1〕直接利用

地熱能直接利用於烹飪、沐浴及暖房已有久遠歷史，今日仍廣泛被使用在此方面。而首度大量應用於工業製造方面，則遲至1940年代由冰島開始。

在1980年，全球應用地熱能於暖房、冷却和農漁牧等方面，超過7000 MWt以上，其中應用在暖房和冷却方面約佔1300 MWt，其他5500 MWt應用在農、漁、牧業上，而工業製程熱則使用200 MWt強（見表4.3.3）。

表 4.3.2 世界各國地熱發電量及直接利用（1990 年底）

國別	發電量 裝置容量(KW)	年發電量(GWh)	直接利用 裝置容量(MW)	年產電量(GWh)
阿 根 廷	0.6	—	—	—
澳　　 洲	0.02	—	11	N
亞速群島	3.0	—	—	—
中國大陸	25	90	2,154	1,945
薩爾瓦多	95	373	—	—
法　　 國	—	—	337	2,330
德　　 國	3.0	47	8	—
希　　 臘	2.0	—	18	—
匈 牙 利	—	—	1,276	2,615
冰　　 島	45	283	774	8,274
印　　 尼	143	—	—	—
義 大 利	548	3,200	329	970
日　　 本	270	1,359	3,321	6,805
肯　　 亞	—	348	—	—
紐 西 蘭	264	2,068	258	1,760
墨 西 哥	700	5,124	—	—
尼加拉瓜	70	—	—	—
菲 律 賓	888	5,470	—	—
羅馬尼亞	1	—	251	987
西 班 牙	—	—	—	17
瑞　　 典	—	—	—	300
中華民國	3.3	3.23	—	N
土 耳 其	20	68	246	423
美　　 國	2,837	16,900	463	400
前 蘇 聯	11.0	25.0	1,133	4,167
泰　　 國	0.3	0.79	—	—

資料來源：1992 Survey of Energy Resources, WEC
註："N" 不足 0.1，"—" 不知道或零

表 4.3.3　世界地熱之直接利用　　（MWt）

國家＼用途	暖　房	農漁牧業	工業製程
冰　　島	680	40	50
紐 西 蘭	50	10	150
日　　本	10	30	5
蘇　　聯	120	5100	—
匈 牙 利	300	370	—
義 大 利	50	5	20
法　　國	10	—	—
美　　國	10	5	5
其　　他	75	10	5
合　　計	1305	5570	235

資料來源：J. Lund，1980

表 4.3.4　地熱能源的利用途徑

```
                    地熱的利用
         ┌──────────┼──────────┬──────────┐
       發　電      工業利用     農業利用     其他利用
      (>120°C)   (100-180°C)  (30-130°C)   (>100°C)
      閃發蒸汽式    釀造蒸餾     溫室栽培      室溫調節
      雙流體循環式  產品乾燥     土壤消毒      道路溶雪
      總流式       製漿造紙     食品加工      污水處理
                  紡織洗染     罐頭製造      溫泉理療
                  醱酵製酒     藻類培養      溫水泳池
                  冷凍冷藏     魚類養殖      觀光遊覽
                  化工製造     家畜飼養      野外烹飪
                  木材乾燥     採礦提鍊
```

〔2〕間接利用

　　不同溫度之地熱能，各有其適用場合，見表 4.3.4 所示。

4.3.4 地熱能之未來展望

地熱能之開發利用頗具潛力,因其具有下列多種優點:
- 地熱能用途廣泛,例如,發電或直接利用;
- 地熱能數量龐大,無耗竭之慮;
- 較核能、礦物燃料少污染問題;
- 今日技術已可有效利用大部分地熱資源;
- 石油與其他燃料價格日益上漲,地熱能利用更形有利。

地熱能利用遠景固然不錯,然開發技術仍遭遇若干困難。各主要地熱利用國家,包括美國、日本、墨西哥及冰島均積極對地熱利用可行性、工程設計技術、環境問題及鑽鑿探勘等進行全面性研究。由於煤、石油等傳統性的能源日益耗盡,人類對能源之需求卻日益殷切,故迫使各國積極開發再生能源,而地熱即其中頗為吸引人之一項。

4.3.5 與地熱能有關詞彙

茲將與地熱能應用有關詞彙摘列如下:

1. 間歇泉（Geyser）

    指噴出蒸汽與熱水之溫泉;許多間歇泉均在一定之時間間隔下噴出。

2. 噴氣孔（Fumarole）

    指噴出高於100℃之氣體與蒸汽之溫泉或池,該氣體與蒸汽來自活火山以及冷却之岩流。

3. 岩漿（Magma）

    即地殼內融熔之岩石。

4. 火山岩（Lava）

    流到地表之岩漿（溢流岩、噴出岩）,從火山口噴出後最初為融熔狀態而後逐漸固化。岩石種類從鹼性至酸性;固化之際因氣體之逸散,故常呈多孔性,偶因急速冷却而呈玻璃質。

5. 熱乾岩（Hot dry rock）

    指地下具有高於平均溫度（地熱異常）之岩石,該岩因缺乏孔隙或裂縫而不包含水或蒸汽。

6. 蓄水層（Aquifer）

    可滲透且含水之岩層。

7. 地熱梯度（Geothermal gradient）

在指向地心的方向上經地殼及地罩上部，每單位深度之溫度增加。近地表之平均溫度梯度約 0.03°K/m 或 30°K/km

8. 地熱蒸汽田（Geothermal steam field）

在地下構造中由於蒸汽之存在導致產生地熱異常。該蒸汽因地層封閉之故無法或僅有微量能夠逸散。

9. 地熱熱水田（Geothermal hot water field）

蓄水層中存在之水，該水受周圍環境加熱，在某一高於飽和壓力之靜水壓下得以保持液態而無氣態形成。

10. 地壓系統（Geopressurised system）

被封閉於岩層之中並保持於靜岩壓下之水。

11. 地熱流體（Geothermal fluid）

指抽出或流出地殼之乾蒸汽、濕蒸汽或熱水以及溶解與附隨之物質。

12. 地熱發電廠（Geothermal power station/plant）

地熱發電站或發電廠可將地熱能轉換成電能。地熱供熱站或廠僅提供地熱之熱能，譬如用做暖房加熱與工業製程用熱。

註：地熱流體之溫度決定其可能的應用方式，亦即：

── 80°C 以下──暖房加熱。

── 150°C 以下──工業製程加熱以及／或者發電。

── 150°C 以上──發電。

4.4 水 力 能

水力係目前唯一已被人類大量開發利用之再生能源，目前全世界電力供應量來自水力發電約佔百分之二十三（約 1600 Twh／年）。水力發電技術簡單而且完備，許多國家於水力發電之基礎工業，諸如水輪機、閥、水閘、發電機和相關電力設備等之製造，均已非常完善。水力開發對環境之衝擊較小，除了提供廉價電力外，且有下列之優點：

・管制洪水氾濫；

・提供灌溉用水；

・利於河流航運；

・提供尖峰時段電力調度。

4.4.1 水力能之形成

太陽能促使大量海水蒸發，其蒸發 1 公克之水約需 600 卡之能量，大約有 4×10^{16} 瓦太陽能（佔全部之 23%）用於此蒸發工作。蒸發後之水進入大氣中形成雲層，然後形成雨水落下地面，陸地上雨水具有位能，位能即等於水之重量與海拔高度之乘積，吾人即利用具有位能之水產生機械動力或電力。一般將雨水聚集於水壩之內，然後利用水位落差之能量以帶動渦輪機或發電機而產生電力。

4.4.2 水力資源

全世界河流之水力資源約有 5609×10^3 MW，其分佈於各大洲，各洲所佔比例如下：

北美洲	717.15×10^3	MW
南美洲	1110.4×10^3	MW
歐　洲	119.7×10^3	MW
亞　洲	2308.5×10^3	MW
非　洲	1153.6×10^3	MW
澳　洲	119.0×10^3	MW

目前約僅 8.5% 之總水力資源被利用，而全球約 23.% 電力係來自水力發電，且各國之水力發電所佔比重差異頗大，例如，挪威佔 99.5 %、瑞士佔 98.9 %，而美國僅佔 5.3%，台灣佔 13.1%（75 年）。

4.4.3 水力機械

〔1〕水車（water wheel）

利用水車產生機械功之技術已有三千年歷史，水車可用於研磨穀物、鍛造、紡織、製革和礦坑抽水等。若以近代技術觀點言之，其動力輸出相當有限，較大型水車只不過產生數十瓩動力，至於住家用者才數百瓦罷了。水車之型式有多種，茲將主要型式列舉於下：

148　能源應用

(1) 下射型水車

　　此型水車最無效率，為最基本之水車，其懸垂於水流中，令水流衝擊葉片而引起水車轉動作功。最小水頭約1呎（此時所產生之動力約等於零），最適之水頭（optimum head）約為6到16呎，加上最小水車直徑約15呎，如圖4.4.1(a)所示。

(2) Poncelt型水車

　　此型為下射型水車之改良品，其葉片為曲線型俾提高效率。Poncelt型水車利用水之流速產生動力，最小直徑約為14呎，此時最佳水頭約為7呎左右，效率較下射型水車為高，見圖4.4.1(b)所示。

(3) 胸射型水車

　　此型水由胸射型水車之頂端以下進入輪斗（wheel bucket），然後於輪底附近離開。胸射型水車之水頭應小於10呎為佳，而水車之直徑通常約為水頭之1～3倍之間。高胸射型水車（水從心軸以上進入）之效率約65%

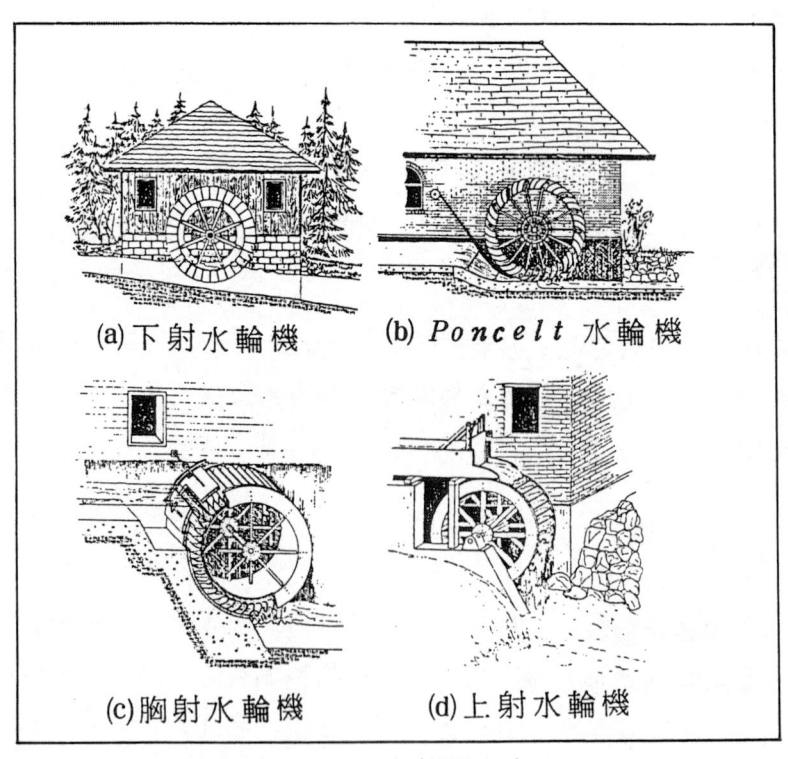

(a) 下射水輪機　　(b) *Poncelt* 水輪機

(c) 胸射水輪機　　(d) 上射水輪機

圖4.4.1　各類型水車

左右，低胸射型水車（水從心軸以下進入）之效率約 35～40％。

　　胸射型水車需要較複雜之曲線型輪葉，由於需較複雜之輪葉且效能低，導致他型水車較具吸引力，見圖 4.4.1(c)所示。

(4)上射型水車

　　水由水平水槽導入水車之頂部，水之重量推動水車轉動，此型效率最高。水頭通常大於 10 呎，但今日此型水頭之上限約 30 呎，因須建造大直徑水車，故造價頗高，見圖 4.4.1(d)所示。

〔2〕水輪機（water turbine）

　　水車之技術已無法重大突破，直至水輪機發展出，水力之利用效率方大增。水輪機連接發電機後可用於發電，主要水輪機有下列幾種型式：

- Francis　水輪機（美國人 Francis 於 1847 年設計）
- Pelton　水輪機（美國人 Pelton 於 1870 年設計）
- Kaplan　水輪機（澳洲人 Kaplan 於 1912 年設計）
- Deriaz　水輪機（英國人 Deriaz 於 1945 年設計）

茲將各種水輪機簡述如下：

　　Francis 水輪機（見圖 4.4.2）屬混流—反動式水輪機（mixed-flow reaction turbine），其輪葉將動能與壓力能轉換成機械能。此型水輪機馬力可高達 800,000 馬力。

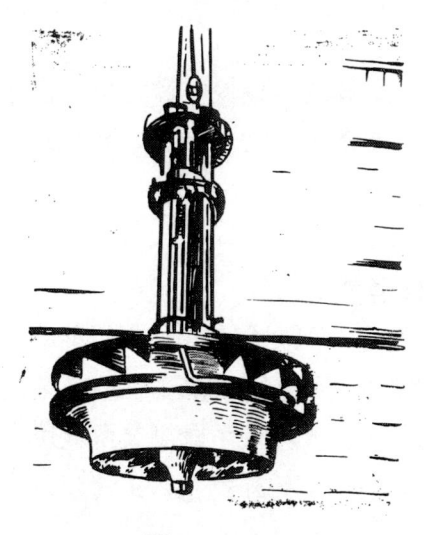

圖 4.4.2

圖4.4.3　　　　　　　　　　圖4.4.4

　　Pelton 水輪機（見圖4.4.3）屬於衝動式水輪機，其適用於高水頭—300～2000 米。Pelton 水輪機之比速率（specific speed）爲4至70 rpm。迄今此型水輪機中動力已有高達330,000 馬力者。

　　Kaplan 水輪機（見圖4.4.4）屬於軸流反動式水輪機（axial-flow reaction turbine），適用於低水頭—2至70 米，比速率爲300～1100 rpm。

　　Deriaz 水輪機屬於反動式水輪機，目前動力有達124,000 馬力者。Deriaz 輪葉特別適於水輪機又充當水泵之情況下使用，例如，抽蓄發電廠即是。

4.4.4　水力能之未來展望

　　世界水力資源非常豐富，但充分開發是不可能的，其理由係因水資源除供發電外，尙得供灌漑與飲用，通常此二者無法有效地結合使用。同時，河流用於航運常與發電築壩衝突，且水力發電計劃又得耗用廣大土地以蓄水。大水庫常招致經濟與生態環境之損失，另外財務亦是問題之一，因爲水力電廠之初期投資相當高。

今日水力發電無法與火力發電相匹敵，惟其開發利用可望增加。擁有陡峭河流之開發國家，水力有望成為一重要能源，例如，挪威，其電力幾乎全來自水力。一般言之，未來全球水力能之開發，大多將發生於未開發各國，然這些國家其財務與社會問題亟需克服，故水力能之發展將趨於遲緩。

4.4.5 與水力能有關詞彙

茲摘列與水力能應用有關詞彙如下：

1. 水力（Water power ; hydro-power）

   水蘊藏之位能。

2. 水力發電廠（Hydro-electric power station）

   將水之位能轉變為電能之電廠。

3. 川流式發電廠（Run-of-river power station）

   無調節設施之水力發電廠。

4. 水庫式發電廠；調整池式發電廠（Power station with reservoir）

   具有水庫或調整池之水力發電廠，其用水量可由水庫或調整池調節。

5. 抽蓄發電廠（Pumped storage power station）

   擁有水庫或上池並建有水池之水力電廠，其上池水庫係全部或部份利用水泵抽水注蓄，亦可引水發電之電廠。

6. 經濟蘊藏能量（Economic energy potential）

   在一定情況下，合乎經濟開發之水力。

7. 毛水頭（Gross head）

   自頭水路之最高水位（假如沒有頭水路則為進水口水位）至最終尾水路之水位間可用為水力電廠運轉的水位差。

8. 淨水頭（Net head）

   水輪機實際使用水頭，即水輪機進口處壓力計讀數與尾水位或平均噴嘴標高（依水輪機型式而定）之差，並計入流速水頭者。

9. 水車，水輪機（Water wheel ; water turbine）

   將水所持有之位能有效地轉換為機械能而作功之迴轉機械。

10. 衝擊式水輪機（Impulse turbine）

係將水流之壓力水頭全部轉換為速度水頭，以其高速之衝擊力作用於水輪機之動輪上使其發生廻轉。如 Pelton 水輪機。

11. 反動式水輪機（Reaction turbine）

係將持有壓力水頭之水流直接作用於水輪機之動輪上，利用水流在流經輪翼改變流向時所產生之反動力使其發生廻轉。如 Francis 水輪機。

12. 水頭（Head）

於水力學中，常需以高度、壓力和速度三要素表明水之狀態。如在高處之水，具有壓力之水，和流動之水均各持有能量。1 公斤重之水在各種不同情況時所持有之能量稱為水頭，以長度單位表之。

4.5 潮汐能

地球上海洋面積約三億六千多萬平方公里，約是陸地面積之二倍半，佔地球總面積 71 %。海洋中蘊藏許多豐富資源，近年來由於石化能源日益枯竭及世界性經濟蕭條，促使利用海洋能源之開發研究益受重視。

海洋能源包括下列數種：

1. 潮汐能：係一種利用水位變化所產生之位能及水流所產生之動能（潮流能）而獲得之一有效能源。此亦為本節所欲探討之主題。
2. 波浪能：因波浪上下波動浮力，橫向波壓力或波浪所引起之水中壓力變化而產生之能源。（4.6 節討論之主題）
3. 海洋溫差能：即利用深部海水與表面海水之溫度差以產生有用之能源。（4.7 節將予詳述）。
4. 鹽梯度能：即利用兩處含鹽份高與含鹽份低之海流，因混合產生滲透壓作為動力，而可用以產生之能源。
5. 生質能：利用海洋養殖海洋各類生物，提供食物或是製造有用之生質能源。（4.8 節將予說明）
6. 洋流能：利用高速度之洋流或潮流帶動結合水車、推進器、及降落傘狀物之水中電廠而將其轉換為有用之能源。

由此可見，海洋能源種類繁多，吾人倘能多加開發利用，必能提供更多有

用能源。本節將針對潮汐能現象、利用及發電原理詳予說明,至於波浪能、海洋溫差能及生質能將分於下節說明。

4.5.1 潮汐現象

將地球直徑與地球-太陽或地球-月球之距離相較顯然是微不足道,但是太陽或月球對地球各地之作用力(引力)略有差異,圖4.5.1顯示月球對地球中心(用平均值)和地球A點(偏離地球-月球連線)之萬有引力。真實月球引力和平均引力之差值稱為干擾力(disturbing force),干擾力之水平分量迫使海水移向地球-月球連線並產生水峯。對應於高潮(high tide)之水峯,每隔24小時又50分鐘(即月球繞地球一週所需時間)發生兩次,亦即月球每隔12小時又25分鐘即導致海水漲潮一次,此種漲潮稱為半天潮(semidiurnal tides)。潮汐導致海水平面之升高與降低呈週期性(見圖4.5.2)。點A表示高潮點,而點B表示低潮點,潮距(tidal range)h隨時間變動,吾人一般將h之平均值定為某一地點之潮距。

每一月份滿月和新月的時候,太陽、地球和月球三者排列成一直線。此時由於太陽和月球累加之引力作用,使得產生之潮汐較平時為高,此種潮汐稱為春潮(Spring tides)。當地球-月球和地球-太陽連線成一直角,則引力相互抵消,因此而產生之潮汐較低,是為小潮(neap tide)。

各地之平均潮距不同,如某些地區之海岸線會導致共振作用而增強潮距,而其他地區海岸線却會減低潮距。影響潮距之另一因素科氏力(Coriolis force),其源自流體流動之角動量守恒。若洋流在北半球往北流動,其移動接近地球轉軸,故角速度增大,因此,洋流會偏向東方流動,亦即東部海岸之海水較高;同樣地,若北半球洋流流向南方,則西部海岸之海水較高。

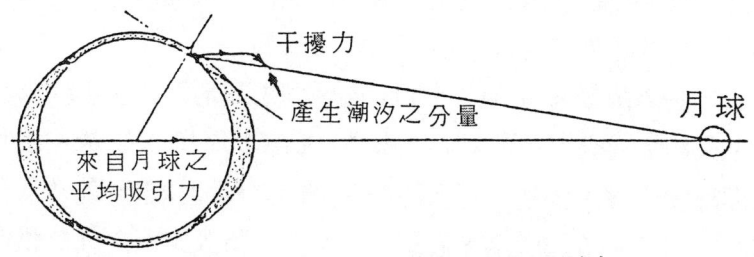

圖4.5.1 月球對地球之引力

海潮之變化

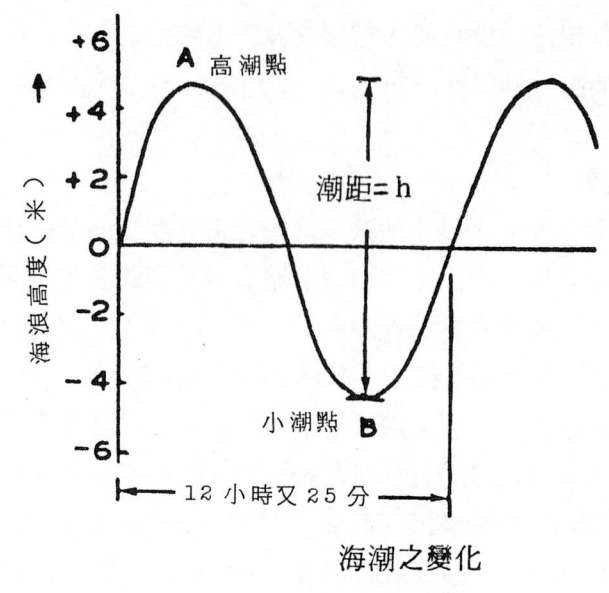

圖 4.5.2　海潮變化

4.5.2　潮汐能之利用及發電原理

　　潮汐能主要被用來發電，根據記載，於數世紀前，歐洲大陸海岸居民已能利用潮汐能旋轉蹼輪、或帶動泵及水車，特別是在潮差較大的地區。例如於法國 Breton 海岸、荷蘭之 Ireland 及英國地區。於 1086 年即有潮汐能水車建造之記載。之後，歐洲移民將此技術帶至新大陸，於 1650 年美國波斯頓即有一潮汐能磨穀工廠出現。基本上潮汐能用以轉變成機械能。直至發電機發明以後，潮汐能即用來發電產生電能。

　　事實上，潮汐能發電與一般水力發電原理大致相同，水由高水位流至低水位而轉動水輪機，唯一差異係潮汐具有兩個流向及一較短週期之水頭。而一般水力發電，其水位大小由水庫或閘壩系統予以調節，水流為單一方向且水頭為一定。也因上述此種差異使得潮汐能發電深受限制。

　　於 1961 年法國蘭斯河口 St. Malo 處，利用該地區約有 13 公尺之潮差，在河口築一長約 750 公尺長的堤防，裝置 24 部 10KW 發電機，總共 240 KW，於退潮時最佳潮差條件下可保持約 3 小時之最大發電，此乃世界上最大之潮汐發電廠，如圖 4.5.3 所示。最初，有不少人對此電廠之經濟價值發生疑

圖4.5.3　世界最大潮汐發電廠——法國蘭斯河口

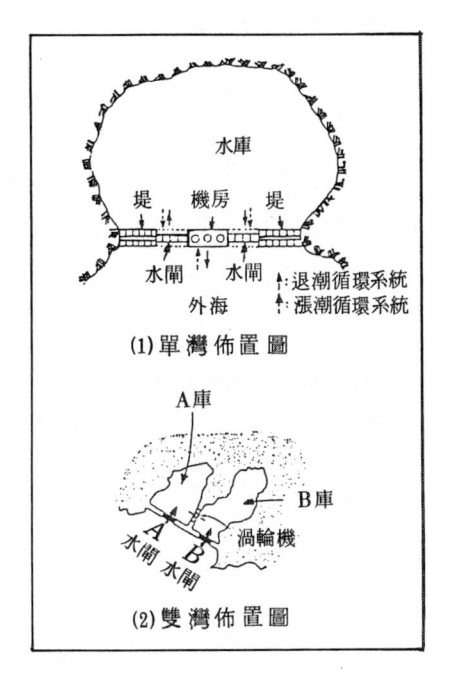

圖4.5.4　單灣與雙灣佈置圖

間，包括投資報酬率是否合理及機械維護費是否過巨，然一般說來，此電廠經十餘年之使用，已證實潮汐能發電之可行。

　　潮汐之漲落時間、大小、次數等隨各地區會有不同，然因海潮之漲落有序，可以讓吾人確知未來一個月內，甚至一年內可供運用之能量，比較一般所用河川水力發電要來得穩靠。當然，潮汐發電受地形限制，且合乎經濟開發之潮差條件須在8公尺以上，此乃其先天上之缺點。

　　用以潮汐能發電之發電設備係屬於低水頭、水量大之水力機組，一般多採用Kaplan水輪機或Tubo水輪機。今日已發展出數種適合於潮汐發電專用之低水頭、高比速之新式水輪機，其單一水輪機可達30KW以上，水頭可低於12.公尺，如直流式水輪機（straight flow turbine）及泡式水輪機（bulb turbine）等，其特性良好且構造簡單，成本亦低。

　　一般潮汐能發電廠依天然地形及潮汐漲落之條件，主要區分成四種型態(1)單灣退潮循環發電廠(2)單灣漲潮循環發電廠(3)單灣雙向發電廠(4)雙灣發電廠。單灣與雙灣潮汐能發電廠二者之區別，可參考圖4.5.4。茲就前述四種不同潮

汐能發電廠之發電基本原理敍述如下：

〔1〕單灣退潮循環發電
　　此系統具備單一蓄水灣，當漲潮時打開水閘門，讓海水儲入蓄水灣，而退潮時再讓海水流入低海水面而推動水輪機發電。圖4.5.5，顯示此發電系統之循環。

〔2〕單灣漲潮循環發電
　　當漲潮時，水進入蓄水灣並推動水輪機發電。當達到最高潮時停止發電，並打開水閘門排除蓄水庫之海水。（見圖4.5.6）

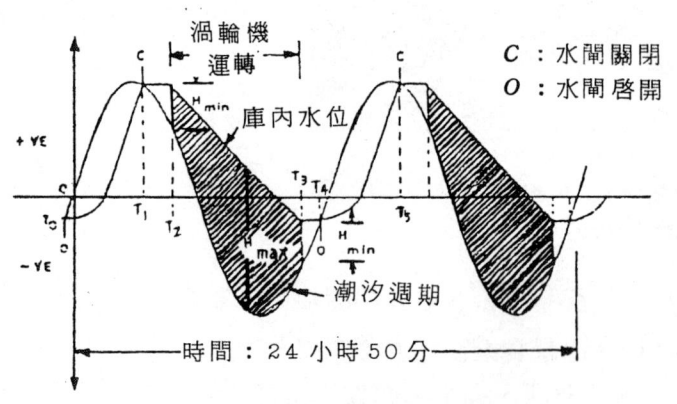

圖4.5.5　單灣退潮循環發電

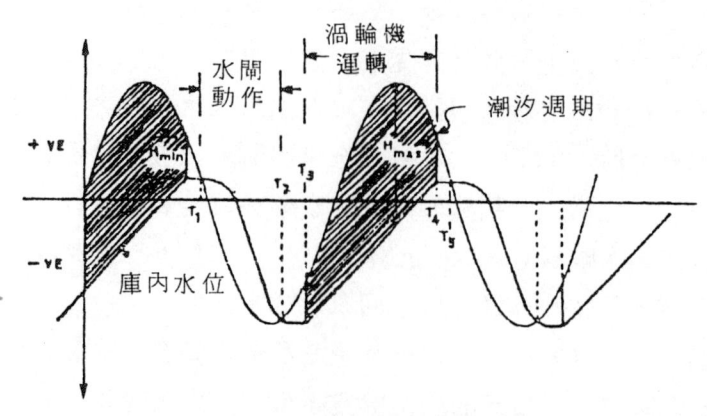

圖4.5.6　單灣漲潮循環發電

〔3〕單灣雙向發電

此系統在漲潮或退潮時均可發電，參考圖 4.5.7 於 T_1 時水閘門關閉著而水灣與海之水面齊高。於 T_2 時，海水面下降至等於水輪機之最小工作水頭（minimum working head），開始發電直到水輪機工作水量等於最小允許值（T_3）才終止發電。此時打開閘門排水，直到蓄水灣水面與海水面等高（T_4 時），立即關閉水閘門，俟 T_5 時，水量已足夠推動水輪機，開始發電直到 T_6。在 T_6 時打開水閘門，蓄水灣之水面隨卽與海面齊高（在 T_7）。此過程週而復始反覆運作。

〔4〕雙灣系統

單灣系統不能連續不斷地發電爲一大缺點，因此有雙灣系統之發展，圖 4.5.8 顯示一雙灣系統，其允許水連續由高水面池進入低水面池而發電。雙灣系統可連續發電，唯其輸出電力變化不定。

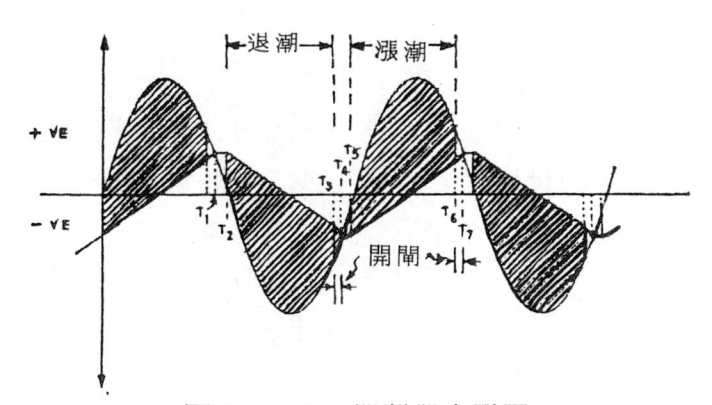

圖 4.5.7　單灣雙向發電

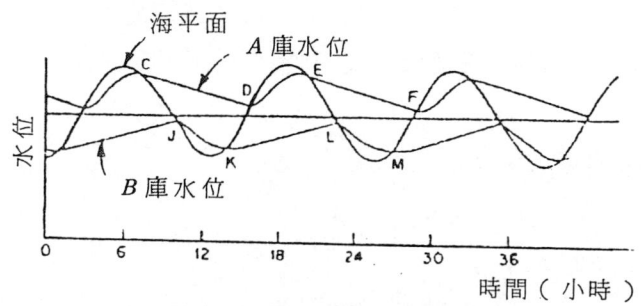

圖 4.5.8　雙灣系統

158　能源應用

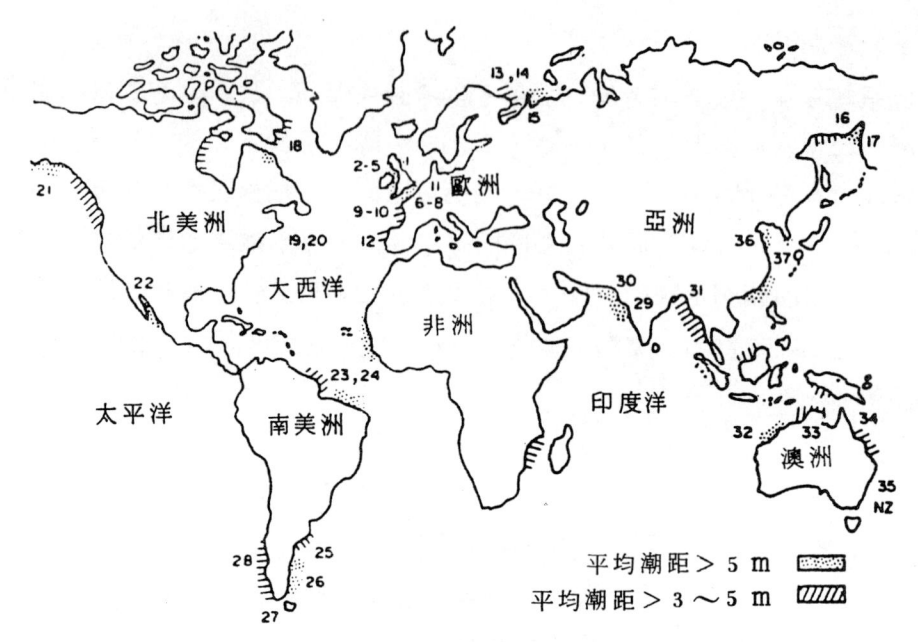

圖4.5.9　潮汐發電之可能發展地區

4.5.3 潮汐能之未來展望

據估計全球潮汐能約有 2.6～3 TW，約合今日全球能源需要量之 1/3。但僅一小部分潮汐能可供經濟開發利用，其分佈地點如圖 4.5.9 所示。因此未來潮汐能若全面開發利用，仍無法滿足全球能量需求。

除法國之潮汐發電廠以外，另外於蘇俄 Kislaya 海灣、白海及鄂霍次克海多處亦進行大規模之潮汐發電計劃。於遠東地區，於韓國仁川港附近，日本瀨戶內海處亦積極努力開發中。

根據調查，於台灣沿海之潮汐，最大潮差發生在馬祖，其次是後龍、台中一帶海岸，潮差最大為 5.6 公尺，平均為 4 公尺，然該處飄砂嚴重，且並無適合之海灣可加利用，故潮汐發電於本省之利用價值並不樂觀。

4.5.4 與潮汐能有關詞彙

茲摘列與潮汐能應用有關詞彙如下：

1.海洋能（Ocean energy）

為一種能源，可藉著利用海洋之物理或化學特性的形式而得，計有潮汐、波浪、熱梯度、鹽梯度及洋流等。

2. 潮汐能（Tidal energy）

為一種利用水位變化所產生之位能及水流所產生的動能（潮流能）而獲得之有效的能源。此等存在於潮汐之能量歸因於太陽、月亮與地球間所存在的引力與其間轉動關係。

3. 潮汐發電廠（Tidal power station）

利用低潮時之海水面與高潮時引存於近海水灣之海水面的水位差以發電之水力電廠。

4. 潮距（Tidal range）

介於鄰接高潮位與低潮位之水位差距。

5. 潮堰（Tidal barrage）

位在橫過海灣或海口的蓄水工程，設計為收集流入潮水於海盆內。海盆一方面可由蓄水工程，另一方面可由上游海口或海灣海岸所形成。堰之建造可能形成兩個分離的海盆，如此利用更有彈性，所能得到的潮汐能更多。

6. 蓄水灣（Storage basin）

由堰所構成的海盆，可容許侵入的潮汐，由垂直障礙物而生的反射波，或抽泵系統所得之水流，儲存其中，直到海盆內水位有足夠高差以便產生電力。

7. 浮式潮汐電廠（Floating tidal plant）

裝置在一錨定之浮動設施上，藉著使用水輪、螺旋，或低水頭水輪機而利用退潮、漲潮時水動能之電廠。

8. 潮汐電廠之尖載運轉（Peak load opération of tidal power station）

在計劃體系之運轉電力供應系統中，使用潮汐發電體系的儲存設備以供應其尖峯電力需求之使用方式。

4.6 海浪能

海浪能係來自風力，隨風速快慢變化而具有不同之能量，因風能亦來自太

陽能，故海浪能基本上亦間接來自太陽能。海浪能須自海上萃取，然後再將動力輸送至岸上供陸地使用。

海浪能一般多用至發電，利用海浪能發電具有如下優點：
1. 無窮資源：海洋佔地球表面積有十分之七，不須花錢買能源；
2. 可靠能源：不受國情與戰爭之影響；
3. 供電可靠：可 24 小時連續供電，不怕原料缺乏；
4. 乾淨能源：無環境污染；
5. 廠址易找：無土地問題；
6. 容易操作：僅需少數人員即可操作。

雖然海浪能具有上述諸項優點，目前海浪能之利用技術仍處於研究發展階段，除了小型應用外，仍無商業化之海浪能發電廠。因此，海浪能之發電效率仍不確定，據一般估計，未來商業化運轉之海浪能發電廠效率，將在 10～80 ％之間。目前積極從事海浪能發展之主要國家為英國、日本、挪威和美國。

4.6.1　海浪能之利用

曾至海邊戲水過之人們一定明白海浪之力量很強。有時，在海灘邊作日光浴，打至海岸邊之波浪不但能將人推倒，甚或能將人拉走；或是乘坐橡皮艇至海上，當大浪來臨時，橡皮艇往往會被推得很高，然瞬時後卻又跌入波底。利用這種海浪能來發電的構想，人類很早以前即已考慮到，然一直到最近二十年來，人類方認真考慮其實用性，由於它不必耗費燃料即可發電，另外又不會造成空氣污染，故漸受各國重視。

最早利用海浪能發電之國家，首推日本。於 1964 年，日本人設計出波力發電第一號，其用來指示航程之浮標，此種設備發電量很小。後來，日本人又造出一艘海浪能發電船，如圖 4.6.1 所示，船寬 12 公尺，長 80 公尺，內部可裝 11 台發電機，每部發電機平均發電量為 125 KW。

海浪能發電船之發電原理如圖 4.6.2 所示。左圖係當波浪自空氣室之底部上升，致使空氣被壓縮，水輪機即開始旋轉；此時，左邊之活門會自動地關閉，促使旋轉水輪機之空氣進入右邊之空氣室，而從右邊敞開之活門逸出。當然，右側空氣室裏的空氣亦會因壓縮而上升，但其會自動打開活門而向外排出

圖 4.6.1　海浪能發電船

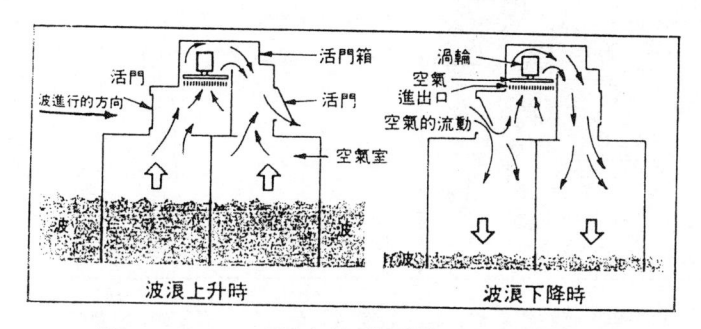

圖 4.6.2　海浪能發電船之發電原理圖

，故不會阻礙水輪機之旋轉。其次，當波浪下降時就如右圖所示，左右兩空氣室的容積均會增加，此時室內壓力會降低。因壓力之變化，右邊之活門將自動關閉，左邊活門則自動開啓，如此，右氣室之低壓會將左氣室之空氣吸過來。當然，左氣室之容積亦在增加中，不過，因左邊活門已開啓，將有充足空氣供應，故水輪機之方向保持不變。由上述可知，藉活門之自動開啓與關閉，即使波浪有漲退而使得空氣流動方向有所改變，但水輪機仍將繼續同方向旋轉而產生電力。

4.6.2　海浪能萃取裝置

目前提出之海浪能萃取器型式不少，茲列舉三種說明如下：

1. Russel 整流系統

如圖 4.6.3 所示，具有高低水面蓄水槽，蓄水槽以單向水閘隔離海水。海浪首先進入高水面槽，然後再流入低水面槽而推動低水頭渦輪機而發電。

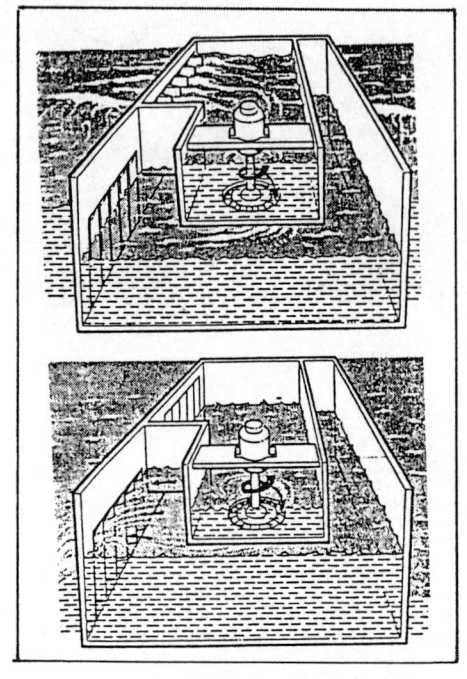

圖 4.6.3　Russel 整流系統 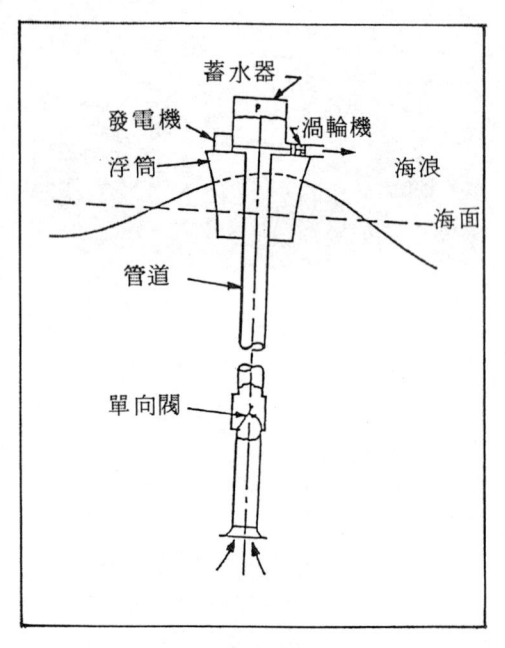　　圖 4.6.4　Issacs-Seymour 系統

2. Issacs — Seymour 系統

此裝置包含一浮筒，其中通以一長直管道，長直管道之底部直通海中。當浮筒隨海浪起伏，向下時，長直管道內閥門即打開使海水向上流動，而向上時，閥門關閉，不讓水流出。因此隨海浪之起伏，管道中之海水愈積愈多，直到蓄水器中空氣壓力高至無法再容納更多海水時，空氣壓力和流體之靜壓力水頭即起動渦輪機發電（見圖 4.6.4）。

3. Salter 鴨型萃取系統

如圖 4.6.5 所示，鴨型浮筒繞軸搖動而產生動力，此裝置之效率可達 80%，通常其以一串鴨形器運作。

4.6.3　環境衝擊

海浪能之萃取，可能導致重大或輕微生態之改變，其視海浪能之萃取地點而定。通常以風力能夠補充更新海浪所損失（被萃取）能量之地區為理想處所。假如在海灘地區萃取海浪能，將會嚴重影響沿岸地區之生態環境。

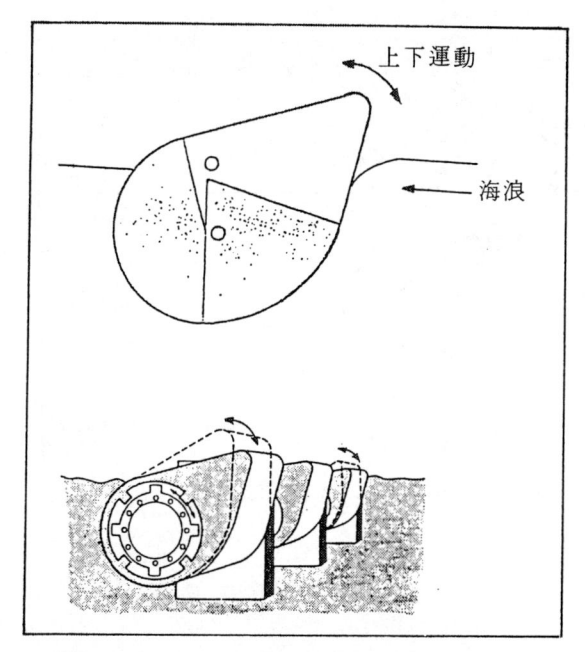

圖 4.6.5　Salter 鴨型萃取系統

　　一般砂土之冲蝕須賴海浪，若海浪能被萃取，而無法獲得補充，則冲蝕之砂土將堆置於海浪能萃取器與海岸之間。若海浪能萃取器放置於河口，則會產生三角洲，同時會改變鄰近地區海水之鹽梯度與溫度。

4.6.4　海浪能之未來展望

　　海浪能之大小，隨地區和季節會有變化。圖 4.6.6 顯示各地區之年平均海浪動力強度（kw／m）。此外，海浪動力頻率隨季節之變化頗大，如圖 4.6.7 所示，冬季之海浪動力頻率較大。全球海浪能資源約有 1～10TW，而全球今日能源之年消費量約為 9TW ，故海浪能之開發，對能源之短缺壓力亦可稍減。

　　如圖 4.6.8 所示係一環礁狀大型海浪能萃取系統構想圖。較大規模之海浪能源利用計劃，如圖 4.6.9 所示，基本構思乃利用上述之海浪能發電船，使其船頭對準海浪衝來之方向時，一旦海浪進入發電船下方，到達船尾方向時，波浪高度即減低至只有最初之三分之一或一半左右，因此其具有消波作用，故可當作防波堤使用。如此，只需在海岸邊排列幾艘此種大型之波力發電裝置

164　能源應用

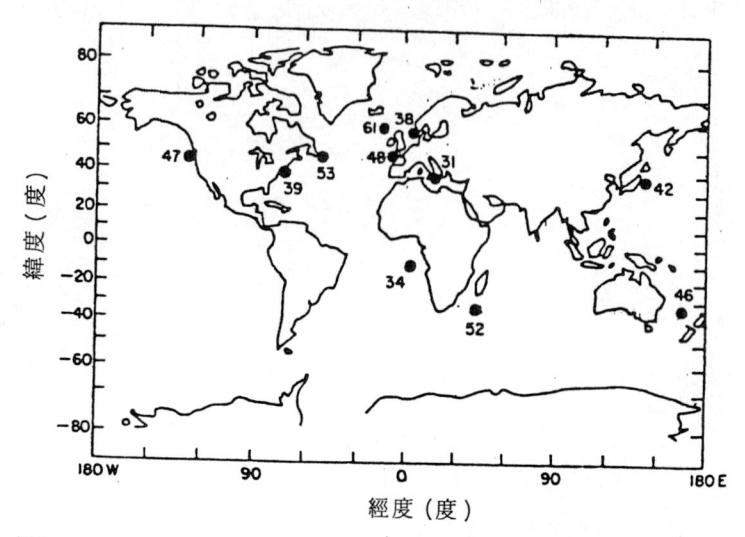

圖 4.6.6　一些地區之年平均海浪動力強度（kw／m）

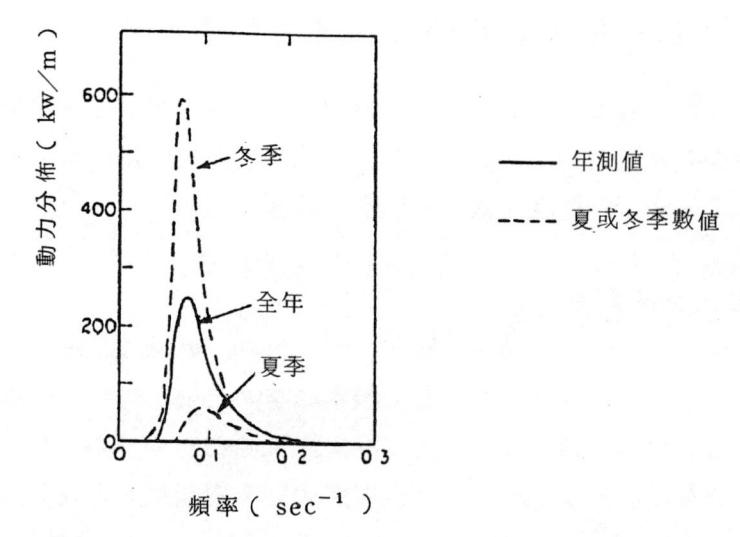

圖 4.6.7　於印度觀測站（59°N 19°W）測得之海浪動力頻率分佈

圖 4.6.8 海浪能萃取構想圖

圖4.6.9　海浪能開發之整體規劃

，如此吾人一方面可利用波浪能發電，另一方面則可享有消波作用，如此一來，吾人即可在防波堤內側設立遊樂設施甚或養殖魚類。

　　世界各國開始注意日本之海浪能發電船係自1979至1980間之事，經由國際能源組織主持數項實驗，獲得一項結果，即一艘發電船可產生2000KW之電力，其約可供一千戶人家一天之用電。換言之，若將此種海浪能發電船安置在台灣離島地區，如蘭嶼等海岸附近，則其所生產之電量，即足夠供應島上居民用電了。當然，此種發電船亦可安置於一般都市海岸附近，此外，如海上有石油油井探勘台，其亦可作為海上探勘石油之動力來源。

　　台灣屬於一海岸線很長的國家，先天上亦賦有豐富之海浪能資源，然有關此方面之研究與發展卻仍在起步中，如何多向鄰國日本學習此方面之科技，亟須吾人共同努力。

4 6.5　與海浪能有關詞彙

　　茲摘與海浪能應用有關詞彙如下：
1.波浪能（Wave energy）

波中的總能量為流體異於靜止水面之位能及運動水粒子動能的和。波能為由風而來，而風又是因太陽能所產生。

2. 波能譜（Wave energy spectrum）
由一取樣資料（通常為20.分鐘）所得波浪特性之描述。

3. 風浪（Wind sea）
波能譜之一部份，由當地風所造成的。

4. 湧浪（Swell）
波能譜的一部份，非當地風所造成，湧浪通常來自遠處所產生的波源且通常存在於波能譜低頻部的一狹窄頻帶中。

5. 波能裝置（Wave energy device）
一種設計來獲得波能以期轉換成有用能的裝置，此種能可能為電能或非電能，且可加以傳送至陸上或不可以傳送至陸上。

6. 波能發電機（Wave-powered generator）
為一種吸收波能裝置，能轉換抽取波能成為電能。

7. 波能氣輪機（Wave energy air turbine）
一種被設計經由空氣作為媒介用以從波浪之運動或壓力中抽取能源的渦輪機／發電機。

8. 海鴨子（Duck）
為一波能裝置，在一長形的圓柱形龍骨上，裝置有一系列的海鴨子，動力由龍骨上的海鴨子之相對運動而產生。

9. 筏（Raft）
為一波能裝置，由一連串鉸鏈相連的淺浮筒構成，動力是由相對的角運動產生。

10. 波浪能整流器（Wave energy rectifier）
為一種錨錠式波能裝置，由一上、下水位貯槽構成。具有一單向閥門，以便波峯時流入上水位貯槽，而波谷時水由下水位貯槽流出兩槽間之流動可使低水頭渦輪機運作。

4.7　海洋熱能轉換

百分之七十之地球表面為海洋，共約140百萬平方英哩，因此，海洋為最

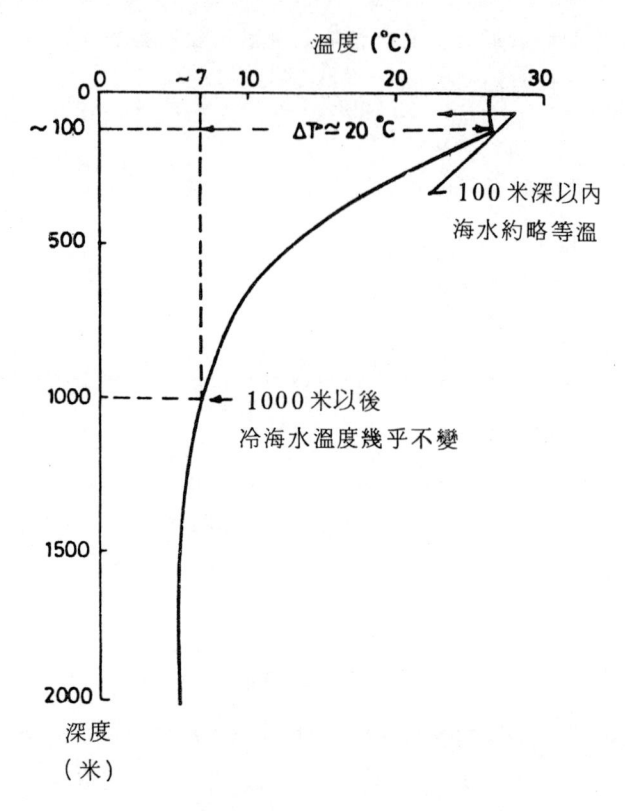

圖 4.7.1　典型熱帶地區之縱深溫度變化曲線

大之太陽能收集和貯存器。海洋表層與深層之溫度不同，一般在熱帶地區，地層與 1000 米深之海水溫差可達 25°C（見圖 4.7.1）。

海洋熱能轉換（簡稱OTEC），係利用海水溫差而產生動力。根據熱力公式，熱機如於 7°C 與 27°C 間運作，則其理論上最大效率為：

$$\eta_{max} = \frac{T_h - T_e}{T_h} = \frac{27-7}{273+27} = \frac{20}{300} = 0.067 \simeq 7\%$$

與潮汐或風能不同，海洋中所貯存之熱能可連續地利用。理論上，只要有溫差存在，即可抽取能量。實際上，溫差若愈大，則OTEC之效率愈高，成本愈低，因此，OTEC 最適合熱帶或亞熱帶地區（見圖 4.7.2）之發展。

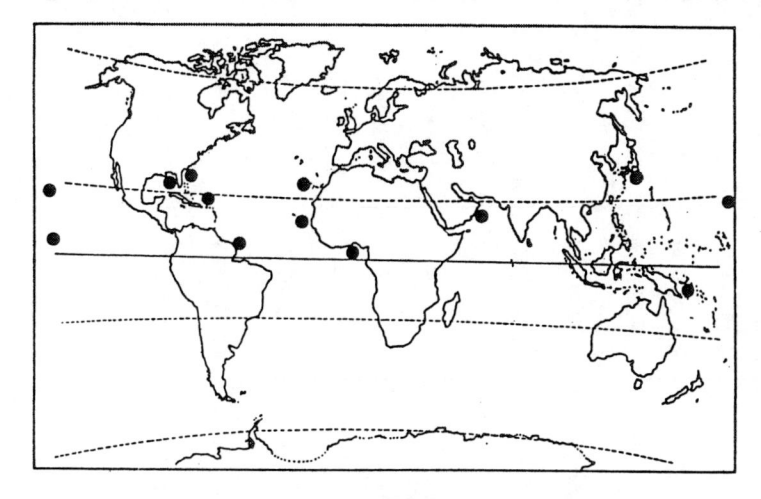

圖 4.7.2　適合發展 OTEC 之地區

4.7.1　海洋熱能之利用

　　海洋熱能用作發電的發展已具有久遠歷史，於 1881 年即有人提議利用海水溫差使熱機操作。至 1926 年，法國科學家 G. Claude 完成第一個溫差發電實驗，據英國工業新聞報導，此項實驗進行情形如下：「實驗是先在一個 25 ℓ 之燒瓶中注入 28°C 的溫水，而在另一燒瓶中放進冰塊，隨後用真空泵將其中之空氣抽出，如此一來，溫水即告沸騰並產生水蒸汽，水蒸汽由噴嘴噴出後衝向水輪機葉片，水輪機隨即轉動並帶動與其連接之發電機作 5000 r.p.m 之運轉，而使 3 個小燈泡點亮 8～10 分鐘。當溫水之溫度降低至 20°C 時，蒸發即告停止。」，雖然此項實驗裝置異常簡單，但業已引起世人對溫差發電之注意。

　　於 1964 年，美國人 Anderson 申請「自天然水中取得動力之方法及其裝置」之發明專利，因此項發明相當優異，促進今日研究海洋溫差發電之興趣。至於日本亦在 1974 年開始進行所謂之「陽光計劃」，其中即包括了海洋溫差發電此一項目。

　　表 4.7.1 所列乃迄 1977 年止所曾提議過之各種海洋溫差發電方案之特性及成本。近年來有關海洋溫差發電之論述及報導普遍增多，此表示此項科技正逐日受到世界各國的重視。

表 4.7.1　各種型式海洋溫差電廠之比較

項　目	TRW 公司	洛克希德公司	約翰霍普金斯大學	麻薩諸塞大學	卡內基美侖大學	日　本
發表時間	1975	1975	1975	1975	1975	1976
技術水準	現狀技術	現狀技術	現狀技術	未來技術	未來技術	現狀技術
研究項目重點	發電系統與構造物	發電系統與構造物	發電系統與氫製造	發電系統	發電系統	發電系統及關連事項全部
設置海域	熱帶地方	全地域	熱帶地方	墨西哥灣	墨西哥灣	熱帶地方指向
發生電力利用	未明示（鋁製品為主）	未明示（送電指向）	製造氫	未明示	未明示	氫製造指向
工作流體	氨	氨	氨	閃　烷	氨	氨
構造體型式	海上浮動式	半潛水式	半潛水式	潛水式	—	海上浮動式
位置保持型式	使用排水噴流	一點繫留式	—	—	—	推進器
熱交換器 蒸發器	水平管外	傾斜管外	垂直管內	板鰭	溝紋型	水平管式
熱交換器 凝結器	水平管外	水平管外噴流型	垂直管外	板鰭	溝紋流下液膜	水平管外
熱交換器材質	鈦	鈦	鋁	90-10銅鎳合金	—	鈦
總成本（萬日元／KW）	54.18	79.8	10.71	18.89	13.06～35.92	57.66

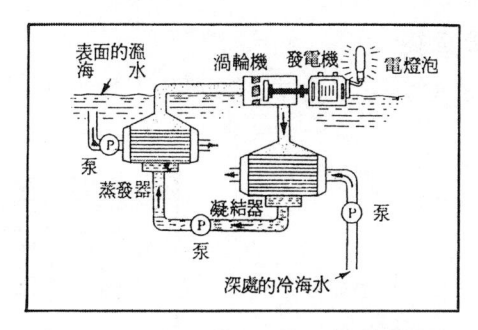

圖 4.7.3　OTEC 系統結構圖

4.7.2　海洋溫差發電原理

　　吾人已知表層海水與深層海水間存在有溫度差異，而利用這些溫差將熱能轉換成電力的方式，即為海洋溫差發電。如何利用海水溫差發電呢？原理其實非常簡單。

　　圖 4.7.3 所示為海洋溫差發電系統之概略結構，茲就該圖說明海洋溫差發電的原理。如圖中海洋溫差發電系統是由蒸發器、渦輪機、發電機、凝結器、工作流體泵浦、表層海水泵浦及深層海水泵浦等幾部分組成。

　　各組成部分間係由巨大管子連接。蒸發器一般是由內部裝有許多小圓管或薄板之大圓筒構成，當某種約在 13～25°C 即會蒸發之液體物質（這種液體物質一般稱為工作流體或工作媒體）流入其間，並導入 15～28°C 的表層海水（表層海水亦稱為溫海水）時，工作流體因受溫海水加熱，而致沸騰蒸發成蒸汽，這些蒸汽經由連接管路送到渦輪機部分使其轉動。渦輪機與風車類似，遇有高速蒸汽通過便能使其轉動，並帶動連接的發電機發電。另方面，自渦輪機逸出之蒸汽則匯入凝結器。凝結器與蒸發器一樣，通常是由內部裝有許多小圓管或薄板的大圓筒所構成。當由渦輪機逸出的蒸汽流入其間並導入 1～7°C 的深層海水（亦稱冷海水）時，這些蒸汽因受冷海水冷卻而在圓管或薄板的表面凝結成液體，凝結成液態的工作流體隨後由泵浦重新送回蒸發器。這樣的操作循環週而復始不斷地進行，只要表層海水（溫海水）與深層海水（冷海水）間存有溫差，即能經由上述循環從海水中不斷獲得電力。

　　上述發電方式，原理上並不特別新穎，與目前使用的大多數火力發電廠或核能發電廠幾乎相同。

4.7.3 海洋溫差發電系統

海洋溫差發電系統依照發電方式以及海水利用的方法，可分成下列幾種：

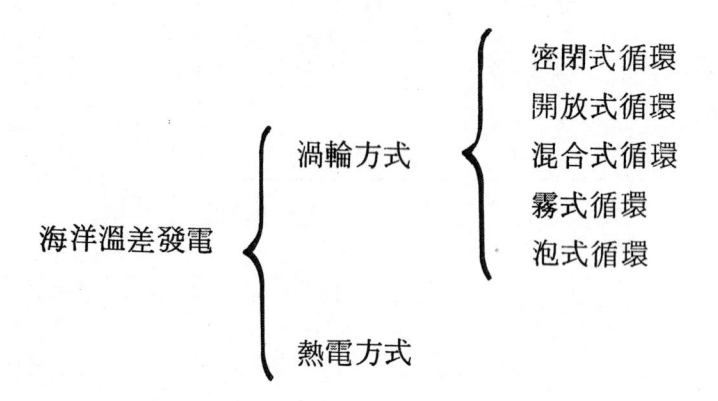

$$\text{海洋溫差發電} \begin{cases} \text{渦輪方式} \begin{cases} \text{密閉式循環} \\ \text{開放式循環} \\ \text{混合式循環} \\ \text{霧式循環} \\ \text{泡式循環} \end{cases} \\ \text{熱電方式} \end{cases}$$

以上發電方式於此將分予敍述：

〔1〕密閉式循環（ closed cycle ） 海洋溫差發電系統

　　密閉式循環海洋溫差發電系統的原理可以圖 4.7.4 表示，其發電方式基本上與目前使用的火力發電或核能發電類似。首先於蒸發器中放入 15～25°C 即會蒸發之物質，即所謂的工作流體，然後通入由泵汲取大約 18～30°C 的表層海水或溫海水。蒸發器中的工作流體因受熱沸騰而產生蒸汽，蒸汽通過渦輪機並使其轉動，而連接在渦輪機上的發電機亦因此被帶動而發電。另外由渦輪機逸出的蒸汽則被導入凝結器，而在該處受到由冷水泵汲取的深層海水（冷

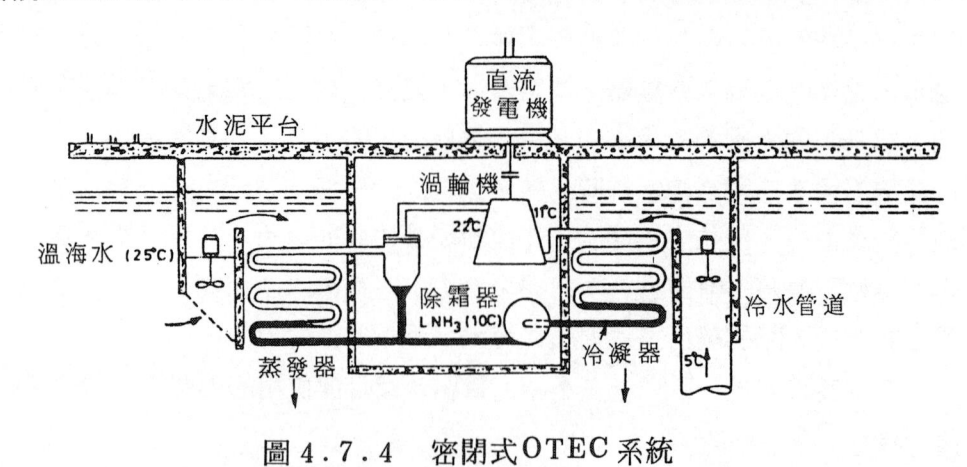

圖 4.7.4　密閉式 OTEC 系統

海水)冷却,恢復成原來的液態,再經工作流體泵送回蒸發器。如此,工作流體在蒸發器→渦輪機→凝結器→泵→蒸發器中不斷地循環,此種方式稱為密閉式循環系統。使用此種方式的海洋溫差發電系統,大多利用水以外的物質作為工作流體。據統計,最近海洋溫差發電的發展多以這種發電方式為主。

使用這種密閉式循環系統,將面臨「應採用何種工作流體?」的問題。事實上有許多物質被列入工作流體的考慮,不過目前仍以氨或Freon 22比較適當。使用氨或Freon 22,則渦輪機的尺寸將可顯著縮小,而使製造一部35 MW的渦輪機變為可行。但使用氨或Freon 22,必須要有相當大的蒸發器及凝結器配合,建造費用頗巨。因此,採用密閉式循環系統時,如何使蒸發器或凝結器的尺寸變小而且造價低廉,即為吾人努力之目標。

〔2〕開放式循環(open cycle)海洋溫差發電系統

開放式循環海洋溫差發電系統的原理可以圖 4.7.5 來說明,其係根據 G. Claude 構想所繪製的。此種系統,首先以真空泵將蒸發器→渦輪機→凝結器中的空氣除去。此時,必須使外面空氣無法滲入,而內部氣壓低於大氣壓力。當內部壓力約低至 0.034 氣壓(即 25.2 絕對毫米汞柱)時,將28°C 的表層海水引入蒸發器中。進入蒸發器中的海水隨即開始蒸發,蒸發產生的水蒸汽通到渦輪機使渦輪機迴轉,同時帶動發電機運轉發電。另外,從渦輪機逸出

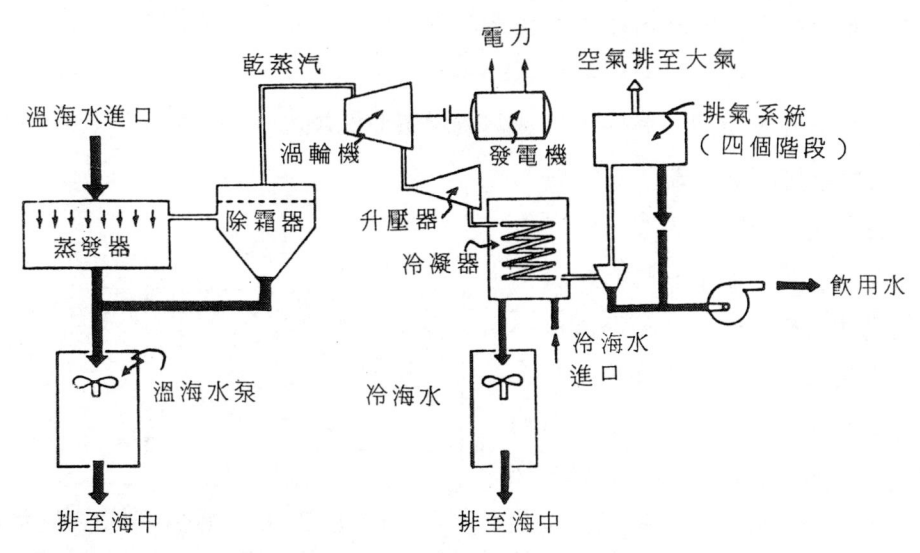

圖 4.7.5　開放式OTEC系統

的水蒸汽則進入凝結器，經深層海水冷却後變成水。於開放循環系統中，由蒸汽變成的水，不再囘到蒸發器，而被當作飲用水等使用。因工作流體不做囘路循環，故稱為開放式循環系統。

開放式循環系統係 Claude 開發的，與密閉式循環系統不同，表層海水不但是加熱源，同時有一部分將變成工作流體。這與密閉式循環系統比較，優點固然有，缺點卻更多。因此，近年來有關海洋溫差發電的開發漸不被重視。在日本，幾乎沒人研究此種系統，不過目前法國政府以及美國西屋公司仍在進行詳細的檢討，根據西屋公司 D.A.Horazak 研究，當出力在 50MW 以上時，開放式循環系統較密閉式循環系統較具經濟性。

這種開放式循環系統係利用低壓水蒸汽作爲工作流體，若要製造大出力的渦輪機，一般技術恐有困難。而且，蒸發器與凝結器間壓力差很小，水蒸汽系統的管徑須更大。此外，溶於海水中的瓦斯亦須使用眞空泵浦去除，更使動力需求加大。因此，於開放式循環系統方面，仍有一些特殊技術尙待突破。

〔3〕混合式循環（ hybrid cycle ）海洋溫差發電系統

混合式循環系統的原理可以圖 4.7.6 來表示，其由密閉式循環系統及開放式循環系統組合而成。圖中所示係於密閉式循環中以氨作爲工作流體的情形。首先將閃化式蒸發器所產生的水蒸汽導入氨蒸發器，氨經過水蒸汽加熱而告蒸發，而後氨蒸汽隨卽使渦輪機廻轉。至於水蒸汽則因爲氨而冷却成水，這些水可當飲用水等使用。另外，自渦輪機逸出的氨蒸汽，則經深層海水冷却而液化，再由泵送囘蒸發器。

採用此種系統，具有可從海水中提取淡水同時亦可發電的優點。而且這種系統，氨的蒸發器因不直接引入海水，不受海水污染，故而蒸發器的性能不致降低，此與其他系統比較亦是優點之一。若與密閉式循環系統比較，此種系統因需更多機器設備，因此經濟方面有待商

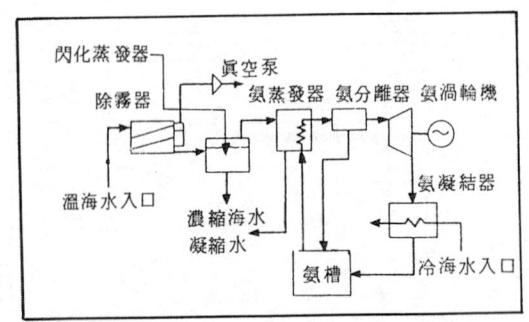

圖 4.7.6　混合式 OTEC 系統

圖 4.7.7　霧式 OTEC 系統　　　　圖 4.7.8　泡式 OTEC 系統

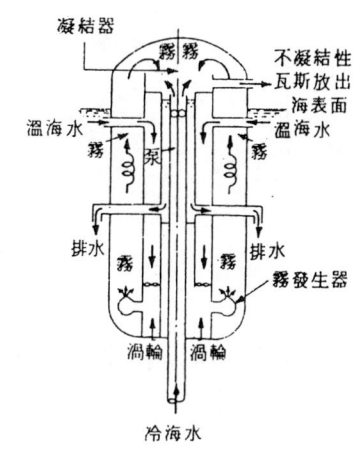

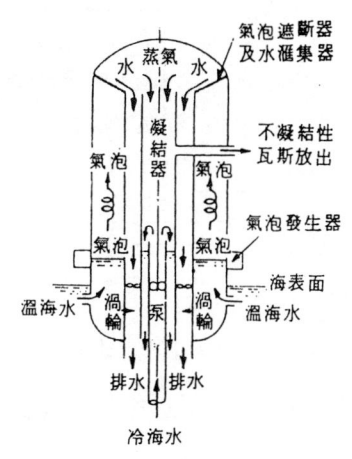

權之處仍多。雖然如此，如需利用海洋溫差發電製造淡水，並製造其他如氫或氨等能源物質時，則這種系統仍值得開發。

〔4〕霧式循環（ mist cycle ）海洋溫差發電系統

霧式循環系統是由 Charwat 等人所提出的構想。如圖 4.7.7 所示，令表層溫海水藉重力流下推動水輪機帶動發電機發電。而由水輪機逸出的海水則被導入霧化器，化成霧狀的溫海水進入凝結器，經深層冷海水冷却後，凝結成水排出。

〔5〕泡式循環（ foam cycle ）海洋溫差發電系統

泡式循環系統是 Zener 提出的構想，如圖 4.7.8 所示表層的溫海水、氣泡、水蒸汽夾雜上昇後，經氣泡斷路器將氣泡及海水分離出來。海水藉重力流下推動水輪機帶動發電機發電。另外，由氣泡遮斷器分離出來的水蒸汽，則經深層冷海水冷却後，凝結成水排出。

〔6〕熱電方式

當兩種不同金屬接續一起，且兩端有溫度差時，卽會產生電力，此種現象稱爲熱電流效應。熱電方式卽利用此種效應將海洋熱能直接轉換爲電力。此種熱電方式很早以前卽被發現，但最近有人提出利用半導體熱電方式的新構想。

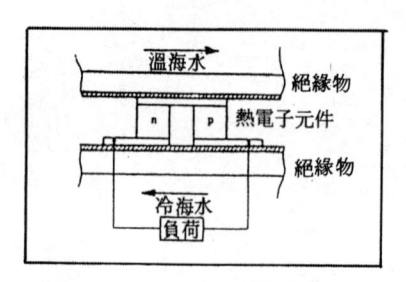

圖4.7.9 熱電原理

如圖4.7.9 所示即其原理，亦即於半導體內側通入溫海水及冷海水後，即可直接獲得電力。此種發電方式之轉換效率可以下式表示：

$$\eta = \left[(1+T_{av})^{1/2} - 1\right] / \left[(1+ZT_{av})^{1/2} + \frac{T_c}{T_H}\right] \cdot \eta_c = K\eta_c$$

式中，η_c：卡諾(Carnot)效率，$T_{av} = (T_c + T_H)/2$，T_H：溫海水溫度，T_c：冷海水溫度，Z：表示熱電元件之特性常數。

由上式可知，當溫度差為20°C時，若其效率要達到卡諾效率的20%，則Z必須在4×10^{-3}以上。但迄今所開發的熱電元件，其常溫時的特性常數僅及2.5×10^{-3}左右，故以目前的情況還無法達到實用化。如果，Z之值為$6 \times 10^{-3} \sim 10 \times 10^{-3}$左右的元件能開發成功，則小容量的裝置或有希望。

以上提到有關海洋溫差發電曾經被考慮過的幾種發電方式，這些發電方式，均各有優缺點，而每一種方式經研究人員進行經濟評估，亦已肯定其實用化的潛力。但迄目前為止的研究，如就技術開發的進度、發電的穩定性、以及效率等方面而言，仍以密閉式循環系統為佳。

4.7.4 OTEC未來展望

綜言之，OTEC 系統具有許多優點：
- 不需燃料—僅賴海水本身溫差產生動力；
- 不需土地—以廣大海洋為基地；
- 連續供應能量—與間歇性能源如太陽、潮汐能及風能不同。

未來 OTEC 發展傾向仍以海洋溫差發電為主，欲使此種發電方式能同火力發電或核能發電提供低成本電力供家庭或工業使用，則吾人必須考慮以下一些實際可能遭遇到的問題，並且妥善解決之方法。

1. 是否有進行海洋溫差發電所需溫差

    欲瞭解海水溫度的差異，須對海水縱向的溫度予以測定。同時，其他有關海域之海流速度、有無漁場、以及颱風頻度等條件亦須加以瞭解。

2. 可否建造經濟可行的發電系統

    為此，必須檢討下列各點：
    - 宜採用何種工作流體
    - 蒸發器宜採用那一種材料、型式及規格
    - 凝結器宜採用那一種材料、型式及規格
    - 渦輪機宜採用那一種材料、型式及規格
    - 海水泵宜採用那一種材料、型式及規格
    - 發電機的選擇
    - 其他系統的配合

3. 能否建造便宜、耐用而且隔熱的冷水管路

    研究採用什麼材料比較適當（混凝土、鋼材、或塑膠），且對於波浪及潮流的耐荷強度亦須加以計算。

4. 發電廠應該設在何處

    海洋溫差電廠是否和目前一般的電廠一樣設在陸上，抑或浮在海上或沉於海中較佳？均須詳加評估。如設在陸上，則必須檢討冷水管路安裝的方法，冷水泵的動力以及建造費用等等。如果設在海中，則須檢討一下電廠的型式，尤其須要研究開發如何使電廠固定的方法。

5. 發出的電力必須夠經濟地加以利用。

    至於利用的方法宜考慮下列幾項：
    - 將發出的電力直接輸送到陸地上使用
    - 利用所發電力生產其他能源物質
    - 發出的電力能在電廠附近全部予以利用

6. 不致破壞發電廠設置地區或海域的環境

此即所謂環境評估之研究，於今後能源的開發上是絕對必要的。
7. 須檢討有關設置海洋溫差電廠之法律問題

海洋廣闊海水長流，雖然一切構想僅及於自己的領海，可是海水通達世界各國。因此，有關海洋的利用須有許多國際法方面的法律基礎，亦即需要具備很多法律方面的知識。

以上所舉為進行海洋溫差發電實用化時將面臨的諸多問題，其中有許多問題於建造現有之火力發電廠及核能發電廠時均已檢討過，故並非特別新奇之問題，然解決這些問題之方法卻可能不同於火力發電或核能發電，須有賴吾人繼續努力研究開發之。

4.7.5 與海洋熱能有關詞彙

茲摘列與海洋熱能應用有關之詞彙如下：

1. 海洋熱能轉換（Ocean thermal energy conversion 簡稱 OTEC）

    海洋熱能轉換（OTEC）利用深部海水與表面海水之溫度差以產生有用之能。此溫差構成一熱系統可用來蒸發及冷凝某種工作流體，如氨或丙烷以推動渦輪機或其他熱機

2. 海洋熱梯度（Ocean thermal gradients）

    深部海水與表面海水之溫度差，一般約在 14～25°C 之間。

3. 迷你型 OTEC（Mini-OTEC）

    美國於 1979 年在夏威夷州 Kona 外海進行密閉循環式之海洋溫差發電電廠，其獲約 50 KW 電力。

4.8 生質能

有機物亦稱生質（biomass），其能直接或間接地充當燃料使用。生質之主要成分為碳氫化合物，追根究底其係來自植物之光合作用。每年地球上植物界之光合作用約吸收 3×10^{21} 焦耳之太陽能－此乃今日全球年總消費能量之 10 倍。前章中所述之化石燃料，事實上即數百萬年前植物行光合作用之產物。

檢視未來各種具有潛力之可能能源中，生質能於滿足未來之能量需求－例如，家庭需求、偏遠地區之開發或石油之取代等，均將扮演相當重要之角色。生質能具備下列優點(1)提供低硫燃料，(2)提供廉價能源（於某些條件之下），(3)將生質轉化成燃料可減少環境公害（例如，垃圾→燃料），(4)與其他非**傳統**性能源相較，技術上之難題較少。至於其缺點則有(1)植物僅能將極少量之太陽能轉化成生質，(2)單位土地面積之生質能密度偏低，(3)缺乏適合栽種植物之土地，(4)生質之水分偏多（50～95％）。

4.8.1 生質之來源

具有潛力可直接充當燃料、或間接轉化至較方便運輸之燃料（液體）或電力之生質來源有許多種類，茲分述如下：

1. 牲畜糞便

　　如牛、羊、豬、馬與駱駝等牲畜之糞便，經乾燥後可直接燃燒供應熱能。若糞便經過厭氧處理（anaerobic treatment），會產生甲烷和可供肥料使用之淤渣（slurry）。利用小型厭氧消化槽（anaerobic digestor），僅需三至四頭牲畜之糞便即能滿足低度開發國家中小家庭每天能量之需求。一般家畜糞便之產量可參考表4.8.1。

2. 農作物殘渣

　　農作物之殘渣已被考慮用做生質能轉化之原料，例如，稻米與玉蜀黍之

表4.8.1　各種家畜糞便產量

動　　物	糞便產量（公噸／頭／年）
牛、駱駝	1.00
馬、騾	0.75
豬	0.3
綿羊、山羊	0.15
雞	0.005

資料來源：世界銀行（1979），開發中國家傳統與
　　　　　非傳統能源之展望

殘渣產量約為4公噸／公頃。然而移除農作物殘渣會嚴重影響農田之養分，此外，農作物殘渣遺留於耕地上亦具有水土保持與土壤結構維護之功能，因此，農作物殘渣不可毫無限制地供作能源轉換。各種農作物殘渣之生產力，參見表4.8.2。

表4.8.2　開發中國家主要農作物之殘渣產量（每公頃）

作 物	穀物產量[1] 公噸／公頃／年 範　圍	平　均	穀物：殘渣	殘渣產量[2] 公噸／公頃／年 範　圍	平均
稻米	0.7～5.7	(2.5)	1:2	1.4～11.4	(5.0)
小麥	0.6～3.6	(1.5)	1:1.75	1.4～6.1	(2.6)
玉蜀黍	0.5～3.7	(1.7)	1:2.5	1.3～9.3	(4.3)
蘆粟	0.3～3.2	(1.0)	1:1.75	0.8～8	(2.5)
大麥	0.4～3.1	(2.0)	1:1.75	0.7～5.4	(3.5)
粟	0.5～3.7	(0.5)	1:2	1.0～7.4	(1.2)

資料來源：1. 1979　FAC生產年鑑
　　　　　2. 世界銀行（1979），開發中國家傳統與非傳統能源之展望

3. 薪　柴

薪柴至今仍為許多開發中國家或未開發國家之重要能源，於這些國家居住於窮鄉僻壤之人家，仍需仰賴薪柴以滿足大部分能量需求。薪柴亦為這些國家某些行業－例如，磚窯業或冶陶業之重要能源。即使是已開發國家，例如，瑞士，薪柴亦佔全國5.6％之總能量需求。不過由於日益增加薪柴之需求，將導致林地日減，需適當規劃與植林方可解決此一問題。

4. 製糖作物

對具有廣大未利用土地與適宜種植製糖作物之國家而言，如將製糖作物轉化成乙醇將可成為一種極富潛力之生質能。製糖作物最大之優點，乃在於可直接將其醱酵（fermentation）變成乙醇。

5. 城市垃圾

一般城市垃圾主要成分為紙屑（佔40％）、紡織廢料（佔20％）與

廢棄食物（佔20％）。將城市垃圾直接燃燒將可產生熱能，或是經過熱解（pyrolysis）處理而製成燃料使用。

6. 城市污水

一般城市污水約含有0.02～0.03％固體與99％以上之水分。下水道污泥（sewage sludge）有望成為厭氧消化槽之主要基質。

7. 水生植物

利用水生植物轉化成燃料亦為增加能源供應方法之一。水生植物如水風信子（water hyacinth），俗稱布袋蓮（見圖4.8.1），於許多地方均有。成長迅速之布袋蓮很惹人厭，因其阻礙船隻航行與水上運動，如將其轉用於生產能源方面則同時亦可減少其清除問題。

8. 能源作物

種植能源作物亦為增加生質能方法之一，目前較具發展潛力之能源作物

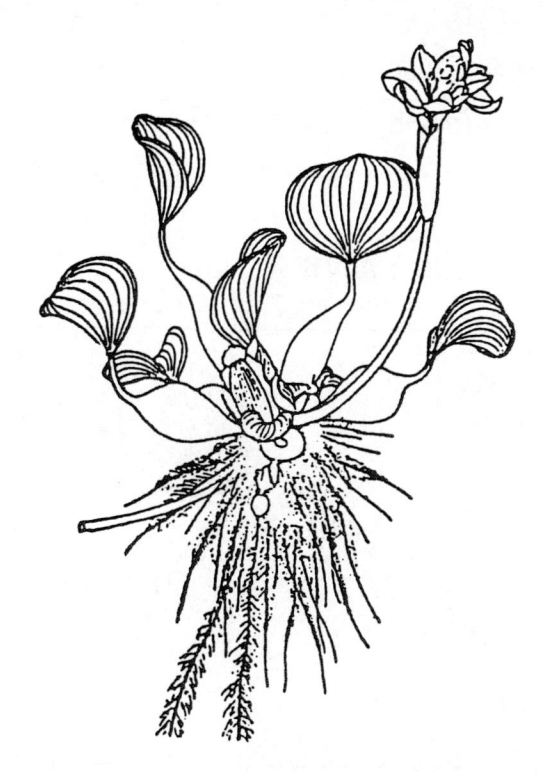

圖4.8.1　水風信子（布袋蓮）

182　能源應用

包括：
* 快速成長作物樹木
* 糖與澱粉作物（供製造乙醇）
* 含油與碳氫化合物作物
* 草本作物
* 水生植物

4.8.2　生質轉化程序

將生質轉化能源使用，已有許多技術可以採用。各種生質最有效利用之方法，即其只要含有少量水分，則可在靠近產地附近將其直接燃燒產生熱能。但此種使用方式極受限制，因一般能源需求常遠離生質產地，且直接加熱燃燒並非唯一能量需求方式。欲減輕運輸問題且增加生質能之用途，吾人常將生質轉化成各種易於使用之燃料，這些燃料（例如，木炭、乙醇與甲烷等）可供各式設備利用並滿足各種能源需求。生質之主要轉化利用方法列於圖4.8.2，一般言之，這些技術均以生化轉化（bio-chemical conversion）或熱化學轉化（thermo-chemical conversion）為主，茲分述如下：

〔1〕生化轉化程序

生化轉化過程主要包括下述兩種：

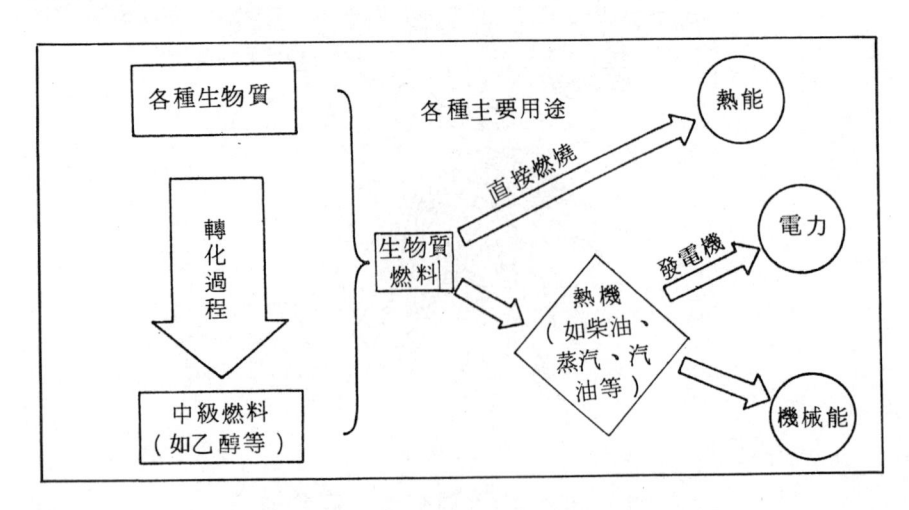

圖4.8.2　生質轉化能源之方法

1. 厭氧消化製造甲烷；
2. 乙醇醱酵（ ethanol fermentation ）。

〔2〕熱化學轉化程序

通常生質於高溫中較不安定，易變成較小分子之液態或氣態物質。燃燒為激烈之氧化作用，一般會生成CO_2與H_2O之產物。如適當控制燃燒過程之溫度、壓力、催化劑與供氧量，即可造成不完全燃燒反應，因而製成各式燃料。主要熱化學轉化過程有（參見圖4.8.3）：

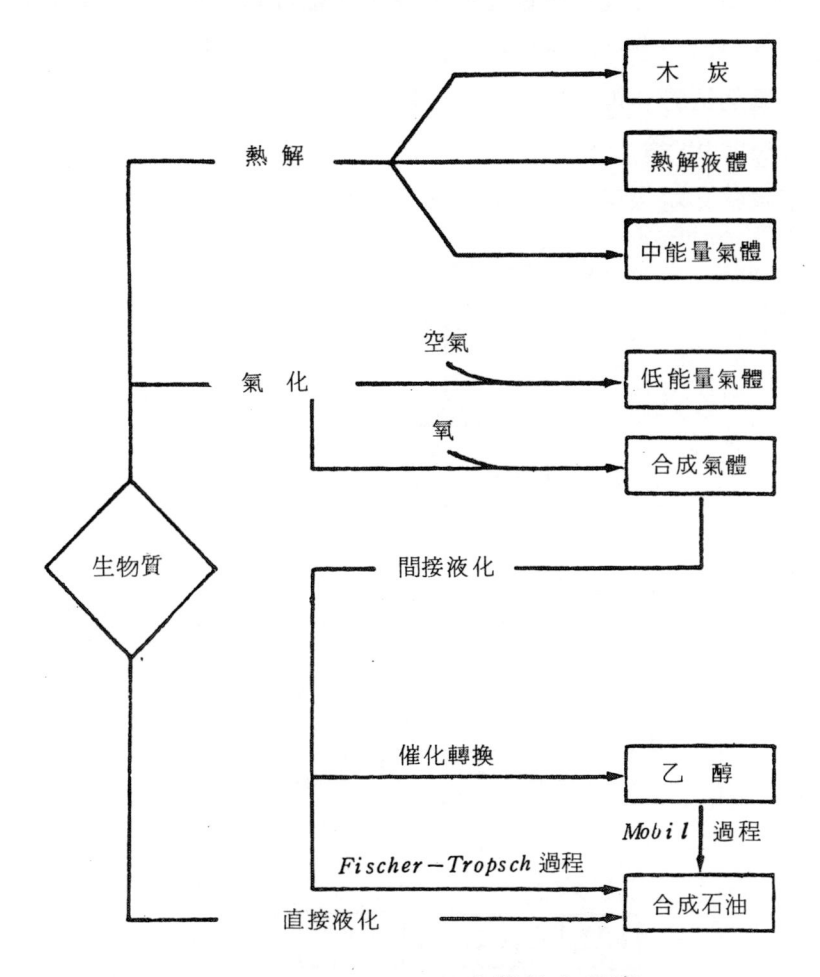

圖4.8.3 熱化學轉化程序

1. 熱解／生產木炭；
2. 生質之氣化；
3. 生質之液化－直接或間接方式。

以下詳述各種生質轉化成能源之方法：

一、厭氧消化

厭氧消化為一生化轉化過程，依靠不需氧微生物將有機固體轉化成甲烷、二氧化碳、氫與其他產物，整個轉化過程可區分成三大步驟，如圖 4.8.4 所示。首先將不可溶複合有機物轉化成可溶化合物；然後可溶化合物再轉化成短鏈（Short chain）酸與乙醇；最後，第二步驟的產物再經各種厭氧菌（不需氧氣生物）轉化成氣體，一般最後產物含有 50～80％之甲烷，最典型產物為含 65％ 之甲烷與 35％之二氧化碳。

都市廢物（垃圾或污水）與家畜糞便為最適當之厭氧消化原料，可產製

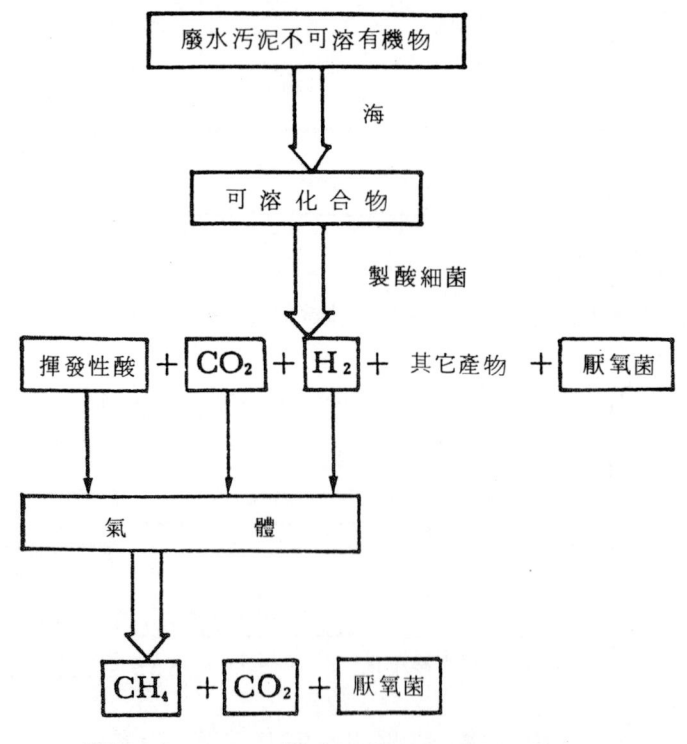

```
         ┌─────────────────────┐
         │ 廢水污泥不可溶有機物 │
         └──────────┬──────────┘
                    │ 海
                    ▼
            ┌──────────────┐
            │  可溶化合物  │
            └──────┬───────┘
                   │ 製酸細菌
                   ▼
┌────────┐  ┌─────┐  ┌────┐                ┌──────┐
│揮發性酸│+ │ CO₂ │+ │ H₂ │+ 其它產物 +  │厭氧菌│
└───┬────┘  └──┬──┘  └─┬──┘                └──────┘
    │          │       │
    ▼          ▼       ▼
┌──────────────────────────┐
│          氣    體        │
└─────────────┬────────────┘
              ▼
       ┌─────┐  ┌─────┐   ┌──────┐
       │ CH₄ │+ │ CO₂ │+ │厭氧菌│
       └─────┘  └─────┘   └──────┘
```

圖 4.8.4　工業廢水污泥之厭氧處理

甲烷。某些水生植物，如布袋蓮、海藻等，亦可用於厭氧消化，其均為未來很有利用價值之能源。

有機物之厭氧消化有益於污染管制，且為有效生產能量之工具。其主要優點為(1)可利用水分含量達99％之生質，(2)可小規模利用，(3)淤渣亦能充當農作物之肥料。至於主要缺點為(1)大量廢水極需適當處置，(2)氣體產品貯藏費用高，(3)嚴寒天氣時，須燃燒大部分氣體燃燒產物，以維持厭氧消化槽之操作溫度。

二、乙醇醱酵

糖類作物施以酵母醱酵可製成乙醇。一般所謂之乙醇整批製程（batch process），係先將醱酵物（糖類作物）稀釋至糖分約為20％（重量），且酸化至pH 4～5，再加入酵母（約5％，體積），俟乙醇成分累積至8～10％，再將液體施以分餾和精煉。一般2.5加侖糖蜜或5.85公斤糖（約21842 Kcal）可製造1加侖之乙醇（3.79升，21257 Kcal），因此在整個醱酵過程中幾無能量損失。

若使用澱粉作物（例如，玉米、大麥）做醱酵基質，必須先將澱粉轉換成可醱酵糖分，然後再進行醱酵。

可供醱酵產製乙醇之作物，包括有甘蔗、蘆粟、樹薯與甜菜等。依據估計，由作物醱酵產製乙醇之費用約為每公升0.34美元，其高生產成本是由於(1)製程為整批式而非連續的，(2)最終產物（乙醇）含有酵母須再精煉處理故也。

三、熱解

熱解亦稱為乾餾（destructive distillation），為一在缺氧狀況下之不可逆加熱作用。將生質施以熱解會產生氣體、液體與固體產物，大多數熱解氣體（pyrogas）之主要成分為H_2、CO_2、CO、CH_4與少量碳氫化合物（例如，乙烷）；熱解液體一般含有乙醇、醋酸、水或焦油（tars）等；至於熱解固體殘餘物含有炭（例如，木炭）與灰分等。因此，藉由熱解可將生質轉換成有價值之化學品與工業原料。圖4.8.5為熱解程序圖，典型之熱解過程包括下列處理程序(1)原料粗碎，(2)烘乾粗碎原料，(3)去除雜質

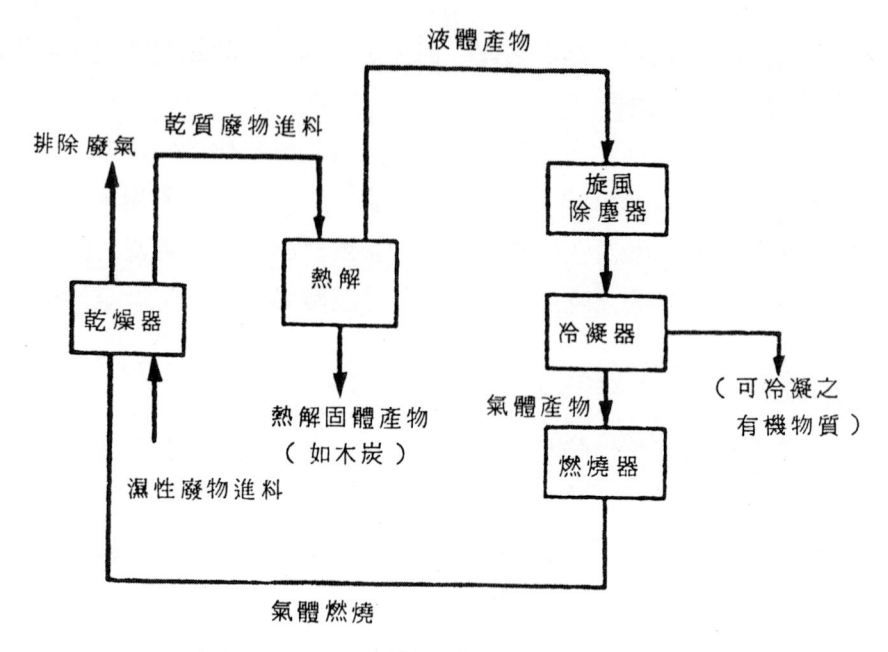

圖 4.8.5　熱解程序圖

，(4)原料細碎，(5)熱解，(6)冷却產物，(7)貯存與分配產物。

　　熱解加熱過程中，固態生質一般於 300°C 以上開始進行熱解，某些催化劑（例如，氯化鋅）可降低熱解反應之起始溫度。此類熱解反應非常複雜並且產物成分常隨熱解原料與反應狀態有很大變化，通常低溫與緩慢加熱可產生大量固體產物，而快速加熱與高溫將產生較多氣體產物，操作溫亦會影響氣體產物之品質。假若引入空氣以維持燃燒，則氣體產物含有大量之氮，此氮成分將會形成氮之氧化物，因而降低氣體燃料之熱含量。

　　薪材熱解作用一般係在大氣壓與 200°C～600°C 溫度之間進行，於此狀況下典型之產物包括：

- 木　　炭　　　30～35％
- 有機液體　　　18～20％
- 氣　　體　　　20％

（註：產品重量相對於乾燥進料之重量）

　　如果將薪材加熱至 1100°C，熱解作用依然存在。於此狀況下，大部分液體與固體分餾物將進一步分解，故有較多氣體產物產生，且由於氫氣成分

增加,故所生產熱解氣體之熱含量較多。

㈣氣化

生質之氣化乃藉熱化學反應將固體燃料轉化成可燃氣體。完全燃燒必須發生在有充分氧氣供應之狀況下,而生質氣化作用則必須在氧氣不足之狀況下進行。氣化過程之主要反應為:

$$C + \frac{1}{2}O_2 \longrightarrow CO \qquad 放熱$$
$$C + H_2O \longrightarrow CO + H_2 \qquad 吸熱$$
$$CO + H_2O \longrightarrow CO_2 + H_2 \qquad 放熱$$
$$C + 2H_2 \longrightarrow CH_4 \qquad 放熱$$

最簡單之氣化作用方式為空氣氣化（air gasification）,其為生質在有限量空氣之下進行不完全燃燒反應。空氣氣化爐構造簡單、價格便宜並且可靠性高,主要缺點在於所產生氣體被空氣中氮氣所稀釋,因此氣體產物之熱值低,經濟效益不高。

氧氣化（oxygen gasification）係利用氧氣進行不完全燃燒反應,因此氣體產物不為氮氣稀釋,熱值較高。其主要缺點是需要增設氧氣工廠因而增加氣化成本。

常見氣化爐（gasifier）型式有(1)向上通風（updraft)氣化爐(2)向下通風（downdraft）氣化爐,與(3)流體化床（fluidized bed）氣化爐,分別見圖4.8.6、4.8.7、及4.8.8所示。

㈤液體燃料製造
〔1〕直接液化

將生質直接液化技術尚處於研究發展階段,目前最主要發展研究例子包括有LBL(Laurence Berkeley Laboratory）製程,與PERC（Pittsburgh Energy Research Center）製程,兩者均使用CO或H_2作為還原劑,於高溫高壓下將生質直接氫化,且均產生油狀液體產物

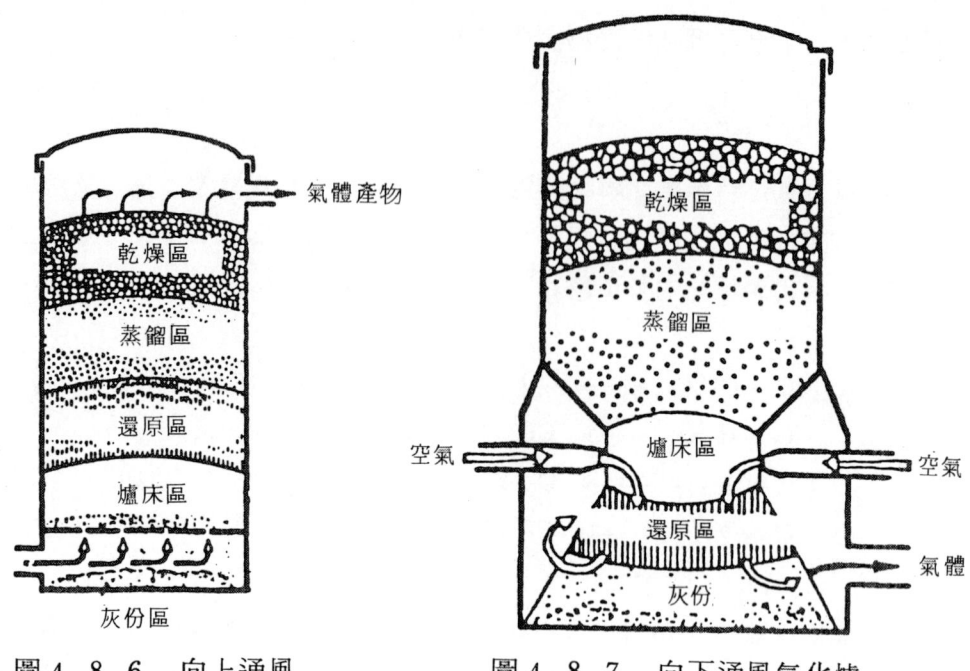

圖4.8.6　向上通風氣化爐

圖4.8.7　向下通風氣化爐

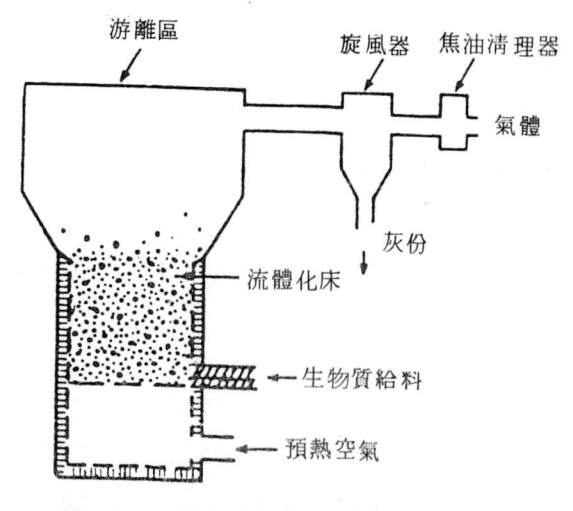

圖4.8.8　流體化床氣化爐

，其可再分餾而充當燃料使用。然兩者欲達及技術與經濟之可行性，仍需相當時間。

〔2〕間接液化

將生質間接液化之主要方法，係採用合成氣體製成原料。而最先發展之間接液化法是處理煤氣液化。目前，生質液化工廠仍未商業化，但下列方法均已積極研究發展中，可望於不久將來實現商業化：

(1)合成氣體製成乙醇。
(2) Mobil 法－將乙醇轉換為合成石油。
(3) Fischer-Tropsch法－將合成氣體製成石油。

茲分述如下：

(1)合成氣體製成乙醇

此製程在石化工業上應用極廣，多用作乙醇製造。目前可行方法很多，其中最易之方法是將H_2與CO在高溫（約300°C）與高壓（約100Atm）下結合，並使用CuO-ZnO為催化劑。反應方程式為：

$$CO + 2H_2 \xrightarrow{催化劑} CH_3OH$$
（合成氣體）　　　　　　（乙醇）

此法自薪材提煉乙醇，產率約為360公斤／公噸乾薪材，能量轉換效率約在30～40％之間。顯然乙醇熱含量（19.8GJ／公噸）低於石油燃料（43.7GJ／公噸汽油），但其仍可用於發動汽、柴油機

(2) Mobil法

若利用新發展Mobil法可將乙醇轉換成高辛烷值汽油，因此可免修改引擎。此方法於實驗室內已獲得證實，轉換效率可達90％。紐西蘭目前正籌建一座日產量12500公噸合成石油工廠，可將天然氣轉換成乙醇。

(3) Fisher-Tropsch法

Fisher-Tropsch法係利用催化劑將合成氣體製成碳氫燃料。此法發展於1920年代，而二次大戰時盛行於德國，以產製合成燃料

，今日南非利用此法以轉換煤碳，但產物繁雜，例如，烯屬烴、酒精與臘質等，目前正研究尋求適當催化劑以使產物單純化。此法若改採生質做原料，則產物之硫含量較低。

目前研究中之另一生質間接液化法，係將解熱氣體製成合成石油，其未來發展潛力頗被看好。此技術稱為「China lake process」，其採用先進之「快速熱解」步驟，它較標準熱解法可產製含較多烯屬烴（olefins）之氣體產品。此氣體產品再經壓力聚合成高分子量碳氫化合物，經精煉後即可成為有用燃料。據估計總轉換效率約有22％，但欲大規模製造仍需進一步研究。

4.8.3 環境與經濟之衝擊

生質轉化成能源，猶如農作物生產，皆屬勞力密集行業。其需要大量勞力投入是可理解的，因為大部分用於能源轉換之生質之能源密度極低。生質原料分布廣闊且含有大量水分，因此造成生質採收與運輸困難。進行大規模生質轉換成能源，當可預期將導致社會變遷（勞力需求增加），並產生某一程度之環境與經濟衝擊。

通常，使用廢物－家畜糞便或城市下水道污物以生產能量，會減輕廢物處理問題。另外利用眾多小型厭氧消化槽，它可裝設於農村以就近利用穀物殘渣來產製生物氣體燃料，此不但能夠減少能源轉換原料之運輸費用，並且轉換之殘渣又可充當農田肥料。

將工業廢料與城市垃圾轉換成熱能或電力，可裨益於環境品質維護。同時垃圾之燃燒利用亦可減少堆置掩埋所需之土地；工業廢料與城市垃圾亦可經熱解而轉換成液體或固態燃料。

能源作物之栽培能夠減輕農地土壤冲蝕流失之困擾，為求能源轉換經濟，能源轉化工廠須設置於能源作物栽培區附近。

4.8.4 與生質能有關詞彙

茲摘列與生質能應用有關之詞彙說明如下：

1. 生質（Biomass）

指來自生物體可作為能源的非化石有機物。有些國家將做為能源的生質再進一步劃分為：初級生質，指一些生長快速的植物體，可直接，或經轉化後作為能源使用。次級生質，指製造纖維、食品或其他農產品剩餘的廢棄物，以及畜產品的副產物，這些物質常經過物理處理而非化學處理。包括林產和農產品廢棄物、肥水及廢物等，這些物質可作為能源使用。

2. 生物轉化 (Bioconversion)

生質經生物處理轉變為有用的各種型態能量的程序 (如生質燃料)。

3. 轉化程序 (Conversion process)

包括生物轉化程序，燃燒與氣化程序，及物理程序。

4. 醱酵 (Fermentation)

有機物經微生物或微生物酵素的代謝而由此可轉變成更簡單產物的一種程序。廣義上是指以人為控制的任何利用微生物製造有用的產品。通常生質醱酵後的最終產品為氣體、液體或固體。

5. 嗜氧 (好氣) 醱酵 (Aerobic fermantation)

在有氧氣的條件下進行的醱酵程序，這種程序對於生質轉化為能源的作用助益不多。

6. 厭氧 (嫌氣、厭氣) 醱酵 (Anaerobic fermentation)

在無氧氣的條件下進行的醱酵程序。下列的厭氣醱酵在以生質製造有用的能源上，極為重要。酒精醱酵：藉著微生物的作用將葡萄糖或其他基質中的能量抽出，酒精為其最終產物；甲烷醱酵，通常稱之為厭氣消化：醱酵過程中先由某些微生物將基質消化成有機酸再由甲烷菌轉變成甲烷和二氧化碳；厭氣醱酵的設備稱為消化槽，所產生的甲烷和二氧化碳即為生物氣體。

7. 燃燒 (Combustion)

一種直接產生熱量的放熱化學反應。

8. 熱解 (Pyrolysis)

在無氧的情況下，以高溫 ($t° \geq 200°C$) 將生質熱分解，其產物通常是酸類、醇類、醛類，以及酚類的液態混合物，這些成份需用適當的方法分離。固態殘留物主要是木炭，可做為煉鋼焦炭的替代物。氣態產物則為含有一氧化碳、氫氣、甲烷及

其他氣體的中熱值≃15MJ/m³混合氣體。

9. 空氣氣化（Air gasification）

空氣氣化是生質在高溫（≧800°C）下轉化成低熱值氣體（2～5mJ/m³）的一種放熱程序，所需熱量由部分生質在空氣中燃燒供應；氧氣氣化與空氣氣化相似，只是以純氧代替空氣做為氧化劑。產品是低到中級熱值的氣體（5～20MJ/m³）。

10. 生物轉化之物理程序（Physical processes in bioconversion technology）

某些物理程序應用到生物轉化技術中一為便於轉化的過程（例如減少水分含量，高水分含量是生質的性質，可用機器操作脫水、加壓脫水、過濾等方法。）或為便於產品的回收（例如於都市廢棄掩埋場鑽孔到低層以回收厭氣消化所產生的甲烷，此外尚有蒸餾、傾倒、及其他的分離程序）。

11. 生質物氣體（Biogas）

由生質厭氣消化產生主要含有甲烷和一氧化碳的混合氣體，由這種混合氣體分離的甲烷稱為生物甲烷。

12. 乙醇；乙基醇（酒精）（Ethanol；ethyl alcohol）

由葡萄糖醱酵產生的一種醇。葡萄糖來自含糖植物，例如甘蔗、甜菜、或澱粉質纖維質原料之水解。酒精可以蒸餾法濃縮。酒精可與汽油摻配成汽醇，這是一種具經濟效益的汽車燃料。

13. 甲醇；甲基醇（Methanol；methyl alcohol）

主要是由化學合成的一種醇，但也可由木材乾餾中獲得。
甲醇被認為是一種具有經濟效益的合成汽車燃料。

14. 木炭（Charcoal）

木材乾餾熱解後的殘留固體。

4.9 核融合能

核能分兩種，其一為核分裂能（如3.4節所述），另一種即核融合能。前者係重元素（如鈾、鈽等）分裂所發出之能量；後者為輕元素（如氫及其同位

數氕、氘）結合成較重元素（如氦等）所發出之能量。太陽能係源自核融合反應，此外如熱核彈或氫彈亦均利用核融合原理製成。於發電應用上，融合能較之分裂能具有如下幾項優點：

• 燃料易獲取且價廉：融合能所用之燃料主要為氫的同位數與鋰等。重氫（氘）存在自然界之空氣及水中，於水中其含量為 1：6000，由計算所得，一加侖水中含的氘核約為⅛克，融合後所發出能量相當或超過 300 加侖汽油之燃燒能；鋰元素於自然界中存量亦豐富，可由泥土及海水中提取。

• 安全性高且廠址容易選擇：由融合能每一單位發電量所產生之放射廢料遠比分裂能為少，而融合所放的氦，為一種無毒無放射性之惰性氣體，且亦是工業上有價值的原料，對空氣污染亦小，於安全顧慮方面比核分裂電廠要少。核融合電廠在運轉時不會有熔化危險，更不必擔心地震的災害，如果融合過程失常或失去控制，則核子反應將自動停止，不致發生公害，故對融合能電廠廠址之選擇，可不受地域及人口密度的限制。

• 熱利用率高：如果利用電漿直接發電，則由熱能轉變為電能之效率可高達60.％至90％，因而排出之廢熱小，可減少凝結（如冷却塔）之設備，故對環境之熱污染程度較低。

• 反應器內無易燃性物體：不像液態金屬快滋生式反應器內之金屬鈉或是有機體冷却反應器內之有機化合物等容易引起燃燒，對電廠與周圍環境構成威脅。

• 不需要核燃料：核融合反應器不需要亦不會產生核武器級之核子物料。

如以上所述，核融合能具有多項優點，但發展迄今已有多年歷史，何以仍未廣被人類利用呢？問題關鍵在於吾人迄今尚未發展出一套可以完全控制融合能之商業化設備。發展核融合能所遭遇難題之一，例如，吾人已知「分裂」能係因中子不帶電荷容易打進帶正電荷之原子核的核心內，使其分裂而放出能量；但「融合能」就不然，因二個帶正電粒子由於靜電斥力之關係，不易結合，除非加外力（高能或高溫）方能使粒子超越電荷障壁而結合；這種外力亦即高溫或高能（約一億度或 10KeV 以上）方可引燃融合初步要求。於此高溫下包容器之材料與侷限的辦法，電漿的溫度、密度與磁場強度、形狀，以及系統的尺寸，容積等一連串的關係問題，此外並需持續反應一相當的時間等，由於這些

錯綜複雜之困擾使科學家愈深入研究發現問題愈多。幸在1968年蘇俄托卡馬（Tokamak）裝置研究成功，頓使前途渺茫之融合控制又掀起研究熱潮。至1970年又有雷射融合構想問世，使核融合研究的前途更是充滿新希望。蘇俄大型托卡馬-10.已於1975年6月29日運轉；此外，美國普林斯頓之PLT（Princeton Large Torus）亦於1975年秋季完成。核融合如能達到理想後，則為人類奠定走向新能源的理程碑，且更將在本世紀終了之前，使人類可以享受清潔、安全、經濟的能源了。

〔核融合反應理論〕

什麼叫做核融合反應呢？以下是吾人可以使用之核融合反應式：

$$^1D^2 + {}^1T^3 \rightarrow {}^2He^4 (3.52\,Mev) + {}^0n^1 (14.06\,Mev) \qquad (4.9.1)$$

$$^1D^2 + {}^1D^2 \rightarrow {}^2He^3 (0.82\,Mev) + {}^0n^1 (2.45\,Mev) \qquad (4.9.2)$$

$$^1T^3 (1.01\,Mev) + {}^1p^1 (3.03\,Mev) \qquad (4.9.2')$$

$$^1D^2 + {}^2He^3 \rightarrow {}^2He^4 (3.67\,Mev) + {}^1p^1 (14.6\,Mev) \qquad (4.9.3)$$

$$^1T^3 + {}^1T^3 \rightarrow {}^2He^4 + 2\,{}^0n^1 + 11.32\,Mev \qquad (4.9.4)$$

氘為氫的同位數，由一質子及二中子構成。氘可以從海水中提取，而氚則不存在於天然界中。以上四個反應式中，各反應均有能量釋出，為何會有這種釋出能量呢？

當吾人檢查核力時，可發現原子序於40至80之間為最穩定的原子，而當原子序超過80以後就都有一個天然放射性的趨勢，並且會分裂成二較輕而在穩定區域內的元素，此種趨勢即核分裂原理之基礎。在另一方面當原子序小於40時，即有合成變為較重元素之趨勢。上述分裂與融合之反應均有質量欠缺（mass defect）現象，由愛因斯坦質能互換原理：$E = mc^2$，吾人獲知會有巨大能量發生，而後者又較前者放出的能量約多出三至四倍。

當然分裂與融合之間仍具有基本不同點，例如，核分裂為自然的現象，只要可分裂燃料質量夠多達到臨界狀況即能發生鏈鎖反應；但是在核融合方面，由於首先要讓核子與核子之間能夠很「靠近」才可能有反應發生，故必須外加相當的能量破除庫倫電位障壁。此因核子（氘核子及氚核子）係帶正電，其會互

相排斥。

不僅如此,吾人尚需考慮核融合反應之反應截面積大小,此為一種對核反應之或然率量度,當檢查以上四種核反應式之反應截面積時發現:

· 四種核融合反應以第一種之或然率最高,故以下的考慮均以這一反應為重心。

· 如要得到一相當大的反應速率時,則必須加溫到 10 Kev 以上,亦即相當於 10^9K 的溫度(1 K 相當於 1.4×10^{-23} 焦耳;又 1 ev = 1.16×10^4K)。而在如此高的溫度下,所有物質早就游離化了,吾人稱此種游離化狀態叫做電漿(plasma)或稱為離子氣體(ionized gas)。

顯然地,若想瞭解核融合反應之動態則應先明瞭電漿之物理性質。

天文學家曾說:「宇宙中物質有99%均以離子狀態存在」。這句話乍聽之下似乎不著邊際,事實上其意思是說,太空裏由於各星體均是融合作用,其所發射出高能量之電磁波、宇宙線使幾乎所有的物質均被離子化了,地球幸有外層的電離層、臭氧層及大氣層等的保護,使得透過來之輻射波強度減弱,人類才得以生存。

於地球上見到電漿的機會非常多,不過是不純的電漿,例如,電焊及電弧燈在兩個弧(arc)之間就有電漿存在,如所發出的強光即是。日光燈的照明,事實上即利用此種電漿發光原理(當然那並不太強故需塗上螢光劑,讓電子或離子打在螢光物質上將動能轉變為螢光);天上打雷是因大氣層上的電位差而發生閃電現象,此種電能亦可以觸發電漿的產生。

事實上於融合研究之範疇裡,電漿的產生仍是利用氣體放電而產生。吾人可在二極電板間加一高壓,則先是氣體崩潰而有一小部份的分子游離,因為有很高的電壓,所以游離化電子向兩相反方向移動並獲得動能,再碰撞其他原子,然後即產生了電漿。電漿產生之後隨即而來的是如何將這些電漿加熱至所要求的溫度─起燃溫度。首先,電漿體本身具有一電阻,故吾人即可利用電流通過電漿(即利用電漿傳導電流),然後由焦耳功率 $P = I^2R$ 得到能量促使電漿溫度上升。

當溫度上昇時電漿本身電阻會減小,如此上述用電流加熱的辦法,當溫度上昇至一定時就沒有效率;如何才可以繼續加熱呢?辦法有許多:如利用共振

現象，或利用交流電場，或利用震波壓縮加熱等等；最值得一提乃目前研究上很重要之新構想，即利用電場加速帶電離子至很高速度（溫度），然後中性化（因為如果不中性化則穿透不過磁力線無法到達電漿體上）再射入電漿內，即會自動地離子化，成為電漿一份子，而把整體的溫度昇高，且加大密度，此即現今所稱之中性粒子射入法。

　　談了有關電漿的產生以及如何加熱之後，以下說明一些融合研究上有關的電漿的物理性質：基本上電漿為離子之集合體，由於離子與離子之間有庫倫電力的影響，故要詳細分析相當困難，另一方面電漿亦具會流體的性質，故許多流體力學的分析方法均可以應用，於科學上即稱其為磁流體動力學（Magneto-Hydrodynamics 簡稱 MHD）。簡言之，核融合之研究即想辦法將電漿侷限於一隔離的空間，使其相互碰撞，但在另一方面，此又是熱力學上不平衡的現象，因此只有期望吾人能用強有力的辦法成功地侷限那些電漿。換言之，這就是擴散與侷限之間的一項競爭，最後電漿終是要擴散開，但如果吾人能在此發生之前就先獲得融合反應所產生之熱量，則人類將可擁有取之不盡用之不竭之核融合能了！

與核融能有關術語

1. 核融合（Nuclear fusion）

　　輕原子核間相互融合之反應中，其組成原子核重行組合，而形成較原反應核重之產品核。反應過程中並釋放出基本粒子和能量。此反應使總質量減少而轉變為能量。

2. 融合能（Fusion energy）

　　核融合釋出之能量。

3. 電漿（Plasma）

　　固體加熱變成液體，液體加熱會變成氣體，由於溫度不斷升高，氣體中的原子會分解成電子和離子成為游離狀態，其中電子帶負電，離子帶正電，這個由電子和離子組成的物質，就叫電漿或游離體，它本身是中性，但由於其中的組成是游離狀態的電子和離子，故可以通電。

4. 勞生準則（Lawson criteria）

　　支配核融合過程的主要參數間應符合之關係式。

　　（註）對最常用的氘－氚（D－T）融合反應而論，此準則可列如下：

電漿溫度 T＞凱氏（即絕對溫度）1 億度。若 n 爲電漿密度，以每立方厘米體積內粒子的數目表示之；τ 是電漿拘限時間，以秒表示之；則 $n\tau \geq 10^{14}$ 秒／立方厘米。

5. 托卡馬（Tokamak）

指一種環狀磁阱裝置，除環狀磁場外，尚有由流經電漿本身的電流所產生的第二個極向或徑向磁場（即環狀裝置圓管切線方向），因而給予此包容系統額外的穩定性。這兩個磁場的合成磁場構成了此配置的侷限磁場。

6. 磁流體動力學（Magnetohydrodynamics）

在準穩定電場和磁場中，導電流體之動力學。這種流體可以是液態金屬（汞、熔態鹼金屬），弱離子化氣體和電漿。

7. 磁流體動力轉換（Magnetohydrodynamic conversion）

由於電漿與外界磁場的交互作用而使電漿的動能直接轉換爲電能的現象。

問　題

1. 何謂再生能源？包括那些種類？
2. 如何收集太陽能？試述之。
3. 如何利用太陽能發電？試述之。
4. 列舉五項太陽能應用系統。
5. 風是如何產生的？如何利用風能？
6. 證明理想風力系統之最大可能抽取能量效率等於 59.3％。
7. 風車共有幾種型式？各具有那些特色？
8. 風能主要可轉換爲那些型態的能源而後被利用？
9. 地熱能是如何產生的？
10. 地熱能具有那些特色？
11. 水力能具有那些優點？
12. 水車與水輪機有何不同？各包括那些比較常見的型式？
13. 海洋能包括那幾種可被人類利用的型式？略述之。
14. 潮汐現象是如何產生的？
15. 如何利用潮汐能發電？
16. 潮汐能發電廠依天然地形及潮汐漲落之條件，可區分成那幾種？

17.如何利用海浪能？海浪能發電具有那些特點？
18.萃取海浪能對環境生態有何影響？
19.如何利用海洋溫差能？
20.敘述海洋溫差發電之基本原理。
21.海洋溫差發電系統包括那幾種不同型式？
22.評估OTEC將來發展性需考慮那些要點？
23.如何利用生質能？
24.生質的來源包括那些項目？
25.解釋以下與再生能源有關名詞：
　　(1)太陽常數　(2)熱虹吸現象　(3)溫室效應　(4)貝茲法則　(5)間歇泉　(6)水頭
　　(7)小潮　(8)醱酵　(9)厭氧消化　(10)熱能　(11)電漿　(12)MHD
26.依台灣地理條件，比較適合發展那些再生能源？為什麼？
27.核融合與核分裂有何不同？
28.核融合能具有那些特色？
29.發展核融合能遭遇那些難題？遠景如何？
30.再生能源之開發對於整體能源供應具有何等意義存在？試述之。

參考資料

〔1〕 L.F.Jesch, "Solar Energy", Bridgend, 1981

〔2〕 H.T.Cowan, "Solar Energy Applications in the Design of Buildingo", Applied Science, 1980

〔3〕 F. Jager, "Solar Energy Applications In Houses", Pergamon, 1981

〔4〕 V.D.Hunt, "Windpower", Van Nostrand Reinhold, 1981

〔5〕 M.M.El-Wakil, "Powerplant Technology", McGraw-Hill, 1984

〔6〕 H.Christopher & H. Armstead, "Geothermal Energy", E. & F.N.Spon, 1983

〔7〕 J.J.Fritz, "Small and Mini Hydwpower Systems", McGraw-Hill, 1984

〔8〕 D.Ross, "Energy From The Waves", 2/e, Pergamon, 1981

〔9〕 H.R.Bungay, "Energy, The Biomass Options", John Wiley & Sons, 1981

〔10.〕 D.K. Klass, "Biomass as a Nonfossil Fuel Source". Amecrican Chemical Society, 1981

〔11.〕 張一岑、張文隆譯 「能源特論」 徐氏 1985

〔12.〕 黃文雄著 「太陽能之應用及理論」 協志 1978

〔13.〕 師大工教研究所編 「節約能源教育手冊」 能委會 1984

〔14.〕 賴鵬程編 「太陽系統分析與設計」 全華 1982

〔15.〕 陳瑞玉、李熒台譯 「海洋溫差發電」 能委會 1985

〔16.〕 鄧光新編 「核能發電」 全華 1978

〔17.〕 經濟部能源委員會 「能源淺談」 能委會 1983

〔18.〕 高源盆編 「科學教授續篇——明日能源」 故鄉 1984

第五章

能源儲存與應用

5.1	前言	5.2	能源儲存之必要性
5.3	熱能儲存	5.4	電能儲存——電池
5.5	壓縮空氣能源儲存	5.6	位能儲存——抽蓄水力
5.7	動能儲存——飛輪	5.8	電磁能儲存
5.9	能源儲存於交通運輸之影響	5.10	能源儲存於電力系統影響
5.11	與能源儲存有關詞彙		

5.1 前言

　　使用保溫熱水瓶可能為能源儲存之最基本觀念。人們知道如何用保溫熱水瓶儲存開水熱能，於需要熱水時，即不必再浪費燃料加熱開水。自從1859年鉛酸電池發明以來，能源可被有效地儲存亦就令人更加確信，人類因而從「固定」能源（例如水力發電、火力發電等），進步至「移動」能源之時代。輕便且豐富之能源供應裝置，不但為交通所需，亦是各項工業力謀發展之目標，因此，能源儲存技術已成為一頗為吸引人探討之論題。能源之形態及來源種類很多，然而對於儲存之要求，不外乎下述之一：

- 能夠儲存多少能源？能源密度（KJ／kg）若干？
- 儲存能源可保持多久？
- 以何種能源形態儲存？是否易於再轉換成其他形態之能源？
- 能源釋放之速率（功率）密度多少？

202　能源應用

・對環境安全、污染有無影響？

　　長久以來，大自然能源多由植物行光合作用獲得儲存，而水庫建設係儲存雨水位能的另一實例。近年來，許多人造儲能設計已能更有效地儲存能源，今日於石油日漸枯竭事實之下，能源之有效儲存將予人類於開發新能源之際，提供一強有力的支援。

5.2　能源儲存之必要性

　　能源儲存技術之應用甚廣，小至手錶的發條，大至整個電力系統的供需協調均涵蓋之。目前發展之趨勢，主要包括四個範疇：
1. 電力需求之調節；
2. 交通運輸；
3. 家庭及商業上用途；
4. 再生能源之儲存。

　　圖5.2.1.(a)係美國電力研究所（E.P.R.I.）提供之某一電力公司電力

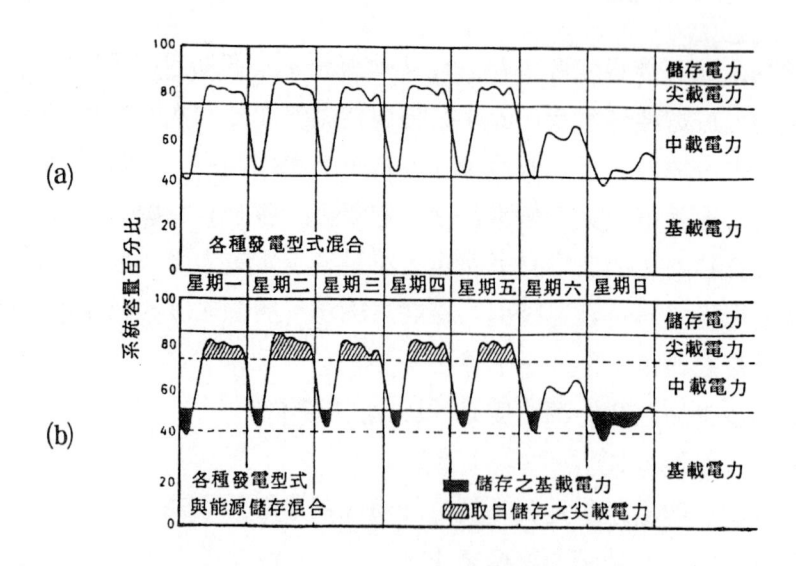

圖5.2.1　一週之電能需求變化

負載曲線，其顯示一週中典型之負載變化。顯然，電能之需求隨早晚、假日及季節會有很大變化。電力系統諸項設備如變壓器、發電機、斷路器等，為因應尖峯負載之需要，其容量值多為平均負載二倍左右；如此，將造成設備投資費用增加。且就發電成本觀點而言，甚是昂貴之高容量電廠，大部分時間卻做低效率運轉，實無經濟可言。如能有效地將離峯時段之能源儲存，於尖峯需求時釋回系統，則系統基載（base load）將可提高，而尖峯發電量則可降低，如此不僅提高發電效率，亦可降低設備容量。圖5.2.1.(b)即使用能源儲存系統以後，該電力公司負載變化情形。

　　汽車使用汽油當作燃料已有長久歷史，為減少空氣污染之危害，以及預期石油枯竭所帶來之影響，電動車和氫氣車已成為研究目標。目前電動車之能量來源，主要利用鉛酸蓄電池所儲存之電能，不過鉛酸電池之能源密度與功率密度均不足提供理想之行車性能。一些具有潛力之充電電池如鈉／硫電池，其特性可以適應汽車之需要。圖5.2.2 係一些高能電池與鉛酸電池之比較。另外，利用氫氣之燃料電池，亦為汽車電能另一項來源。圖5.2.3 以方塊圖說明以燃料電池與蓄電池混合供電之電動車系統，其中燃料電池以氫為燃料，其與

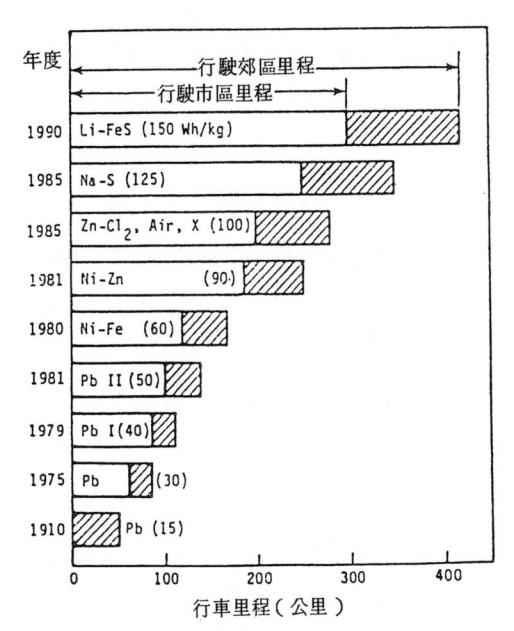

圖5.2.2　各種電池之能源密度與電動車行駛里程

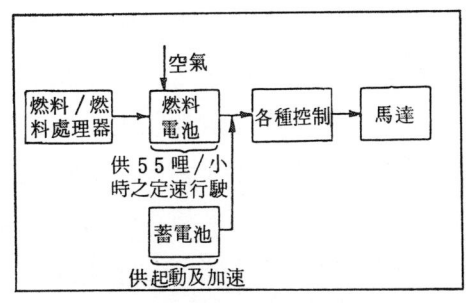

圖5.2.3　燃料電池與蓄電池混合供電之電動車方塊圖

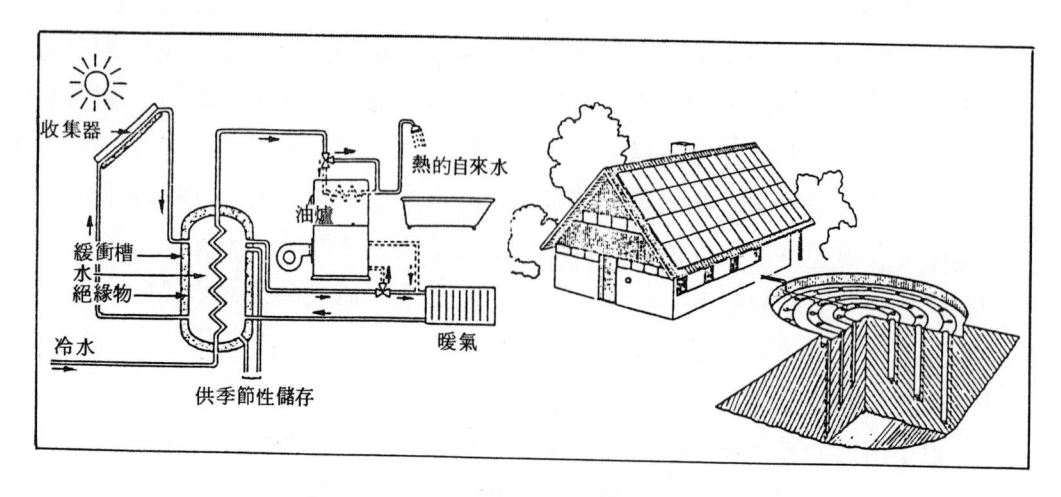

圖 5.2.4　家庭用季節性能源儲存之實例圖

空氣中之氧作用而發生電力，而蓄電池則用於啓動與加速汽車之用途。

　　於減少行車損失方面，吾人可利用飛輪（fly wheel）儲存汽車減速時所釋放出來之動能，而於加速時，飛輪內儲存之動能可用於加速。此種利用飛輪改善汽車性能之電動車，其結合各種儲能技術，使儲能汽車之性能足以與傳統汽車相抗衡。

　　圖5.2.4係一家用熱能儲存裝置之實例。夏天日照強烈時，利用太陽能集熱板加熱緩衝水槽（buffer tank）中之水，並將其儲存於地下絕熱良好之地穴中。於冬天時，儲存之熱水可用來加熱冷水而節約燃料。相同實例不僅可用以儲存熱水，例如，在冬天若將冰水儲存，於夏天則可作爲冷却空氣之用以節省空調用電。此種能源儲存方式一般稱作季節性儲存（seasonal storage），特別適用於大型社區熱水、空調之能源供給。由此可知，除了熱能可以儲存外，季節性之「冷能」亦可儲存，而達到冬暖夏涼目的。

　　能源儲存技術最後之一應用範圍，即與再生能源開發配合。就太陽能而言，其僅能於白天作有效地收集，而於夜晚或陰雨天卽告停止。圖5.2.5卽一天中日曬強度之變化；圖5.2.6係於不同緯度及良好天候下一年中太陽能照射之能量密度分佈圖。這些圖顯示太陽能依季節、時間、天候及緯度而有變化。如無法有效地儲存能源，此種再生能源之可用性將大打折扣。

　　類似太陽能之情形，海洋波浪發電亦隨季節會有巨大變化。圖5.2.7係

第五章　能源儲存與應用　205

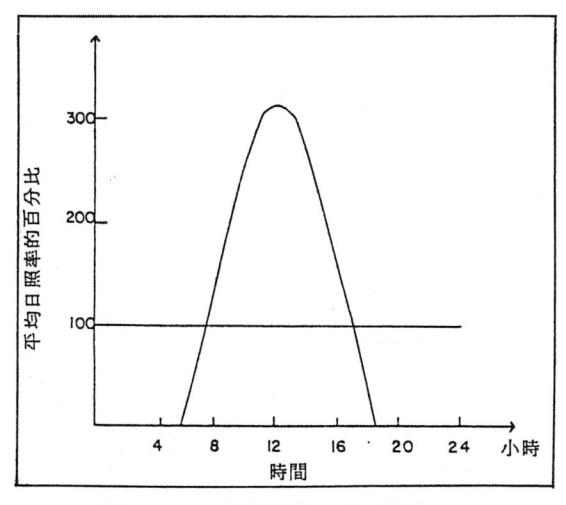

圖 5.2.5　太陽照射強度之變化

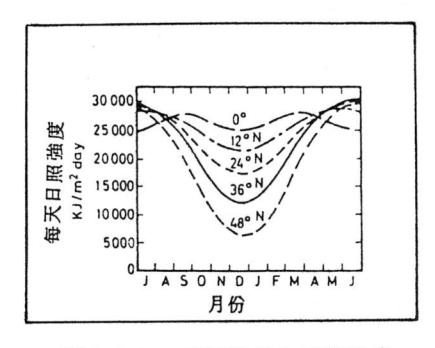

圖 5.2.6　不同緯度之日照強度

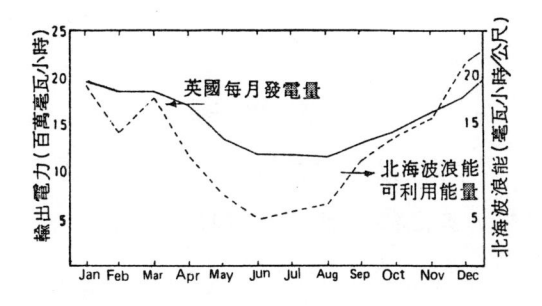

圖 5.2.7　英國之每月發電量與北海波浪能可用性之比較圖

英國每月發電量與北海波浪能可用性之比較。此外，風力、潮汐發電量之變化，亦和季節有關。綜合而言，能源是否能夠有效加以儲存實是再生能源開發能否成功的關鍵之一。

於電力應用方面，能源儲存設備除可調整尖峯、離峯之需求外，地區性之儲能系統亦希望達及「無停電」地步，以改善某地區之供電可靠度，圖 5.2.8 即說明此一觀念，其於供電停止時全由儲能系統供電，此時需較大容量之能源儲存設備。

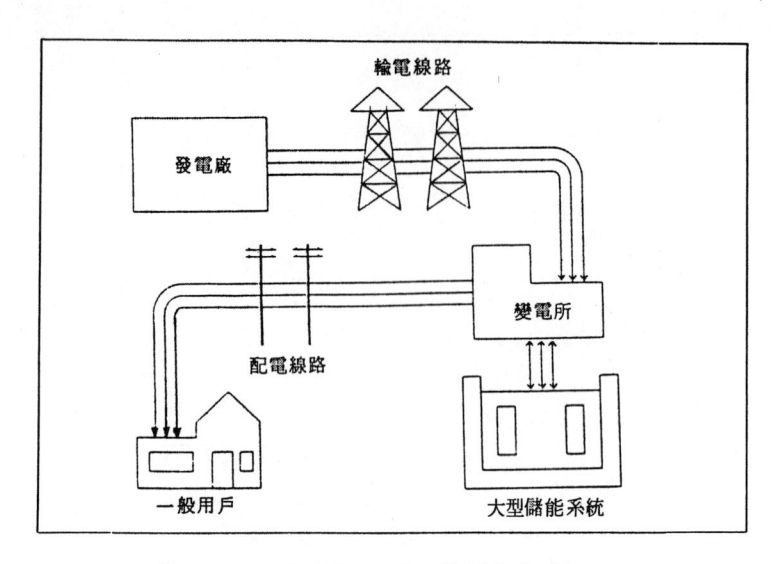

圖 5.2.8　用於電力供應之能源儲存系統

5．3　熱能儲存

能源以熱之形式儲存，可分爲顯熱、潛熱與化學燃燒熱三種，這三種熱能儲存方式之儲能密度顯示於表5.3.1中。

表　5.3.1　熱能儲存之儲能密度

儲熱型式	儲能密度(MWh/m^3)
顯熱	0.06（水）
潛熱	0.1（水合物）
	0.4（氟化物）
化學反應熱	1（水合物）

5.3.1　顯熱儲存方式

顯熱儲存乃將熱能加於儲能媒介物以提高其溫度，而媒介物之化學結構並未改變。爲了提高顯熱之儲能密度，媒介物需具有大的比熱，水的比熱很大（4180焦耳／kg／°C）化學性質穩定，且價格又便宜，很適合作顯熱儲存之媒介物。不過由於水的氷點與沸點，限制其儲熱之溫度於5°C 至95°C之間。

對所有的顯熱儲存介質而言，其可儲存之能量 W 可以下式表示

$$W = \int_{T_1}^{T_2} MC_p \, dT \approx MC_p (T_2 - T_1) \qquad (5.3.1)$$

式中　M：儲存介質的質量　　　T_2：儲存溫度
　　　C_p：比熱　　　　　　　T_1：原溫度

對水而言，若欲儲存更高之溫度（超過100°C），必需外加高壓以提高其沸點。圖5.3.1係太陽熱能收集及儲存的應用，前節圖5.2.4則是其實際設備使用圖。前已提及，熱能儲存並不一定是儲存「熱」，事實上係儲存對人類有利之「溫差」，依熱力學第二定律之說法，吾人是儲存「可用能」。圖5.3.2是儲存「冷能」用於空調之概圖。

圖5.3.1與圖5.3.2僅是顯熱儲存之示意圖。事實上，小規模之熱能儲存並不經濟，其回收之熱能亦十分有限。熱能可能經由傳導、對流及輻射等方式散失，且儲存容器之表面積愈大其損失亦愈多，故儲存容器需有較大之體積─表面積比（Volume surface Ratio）方佳。於顯熱儲存之技術上，為達到經濟以及高回收比之要求，大型社區可利用地下蓄水層（aquifer），其於熱能儲存方面已十分成功。一些具有地下蓄水層之地區，利用工廠廢熱或太陽能，加熱地下水，並利用土層作為絕熱的材料。例如，美國奇異公司研究中心（General Electric Company's Center For Advanced Studies, TEMPO）曾在明尼蘇達州聖保羅（St. Paul）市區做地下蓄水層儲熱試驗，證實其熱回收

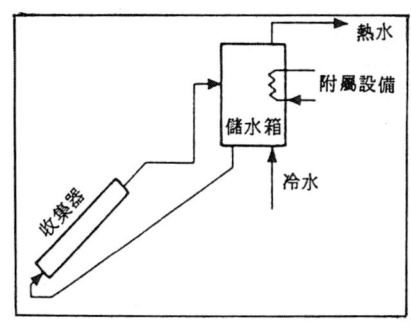

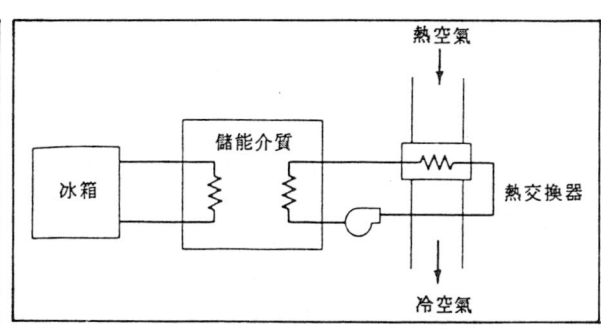

圖5.3.1　顯熱儲存之一例　　　圖5.3.2　「冷能」儲存之示意圖

之效率可高達80％以上。圖5.3.3即是利用地下蓄水層儲熱之概圖。

地下蓄水層儲熱系統特別適用於季節性之熱能儲存，因在地下儲存達六個月以上，熱能仍可回收四分之三以上。

除了地下蓄水層可用以儲熱外，其它具有潛力之儲熱技術，尚有利用岩井、廢礦坑以及儲冰（Ice Storage）技術等。圖5.3.4係一利用天然洞穴或廢礦坑之儲熱設計，其於地表裝設一般運輸用泵以及熱交換器（HX— heat exchangers）。

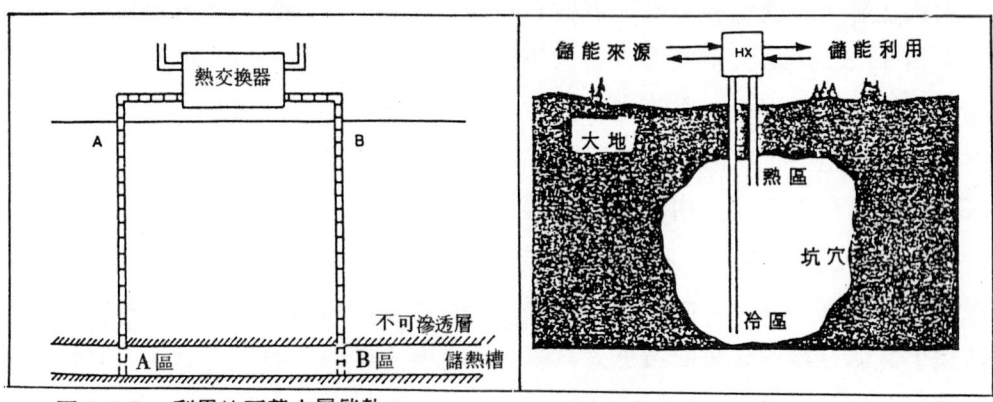

圖5.3.3　利用地下蓄水層儲熱

圖5.3.4　利用坑穴儲存熱能

圖5.3.5係儲存「冷能」之例子，冬季之冷空氣用以冷凍地層中飽合水份之土壤（具有較大比熱），利用乾燥之土壤絕熱。於夏天時則用以冷却空氣

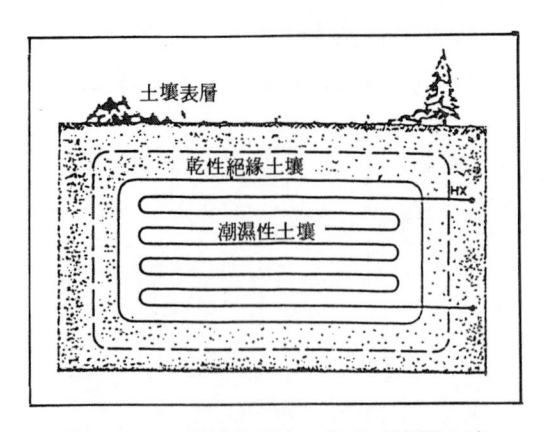

圖5.3.5　利用冬季冷空氣冷凍潮濕土壤使其用於夏天空調方面

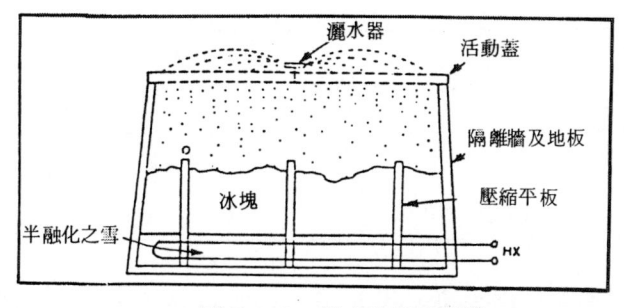

圖 5.3.6 製冰裝置示意圖

做空調之用。對於「冷能」之季節性儲存，使用儲冰技術可具有相當潛力。圖 5.3.6 係利用冬季之冷空氣製造冰雪，將其儲存於絕熱容器中。圖中容器上方利用噴水製冰，下方融雪之熱能由熱交換器帶出。

不過，大規模利用地下蓄水層、地下坑穴及土壤等作為儲能介質，仍將面臨許多難題。就技術方面而言，地下坑穴或蓄水層均缺乏良好之數學模式以分析其熱傳導之情形，對於地下岩層之結構與穩定性亦不可知；另外長期改變地層之溫度，對生態之破壞與造成土壤之熱污染均不可忽視。於農業之應用方面，以色列已開始利用夏季熱能儲存，製造溫室以便在冬季生產農作物。因此儲熱系統對生態可能同時產生正負兩方面的影響，吾人需詳予評估之。

5.3.2 潛熱儲存方式

潛熱儲存係利用物質液相和固相間之相變化來儲存能源。其優點為相變化係於恒溫下進行，同時潛熱儲存所使用的介質具有較高之儲能密度。通常潛熱儲存介質多用氟化物（Fluorides）和水化物（Hydrates）。氟化物之熔點頗高，為了降低其熔點，可將不同之氟化物作適當比例混合即可得較低熔點，表5.3.2 即這些氟化物混合後之熔點。氟化物之熔化溫度適合於一般熱機之

表 5.3.2 不同氟化物混合後之熔點

	熔點（°C）
NaF/MgF_2	832
LiF/MgF_2	746
$NaF/CaF_2/MgF_2$	745
$LiF/NaF/MgF_2$	632

表 5.3.3 一些水合物之特性

水合物	熔點 (°C)	融解熱 (kJ/kg)	比熱 固體 (kJ/kg°C)	比熱 液體 (kJ/kg°C)	密度 (g/cm³)
$Al_2(SO_4)_3 12H_2O$	88	260	0.46	1.03	1.65
$NaC_2H_3O_2 3H_2O$	58	264	0.60	1.00	1.30
$LiNO_3 3H_2O$	30	306	0.58	0.94	1.44
$Na_2SO_4 10H_2O$	18	186	0.54	1.00	1.51
$1(Na_2SO_4 10H_2O)+1.5(NH_4Cl)$	11	162	0.41	0.77	1.48

儲熱用，但對於空調應用則太高。表5.3.3為一些水合物之熔點和儲能密度之資料，水合物之熔化溫度很適合用在空調方面。

潛熱儲存之能量W可依下式計算：

$$W = \int_0^1 M \triangle H_{FO} \, d\alpha \qquad (5.3.2)$$

式中　　M：介質的質量　　α：介質完成相變化之分數（比例）
　　　　$\triangle H_{FO}$：相變化熱量

潛熱儲存之儲能密度比顯熱儲存要大許多，然其缺點在於介質費用昂貴及具有腐蝕性。同時，某些介質經數度熱循環後會產生種種不同之分解。

除此之外，潛熱儲存技術亦較顯熱復雜。首先，介質係利用固相與液相之相變化來儲能，在介質固化時，其導熱性質不佳，常常附著於熱交換器上而不利於導熱。解決方法如圖5.3.7所示可利用動態熱傳方式（active heat-transfer），硫酸鈉（$Na_2SO_4 \cdot 10H_2O$）之溶液置於絕熱容器中，利用油和

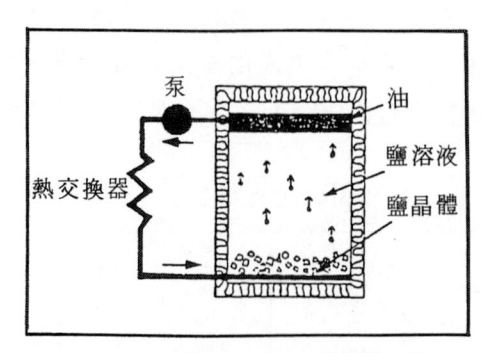

圖 5.3.7　使用油循環之熱交換系統

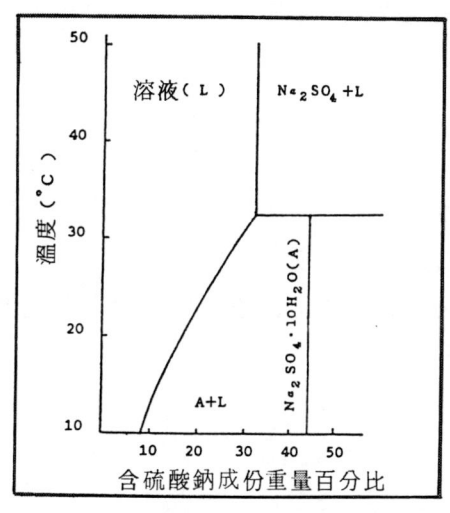

圖 5.3.8　硫酸鈉水溶液與硫酸鈉水合物之固液二相圖

外部作熱交換,並將油泵入溶液底部,使油所吸收的熱傳至硫酸鈉溶液中,油由底部浮到上部而完成循環。硫酸鈉溶液吸熱之後,底部的固態硫酸鈉即開始熔解。

潛熱儲存技術之第二個難題,乃介質熔化時產生不一致熔化(incongruent fusion)。也就是說,介質由固相熔化成液相時,其化學組成發生了變化,導致部份介質重新變成固相而無法熔化。以硫酸鈉鹽爲例,含結晶水之硫酸鈉鹽在 32.4 ℃ 時分解爲飽和硫酸鈉水溶液和無水硫酸鈉(anhydrous Na_2SO_4)。其反應式爲:

$$Na_2SO_4 \cdot 10H_2O(s) \rightarrow Na_2SO_4(s) + 飽和 Na_2SO_4(\ell) \quad (5.3.3)$$

如圖 5・3・8 所示爲此一過程之固、液相變化圖。

5.3.3　化學反應熱能儲存方式

〔1〕可逆分解反應

將熱能利用化學反應儲存具有很多優點,此因化學反應係將能量用以分解化學物質而將分子間之化學鍵破壞,當分解後之物質再化合時,即釋出原來儲存之熱能。化學反應熱儲存方式,只要將分解後之產物妥善保存,其儲存時間

雖然很長，亦不致有能量損失。基本上，此方式可用下式表示：

$$AB(s,\ell) \rightleftarrows A(s,\ell) + B(g) \qquad (5.3.4)$$

化學反應式的左方 AB 是原物質（固體或液體），加熱後分解為右方 A（固體或液體）、B（氣體）二種產物，雙向箭號代表可逆反應。反應式右方之 B 產物為氣體，但實用上必須加以冷凝以便儲存及避免散失於大氣中。一些常見之化學分解反應如下：

$$M(OH)_2 \rightleftarrows MO + H_2O \qquad (5.3.5)$$
$$MSO_3 \rightleftarrows MO + SO_2 \qquad (5.3.6)$$
$$MCO_3 \rightleftarrows MO + CO_2 \qquad (5.3.7)$$
$$MeH_x \rightleftarrows MeH_y + \frac{x-y}{2} H_2 \qquad (5.3.8)$$

化學反應熱能儲存之機構如圖 5.3.9 所示，其中實線箭號是儲存熱能的反應，虛線箭號則代表釋出熱能的反應。當系統儲存熱能時，槽 KI 中之物質吸熱並分解為固體（或液體）以及氣體二種產物，氣體經由閥門注入槽 KⅡ中儲存；槽 KⅡ並以散熱設備將氣體冷凝成液體以便儲存。當系統釋回熱能時，則產生逆向反應，釋出熱能。當然，槽 KⅡ中冷凝之熱損失是無法避免的。圖 5.3.10 係使用此類化學反應熱能儲存之系統，其用於太陽熱能儲存之實例。

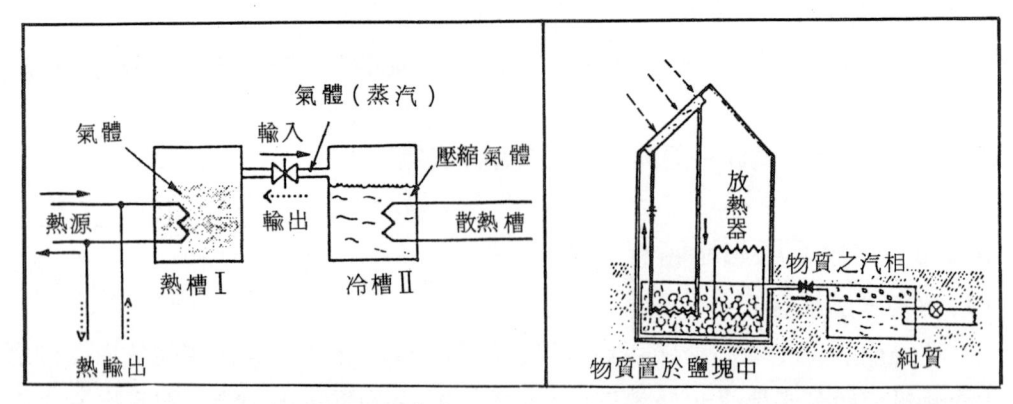

圖 5.3.9　化學反應儲熱方式

圖 5.3.10　用於儲存太陽熱能之化學反應儲熱方式

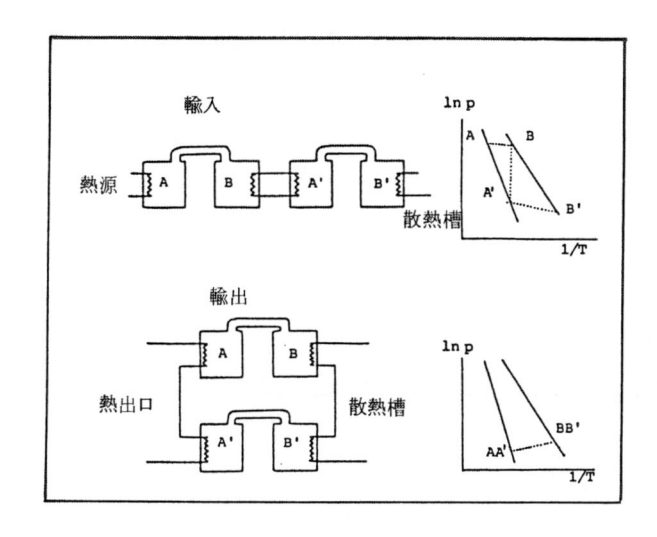

圖 5.3.11　儲熱時二系統串聯，釋熱時二系統並聯以獲取高溫

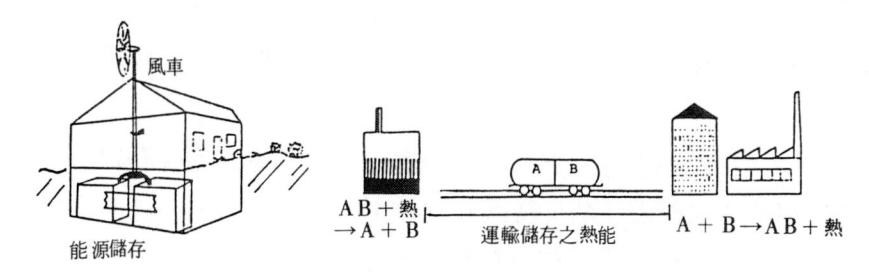

圖 5.3.12　應用於再生能源之化學儲能技術示意圖

　　化學反應之儲熱方式可被理解為一種化學熱泵。技術上，此類裝置可將多量低溫之熱能，轉換成較少量但高溫之熱能，換言之，以量換質。圖 5.3.11 係此種技術之說明。儲熱時，二個化學儲熱系統予以串聯，使低溫之流體加速化學分解。釋放熱能時，二個儲熱系統並聯，重複加熱流體，使流體獲得高溫。
　　化學反應儲熱技術對於再生能源之開發以及能源運輸亦有一些發展，圖 5.3.12 係再生能源利用化學反應儲熱技術將之儲存、運輸，而應用至工業及家庭之構想圖。

〔2〕有機可逆反應
　　於有機化學之可逆反應方面，高溫熱能可有效地儲存，如此高的溫度特別適用於發電廠離峯熱能儲存，並於尖峯發電時用以推動汽輪機。考慮下式的化

表 5.3.4 可用於儲存熱能之一些可逆化學反應

	溫度範圍 (K)	於 298K 之反應熱	
		$Btu/(lb\ mol)$	$kJ/(g\cdot mol)$
$CO+3H_2 \rightleftarrows CH_4+H_2O$	700~1200	107,640	250.3
$2CO+2H_2 \rightleftarrows CH_4+CO_2$	700~1200	106,380	247.4
$C_6H_6+3H_2 \rightleftarrows C_6H_{12}$	500~750	89,100	207.2
$C_7H_8+3H_2 \rightleftarrows C_7H_{14}$	450~700	91,800	213.5
$C_{10}H_8+5H_2 \rightleftarrows C_{10}H_{18}$	450~700	135,000	314.0
$C_2H_4+HCl \rightleftarrows C_2H_5Cl$	420~770	24,120	56.1

學反應

$$CO + 3H_2 \rightleftarrows CH_4 + H_2O \qquad (5.3.9)$$

此式說明一氧化碳與氫反應，生成甲烷和水，並放出熱量；逆反應是甲烷和水吸熱後，反應生成一氧化碳和氫。其他類似的可逆反應與其他反應溫度可參考表5‧3‧4。

圖5‧3‧13說明上述化學可逆反應應用在發電廠熱能儲存之流程圖。於離峯時段，甲烷和水經由吸熱反應器（endothermic reactor 或 reformer）吸收剩餘之熱量，並反應生成氫和一氧化碳，然後儲存於室溫的容器中，於此溫度下氫和一氧化碳並不會反應。在尖峯時段，逆向的反應發生，此時反應熱可用於發電。

〔3〕氫化物反應

於此值得一提的，卽氫於熱能儲存之重要性。前已提及，化學反應儲存熱能之基本原理係由下式決定：

$$AB(s,\ell) \rightleftarrows A(s,\ell) + B(g) \qquad (5.3.4)$$

對許多物質而言，吸熱後分解出來的氣體B，必須予以冷凝再儲存之。就氫的金屬化合物而言，吸收熱能後產生金屬和氫氣，不過要冷凝氫氣需特別低

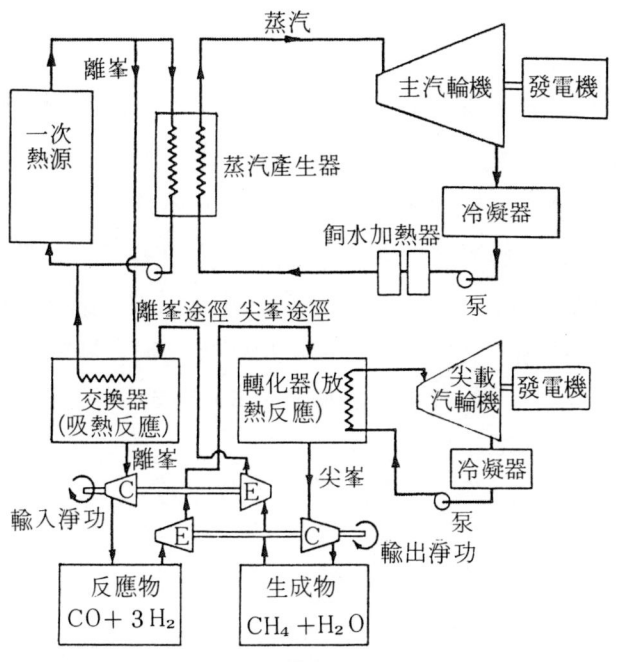

圖 5.3.13　$CO + 3H_2 \rightleftharpoons CH_4 + H_2O$ 化學反應用於發電廠之能源儲存流程圖

溫，液態氫之儲存於技術上一直是個問題。因此，利用氫之金屬化合物儲存氫，為熱能儲存之另一個方式，不過於觀念上和前所敍述之化學反應熱能儲存方式完全不同。前所敍述之方式，均是利用可逆化學反應之吸熱與放熱儲存熱能，其目的為調節熱能之需求或着眼於長時間熱能之儲存與運輸。

利用氫之金屬化物，最主要目的係用以儲存氫。因為氫做為燃料加溫或推動汽車，原本很理想，不過液態氫之保存卻十分困難，其容器不適於少量之儲存。因此，由核能或再生能源所製造的氫（例如電解水），先將其與金屬化合，再運送此化合物至需要之場所或作為汽車之氫氣來源。氫和金屬反應生成金屬氫化物為放熱反應，如下式

$$H_2 + Me \rightarrow MeH_2 + Q \qquad (5.3.10)$$

上式中 Q 表示釋放出之熱量，然而，氫之金屬化合物釋放出氫氣時卻是吸熱反應：

$$Q + MeH_2 \rightarrow Me + H_2 \qquad (5.3.11)$$

於使用技術方面，吾人先於容器中儲滿 MeH_2，然後預熱容器中的 MeH_2 所產生之氫氣燃燒生成的熱，一部分用於加熱或作功，一部分回收用以加熱 MeH_2，使氫氣繼續產生。顯然，回收之熱量需大於 MeH_2 分解所需熱量，圖 5.3.14 為此一過程之反應程序，圖中假設燃燒氫的熱有三分之一用於作功，三分之二則回收加熱 MeH_2。圖 5.3.15 為上述運用的方塊圖，由圖很易瞭解此一系統之熱能循環情形，其亦顯示於能量用竭時，補充氫氣於容器中「充能」，不論能量釋放或充填，均為發熱反應。表 5.3.5 列出了一些金屬氫化物之特性。

圖 5.3.14 氫燃燒之反應程序

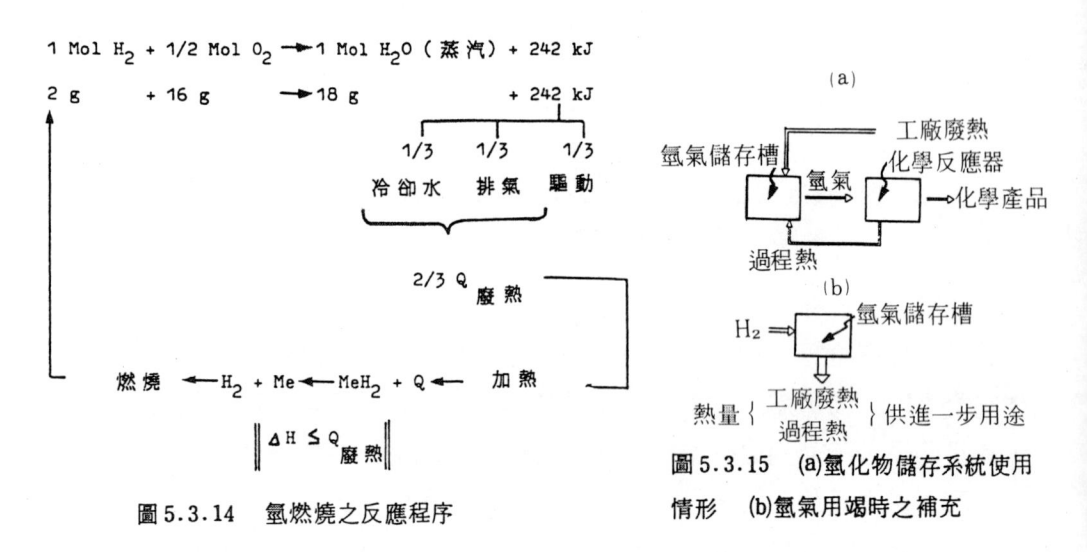

圖 5.3.15 (a)氫化物儲存系統使用情形 (b)氫氣用竭時之補充

表 5.3.5 一些金屬氫化物的特性

氫化物	氫氣所佔重量(%)	能源密度(j/g)
MgH_2	7	9,916
$MgNiH_4$	3.2	4,477
$FeTiH_{1.95}$	1.75	2,469
液態氫	100	141,838
氣態氫	100	141,838

5.4 電能儲存——電池

電能可說是最清潔、有效率而且便於傳送之能源，而人類使用電池儲存電能已有長久歷史，不過一般仍以鉛酸電池為主。電池直接利用電化學反應儲存電能，如果其壽命、功率密度與能源密度均有相當水準，則不但可為電動車之能量來源，亦可應用於電力系統之電能儲存。

電池儲存電能之原理十分簡單，不過要得到高能源密度之電池，技術上仍有待突破。以鉛酸電池而言，其反應如下：

$$\underset{陽極}{Pb} + 2H_2SO_4 + \underset{陰極}{PbO_2} \underset{充電\ 陽極}{\overset{放電}{\rightleftarrows}} PbSO_4 + 2H_2O + \underset{陰極}{PbSO_4} \quad (5.4.1)$$

鉛酸電池之壽命、能源密度均不理想。近年來一些高溫電池（操作溫度在 300°C 以上）具有相當之發展潛力，技術上亦已改進，唯一困難係尚未商業化；此外，燃料電池亦為另一種高效率之儲能方式。下文將針對鈉硫高溫電池與燃料電池之使用技術作一番探討。

5.4.1 鈉硫電池

鈉硫電池得以發展成功，主要歸因於「貝他氧化鋁」（Beta-alumina）之發現。貝他氧化鋁（$Na_2O \cdot 11Al_2O_3$）之晶體結構於二次大戰前就已知曉，不過其電氣特性一直到最近才被發現。於 300°C 的高溫下，貝他氧化鋁之導電性，係以鈉離子為載子，而非電子，其導電行為和一般電池之電解液以離子為載子相同。故鈉硫電池即使用貝他氧化鋁為固態電解「液」，而以液態之鈉與硫作為電極，圖 5・4・1 即該電池之構造。注意，於 300°C 溫度下，鈉與硫均為液態，而貝他氧化鋁對鈉離子之傳導特性與傳統電解液於室溫下之傳導特性相同。於放電狀態時，鈉極（負）之反應為

$$xNa \rightarrow xNa^+ + xe^- \quad (5.4.2)$$

其產生之電子流至電路而形成電流，而且所產生之鈉離子經由電解「液」貝他氧化鋁之傳導至正極與硫反應。於正極之硫因導電性不佳，故一般使用多孔性

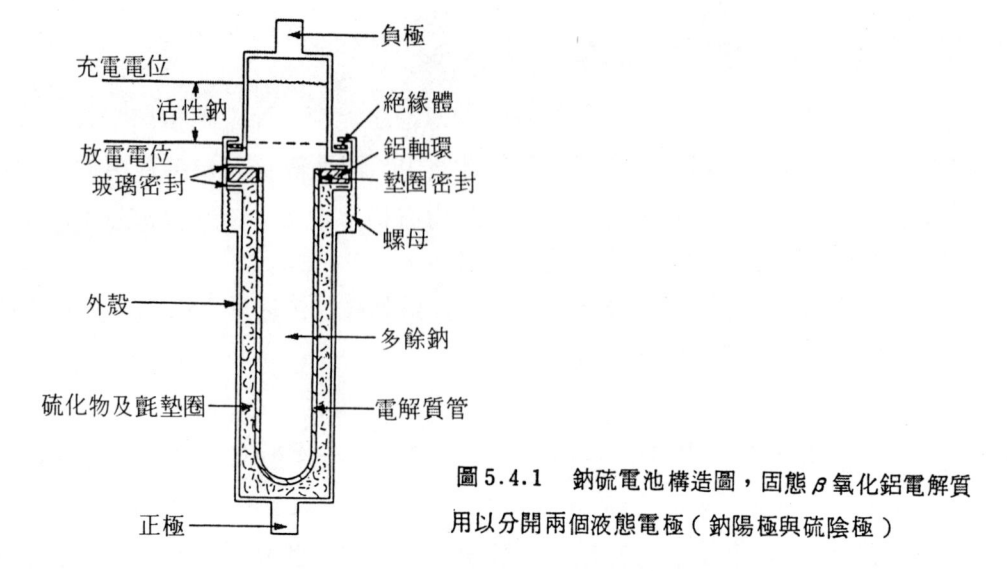

圖5.4.1 鈉硫電池構造圖,固態 β 氧化鋁電解質用以分開兩個液態電極(鈉陽極與硫陰極)

碳和硫接觸,以增加接觸面積而改善導電性。正極之反應如下:

$$xNa^+ + xe^- + yS \rightarrow Na_xS_y \qquad (5.4.3)$$

$$\underset{負}{xNa} + \underset{正}{yS} \underset{充電}{\overset{放電}{\rightleftarrows}} Na_xS_y \qquad (5.4.4)$$

發展中之高溫電池除鈉硫電池外,尚有鋰硫電池及鎳鋅電池等,表5.4.1列出一些較高級電池(Advanced Batteries)與普通鉛酸電池之儲能特性比較。

表 5.4.1 一些電池之理論與實用能源密度

電池系統	能源密度(Wh/kg)	
	理論值	實用值
鉛酸電池	167	40
$Fe-Ni$	266	60
$Ni-Zn$	321	90
Na/S	680	150
Li/S	1500	150

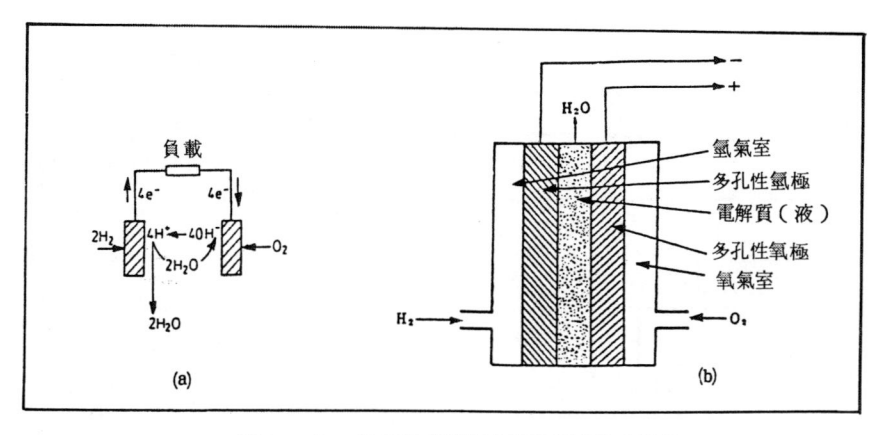

圖 5.4.2　氫氧燃料電池(a)原理(b)基本構造

5.4.2　燃料電池

　　燃料電池卽直接將化學能變爲電能之電池，依熱力學觀點，燃料和氧（氧化劑）反應所放出之化學能，可以百分之百轉變爲電能。若燃料燃燒被用於火力發電，其理論效率僅爲60.～70.％。由於氫之儲存（液態或存於金屬化合物中）對能源儲存十分具有吸引力，使用氫－氧之燃料電池亦成爲直接轉換化學能的利器。

　　氫氧燃料電池之原理如圖5‧4‧2所示，氫和氧進入多孔性碳極後，因電子之得失而產生電動勢加於負載，其產物爲水，最後排出。燃料電池中，氫與氧之反應並非燃燒，而僅是電解液（一般用氫氧化鉀溶液）和氫極與氧極之電化學反應，最後其將反應化學能以電能的形式釋出。

　　燃料電池在於能源儲存系統扮演之角色，係使氫或其他燃料儲存可以更有效地轉換爲電能。如此，由核能發電所產生之氫，或能經由燃料電池成爲電動車的燃料。圖5‧4‧3說明化學電池與燃料電池供作電動車動力來源之流程。

5．5　壓縮空氣能源儲存

　　利用離峯電力將空氣壓縮儲存於地下洞窟中，尖峯發電時再將氣體釋出推動渦輪機，此種能源儲存技術一般稱爲壓縮空氣能源儲存（compressed air energy storage，簡稱CAES）。

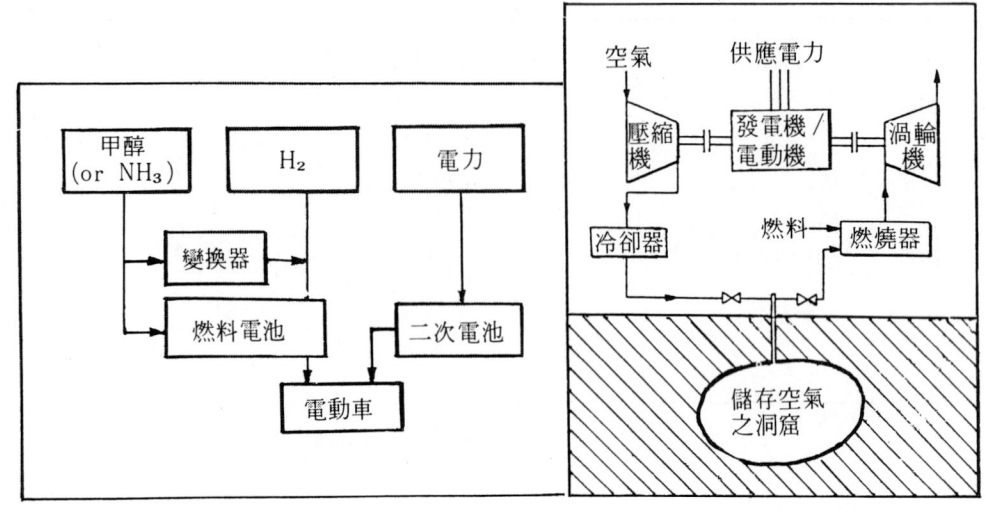

圖5.4.3 化學電池與燃料電池用於能源儲存系統　　圖5.5.1 壓縮空氣儲能系統

　　CAES的原理如圖5·5·1所示，利用離峯電力使發電機／馬達機組帶動空氣壓縮機，再把空氣加壓儲存於洞窟，氣體加壓後溫度會上升，故於儲存前先冷却；當需要用電時，經離合器控制而使空氣壓縮機脫離轉軸，而以渦輪機和發電機／馬達機組相連，利用原先加壓之空氣，推動渦輪機發電。

　　圖5·5·1 僅爲理論上CAES原理之說明，技術上須加以改良方爲可行。空氣之壓縮屬多變過程（polytropic process），因壓縮而增加之溫度遵守下式

$$T_2 = T_1 \left(\frac{P_2}{P_1}\right)^{(n-1)/n} \qquad (5.4.5)$$

T_1與P_1及T_2與P_2分別代表空氣壓縮前後之溫度與壓力，n是多變壓縮指數。顯然，壓縮後溫度必然增高，若直接將空氣注入洞穴將散失熱能，致使利用空氣時須重新加熱方能推動渦輪機。此時，若能結合前述之顯熱儲存，預將熱空氣之熱能儲存，使用時再用以加熱空氣，則必可提高儲能效率。另外，儲存空氣於地下洞窟，取用時其壓力亦會逐漸下降，故爲獲得固定空氣壓力，增添壓力補償系統將可有效予以改善。

　　圖5·5·2 代表一個具有熱能儲存以及壓力補償之壓縮空氣儲能系統。由

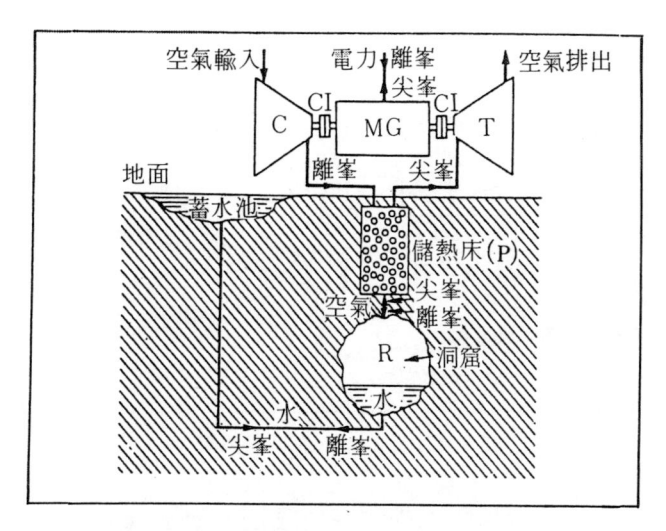

圖 5.5.2　具有壓力補償與熱能儲存之壓縮空氣儲能系統

於洞窟中有一管子與地面蓄水池相通，其空氣壓力可保持一定。當空氣壓縮機（C），由馬達／發電機機組（MG）帶動壓縮空氣時，熱空氣先經過儲熱牀（packed - bed）（P）予以儲存熱能，再進入洞窟（R）中；空氣送出推動渦輪機（T）前，就可經由填塞牀（P）預熱。儲熱牀是用卵石當作儲熱的介質。

目前，利用地上水池（或湖泊）做為壓力補償之 CAES 系統亦遭遇一些難題，其中最主要即發生香檳效應（champagne effect）。當空氣被壓入洞窟中，因壓力甚大故許多空氣將會溶解於水中，若壓力愈大，其溶解度亦愈大。對於較長時間儲存，空氣即一再溶解，直至飽和為止（此類似製造汽水或香檳酒過程）。一旦需要空氣時，洞窟中之壓力立刻由原先高壓降至接近大氣壓力，此時水中空氣即形成氣泡釋出（如剛開瓶之香檳），其中一部分進入與地上水池連接之水管中，因管中氣泡甚多故水管內即不再是高密度之水，而為低密度之水－氣混合物，如此，輸出之空氣壓力即無法保持原來水準。

5.6　位能儲存－－抽蓄水力

抽蓄水力用於電力之儲存已有一段時間，技術上亦很完善。由於抽蓄水力

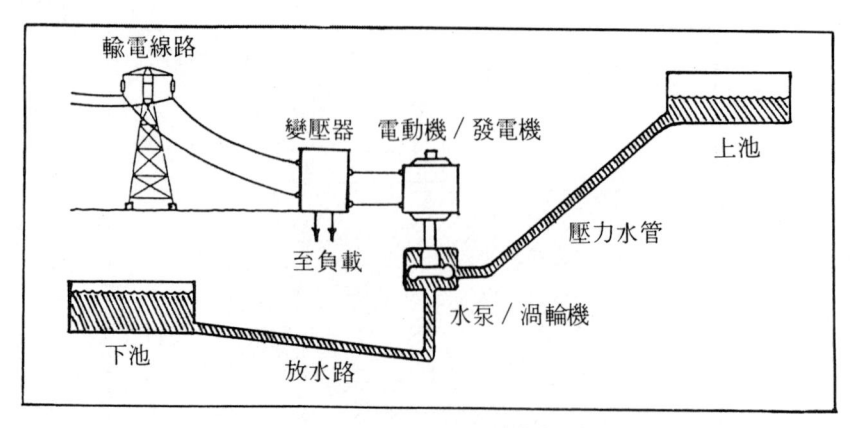

圖 5.6.1 抽蓄水力儲能系統

需要適當天然地形，故實用上亦受到一些限制。圖 5·6·1 為抽蓄水力作位能儲存之概圖。抽蓄水力作為電能儲存之基本原理，即利用深夜基載電力將水由下池打到上池，白天尖峯負載時再由上池將水用於發電。如上下池間之落差夠大，則儲存之容量亦較大。

抽蓄水力電廠可使發電成本降低很多，不過對生態破壞卻不容忽視。上下池之水位經常變化，水中棲息之生物將受嚴重影響。此外，上下池間須建造甚長管道，其建設工程對自然環境破壞甚大，值此，抽蓄電廠遭環境保護學者極力反對。

5.7 動能儲存──飛輪

5.7.1 基本原理

將能源以動能形式儲存，係一項頗為吸引人之設計。飛輪（flywheel）應用在引擎設計上已有一段時日；利用飛輪高速旋轉時角動量守恒原理，可用以代替指北針做為飛機、船隻或飛彈的導航，亦是飛輪（迴轉儀）應用之一。依能源儲存觀點，飛輪應用於汽車動能儲存，或電力儲存，均具有許多優點。如飛輪儲能系統具有 80～90％高效率、無污染、合理的功率密度值，以及充能迅速等優點。

飛輪轉動時，所儲存能源之大小可以下式表示：

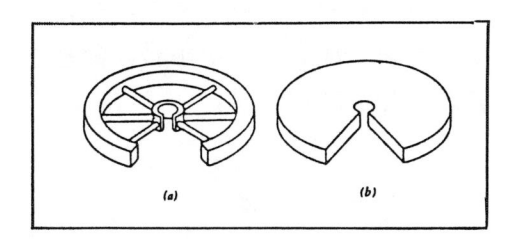

圖 5.7.1　飛輪(a)環形（$I = mR^2$）
　　　　　(b)碟形（$I = \frac{1}{4}mR^2$）

$$E = \frac{1}{2} I w^2 \qquad (5.7.1)$$

I是飛輪之轉動慣量（或稱慣性矩），w是角速度。轉動慣量為測量物體繞一中心軸旋轉時具有之慣性。

$$I = \int r^2 dm \qquad (5.7.2)$$

此式說明轉動之物體，如具有大質量且集中於距離轉動軸愈遠處，則其轉動慣量愈大。如飛輪設計具有大的轉動慣量，則儲能密度亦愈大，圖5‧7‧1為環狀與碟狀飛輪轉動慣量之求法。

5.7.2 飛輪儲能之能源密度

　　飛輪係旋轉動能儲存能源，若能不斷地提高轉速，則所儲存能源亦就可以任意增加。不過由於受到飛輪材料強度的限制，其所能儲存之能源亦有限。下面將分析儲能密度之限制以及改進技術，為簡化分析，將針對環形飛輪探討其改進技術。

　　環形飛輪之質量集中於環上，當其高速旋轉時，環的截面即承受一張力，飛輪所能承受之最大張力，即決定出所能儲存之最大能源。

　　圖5‧7‧2為環的張力分析圖，於旋轉時，環之上、下半部所需的向心力，係由A、B二處的張力所提供與分擔。假設環是均勻的，則A、B二處承受之張力相等。

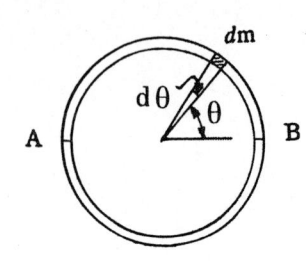

令環的截面積為S，平均半徑為r，質量為m，並以角速度 w 旋轉。則由吾人熟悉之圓周運動公式，其向心加速度為

$$a_c = \frac{v^2}{r} = rw^2 \qquad (5.7.3)$$

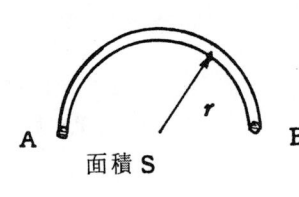

式中 v 為環的切線速度，$v = rw$。

由牛頓第二運動定律，環上任一小段質量所受之向心力 dF_c 可由下式計算

$$dF_c = a_c dm \qquad (5.7.4)$$

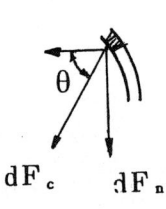

a_c 如（5‧7‧3）式所示，dm 代表圖中斜線小塊質量，即

$$dm = \frac{r d\theta}{2\pi r} \cdot m = \frac{m d\theta}{2\pi} \qquad (5.7.5)$$

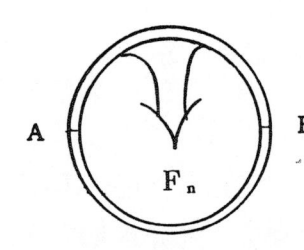

將（5‧7‧3），（5‧7‧5）代入（5‧7‧4）式得

$$dF_c = \frac{mrw^2 d\theta}{2\pi} \qquad (5.7.6)$$

其垂直分力即A，B二處所提供之張力，故

圖 5.7.2　環的張力分析

$$dF_n = dF_c \sin\theta = \frac{mrw^2 \sin\theta d\theta}{2\pi} \qquad (5.7.7)$$

因對稱關係，水平分力將互相抵消，A、B二處所提供之總張力，等於垂直分力的積分。

$$F_n = \int dF_n = \int_0^\pi \frac{mrw^2 \sin\theta d\theta}{2\pi} = \frac{mrw^2}{\pi} \qquad (5.7.8)$$

此力由 A、B 二斷面平均分擔,故

$$F_{nA} = F_{nB} = \frac{F_n}{2} = \frac{mrw^2}{2\pi} \tag{5.7.9}$$

假設環的質量密度為 ρ,又因環的截面積為 S,其質量應為

$$m = \rho \cdot (2\pi rS) \tag{5.7.10}$$

(5・7・10)式代入(5・7・9)式,得

$$F_{nA} = F_{nB} = (\rho r^2 w^2) \cdot S \tag{5.7.11}$$

故斷面 A、B 上之壓力,由壓力之定義可知壓力 6_A 與 6_B

$$6_A = 6_B = \frac{F_{nA}}{S} = \frac{F_{nB}}{S} = \rho r^2 w^2 \tag{5.7.12}$$

(5・7・12)式代表環旋轉時,環上任一截面所受之張壓力(tensile stress),6 為一材料強度之特性。

環的轉動慣量 $I = mr^2$,由(5・7・1)式可得到環轉動時儲存能量為

$$E = \frac{1}{2} I w^2 = \frac{1}{2} m r^2 w^2 \tag{5.7.13}$$

若以 W_m 代表單位質量儲存之能源;以 W_{vol} 代表單位體積儲存之能源,即體積能源密度(volume energy density),則由(5・7・13)式易得

$$W_m = \left(\frac{E}{m}\right) = \frac{1}{2} r^2 w^2 \tag{5.7.14}$$

$$W_{vol} = \frac{1}{2} \rho r^2 w^2 \tag{5.7.15}$$

將(5・7・14)、(5・7・15)和(5・7・12)式比較,吾人將可利用材料之壓力

強度 σ，做為計算飛輪能源密度之依據。

顯然，由(5‧7‧12)、(5‧7‧14)及(5‧7‧15)式可知

$$W_{vol(max)} = \frac{1}{2}\sigma_{max} \qquad (5.7.16)$$

$$W_{m(max)} = \frac{1}{2}\frac{\sigma_{max}}{\rho} \qquad (5.7.17)$$

由此二式可以獲知飛輪之最大儲能密度和飛輪材料之壓力強度二者之關係。表 5‧7‧1 列出一些纖維材料強度與質量密度。(5‧7‧17) 式係由環形飛輪導出對於其他形狀之飛輪，只要將此式乘上一係數，即可計算：

$$W_{m(max)} = C\frac{\sigma_{max}}{\rho} \qquad (5.7.18)$$

式中 C 稱為飛輪之形狀因素(shape factor)，其依飛輪幾何圖形而異。欲獲得最大之儲能密度，除了採用強度較佳之材料外，幾何形狀之考慮亦很重要。注意，大儲能密度之飛輪，接近轉軸處最厚，周緣最薄，其與傳統飛輪正好相反。

表 5‧7‧1　一些纖維的強度及密度

纖維	強度(GN/m^2)	密度(g/cm^3)
玻璃	3.5	2.5
矽石	6.0	2.2
碳	2.6	1.9
石綿	4.5	2.5

5.7.3　能源交換技術

將電能輸入飛輪儲能系統，或由飛輪之動能轉變為電能，均需要適當之轉換設備。由於飛輪的轉速因儲存的能量而變，驅動飛輪的裝置即須有一較大的轉速範圍。

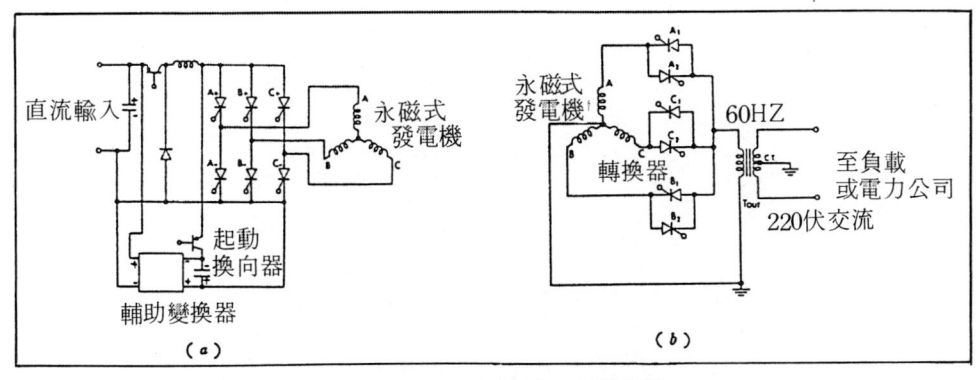

圖 5.7.3　電動機－發電機機組之電路圖

　　永磁式電動機用作驅動飛輪之裝置十分理想，因永磁式同步電動機之轉速依電動機電源頻率而變，使用矽控整流器（SCR）將直流電源變為適當頻率的三相交流電源，以控制電動機轉速直接加速飛輪。圖5‧7‧3(a) 顯示出此一構想之電路圖。將直流振盪為交流之裝置一般稱為換流器（inverter），圖中並未詳細繪出六個SCR 之觸發控制電路。直流電源可自一般之交流電源經由整流後輸入；亦可來自太陽能電池。飛輪應用於收集太陽能具有相當潛力，太陽能電池因輸出電力小很難和商用電力相比，適當利用飛輪儲能系統將可改善此項缺點。

　　圖5‧7‧3(b) 表示一週率變換（cycle - converter）之電路圖。永磁式發電機之轉速即飛輪轉速，隨能量之輸出其轉速下降且發電機之頻率亦下降，故必須利用矽控整流器做頻率變換，使最後輸出保持60週，以配合商用電力。永磁式電動機與發電機事實上為相同設備，依吾人要求不同，其可當作電動機驅動飛輪，亦可被飛輪驅動而成為發電機，不過各有不同電子電路與其配合。

　　整個飛輪與電動機／發電機機組均需置於真空容器中，俾使空氣阻力減至最小。轉子亦須由磁力軸承承載之，以減少磨擦損失，系統一般設置於地下以減低安全顧慮。圖5‧7‧4 為該系統之實用設計，圖中飛輪之能源來自太陽能電池或離峰電力。更大容量之飛輪儲能裝置，可應用至大型社區或商用太陽能電池儲能裝置。

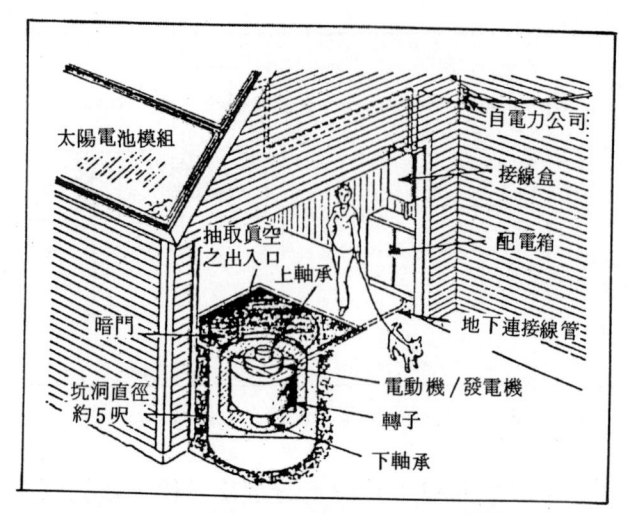

圖 5.7.4　用於住宅太陽能儲存之飛輪儲能系統

5.7.4　軸承技術

　　欲達最高能源儲存效率，則須減少可能發生之損失。於基本的觀念裏，只要是運動的機械，即免不了有磨擦損失。工程方面減少轉動物體磨擦之方法，即使用鋼珠軸承，外加潤滑油後可將磨擦有效地減少。對於飛輪儲能系統，長時間作高速度旋轉，加上飛輪均具有很大質量，軸承之負荷和壽命均是嚴重問題，使用傳統之軸承無法適合儲能要求。欲克服此項困難，發展中之新式改良鋼珠軸承和磁力軸承均有相當之吸引力。

　　磁力軸承係利用磁力承載飛輪，使磨擦損失接近於零；而新式改良之鋼珠軸承，使用多重串接式軸承，減低鋼珠磨損。雖然改良之鋼珠軸承仍有磨擦發生，但磨擦之損失功率若小於磁力軸承所需的磁功率時，其效率事實上高於磁力軸承，因為磁力軸承所需之電能，亦應考慮在損失之內。

　　改良式鋼珠軸承之基本原理，係設法減低軸承之轉速，並利用永久磁鐵承擔95％之飛輪重量，剩餘之5.％恰使鋼珠軸承達到最高效率之負載。減低軸承轉速的方法有二，如圖5・7・5(a)所示，為將軸承套入另一軸承中，此稱為串接式軸承。如圖5・7・5(b)所示，轉軸利用三個半徑較大之轉筒承載，則轉筒之軸承即可以低速運轉。

　　軸承之負載有二種，如飛輪轉軸係垂直地面，由飛輪重量產生之負載稱為軸向負載（axial load）；而由於飛輪之不平衡產生之水平作用力，稱為徑向

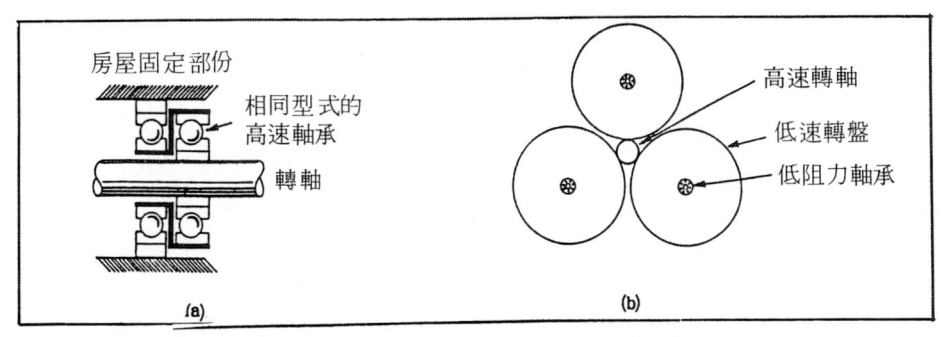

圖5.7.5　飛輪軸承(a)串接式(b)慢速轉筒式

負載（radial load）。使用永久磁鐵承擔大部分之軸向負載；使用具有彈性之材料之飛輪轉軸，可減少徑向負載。根據美國馬里蘭州John Hopkins大學應用物理實驗室試驗，使用串接式軸承，於轉速爲10,000 rpm時，軸承之損失少於1瓦特，此項損失比磁力軸承之損失更小。

磁力軸承有許多種不同結構。有使用吸引式，亦有使用推斥式之磁力軸承。圖5・7・6 爲由麻州理工學院試驗之磁力軸承構造圖，其使用線圈磁場吸引轉子，藉以承載飛輪。圖中所示之磁力軸承僅用以承載軸向負載，使飛輪重量完全由磁力所承擔。此項功能是由控制線圈（control coil）配合適當之回饋廻路完成，因此，軸向負載完全不造成磨擦。而徑向負載僅由飛輪不平衡產生

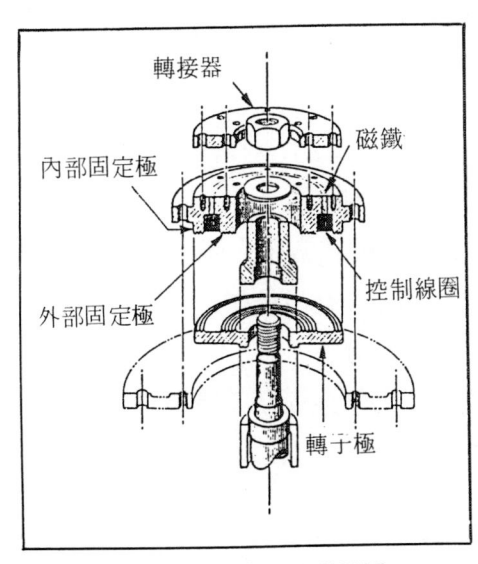

圖5.7.6　磁力軸承之構造圖

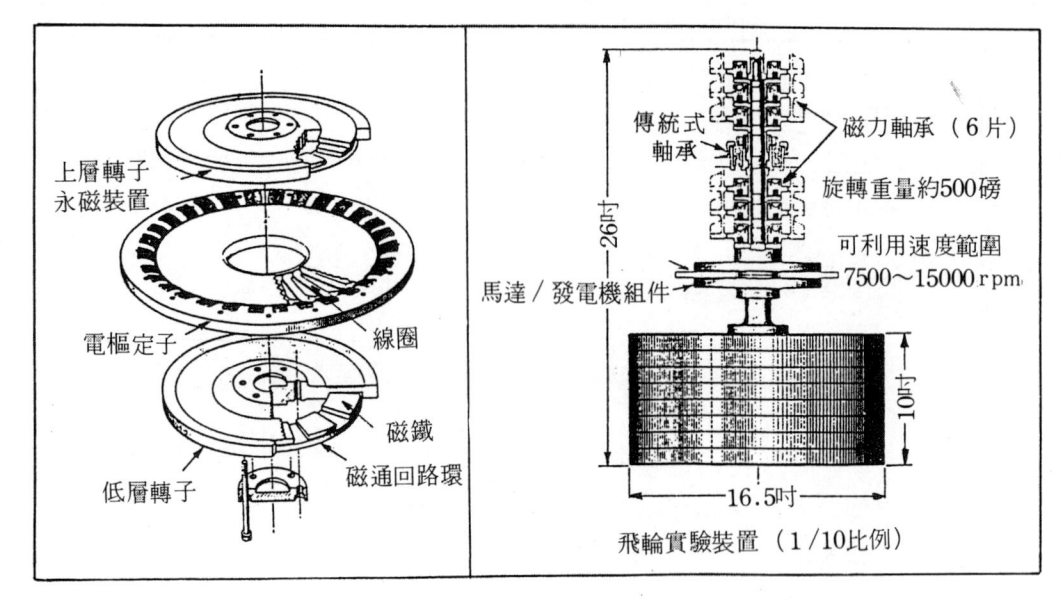

圖 5.7.7　電動機－發電機機組之構造　　圖 5.7.8　軸承系統圖

，其可使用普通接觸式軸承固定之。

　　圖 5·7·7 為電動機—發電機機組之構造圖。圖中，上下二個圓盤為轉子，轉軸穿過中空的電樞定子與飛輪相連。中間之圓盤為定子，由線圈繞組構成。因轉子須作高速旋轉，轉子中之磁極需考慮具有良好強度。圖 5·7·8 為整個系統裝配完成之後的情形，其使用六個磁力軸承負擔軸向負載，一個傳統接觸式軸承負擔徑向負載。

5．8　電磁能儲存

　　於電路中電容器與電感器為常用之儲能元件，其分別以電場與磁場形式儲存電能。於一般電路，儲能元件僅做作時間、小容量的儲存，若要長時間儲存大量能量，必須妥善地詳加分析。

　　於電磁學中，電容器將電能儲存於電場中，其能源密度（焦耳／米³）有下列吾人熟悉的公式：

$$W = \frac{1}{2} \varepsilon E^2 \qquad (5.8.1)$$

其中 E 是電場強度，ε 是介質的介電係數（permittivity）。ε 乃真空中介電係數與相對介電係數（或稱介質常數 dielectric constant）的乘積，即

$$\varepsilon = \varepsilon_0 \varepsilon_r \qquad (5.8.2)$$

顯然，電容器之儲能密度受介質常數與介質所能忍受之介質強度限制。許多物質，例如鈦之化合物（titnate），其相對介電係數甚大（100以上）。不過常用的電容器介質如雲母、陶瓷，其相對介電係數均在10以下。因此電容器之儲能密度與其他儲存方式比較，顯得不十分適用。但是電容器具有很大之功率密度，這個現象於電容器短路時可觀察到，電容器幾乎在瞬間釋放所有之能量，因此電容器在能源儲存方面，可作為一種適當之緩衝裝置，用以起動若干較大功率之負載。

將能源儲存於磁場而為吾人熟悉之能量密度公式為（焦耳／米³）；

$$W = \frac{1}{2}\mu H^2 = \frac{1}{2}\frac{B^2}{\mu} = \frac{1}{2} HB \qquad (5.8.3)$$

式中

　　μ：導磁係數
　　H：磁場強度
　　B：磁通密度

磁場之能源密度，亦受材料限制，不過其實用性較電場儲能為佳，故許多電機機械使用磁力而不用電之推斥或吸引力作為電能與機械能交換動力。然而，磁場於大容量能源儲存迄今仍不實用。

對電感器而言，其儲存能源大小可依下式表示：

$$E = \frac{1}{2} LI^2 \qquad (5.8.4)$$

式中

　　E：能量（焦耳）
　　L：電感值（亨利）

I：電流（安培）

電感值大小與介質材料及其幾何形狀有關，電流大小則受導體電流密度限制。電感儲能容量受以上條件限制，若電流密度可任意變大，則利用電感儲存之能源自將非常可觀。目前超導體之發展，恰好可以應用在增大電流密度以提高儲能容量。

當金屬溫度到達接近絕對零度時，其電阻值降至零，金屬中之電流因此可以無限制地繼續流動。因為電阻為零，任意大之電流亦不致有 I^2R 的功率損失，故其即可儲存能源於所產生之磁場中。

超導體技術應用於能源儲存尚有許多難題，如對環境造成嚴重的電磁污染，以及低溫技術的商業化，均是吾人猶待克服之問題。

5.9 能源儲存於交通運輸之影響

目前能源儲存技術於交通方面之應用，致力於電池與飛輪二者之應用，而未來預期氫氣將會取代一切成為汽車之主要燃料。電動車一般採用電池為主要之能源；或是採用電池、飛輪之混合系統。電動車如使用飛輪，可以改善汽車之加速或減速特性。因飛輪有較大之功率密度，起動加速時可提供充能功率；汽車減速時，煞車之能量可由飛輪儲存，不會因傳統之磨擦產生熱能而散失。圖5.9.1 係由美國能源部試驗之電池／飛輪汽車與一般系統性能之比較。表

電動車性能

電動車動力	加速 (0~30MPH)	最高車速 (MPH)	每日起動 停止次數
僅使用電池	23秒	33	360
電池/飛輪混合	12.5秒	40	500

圖 5.9.1　電池／飛輪汽車

5‧9‧1 即這部車之設計目標。圖 5‧9‧2 顯示汽車在一段加速、減速過程時電池和飛輪所提供之功率。

由圖 5‧9‧2 之資料獲知，飛輪之功用可使電池之輸出功率保持固定，並在汽車減速時適當充能以備下次起動之用，故其性能較單用電池者優越。

表 5.9.1　電池／飛輪汽車設計

載客人數（成人）	4
車身重量（英磅）	2566
初期成本（1975年）	5000
市區行車距離（英哩）	85
最高車速（MPH）	70
加速性能（25~55MPH）	10
加速性能（0~30MPH）	6
適用溫度（華氏）	-20~125
電池種類	鉛酸電池

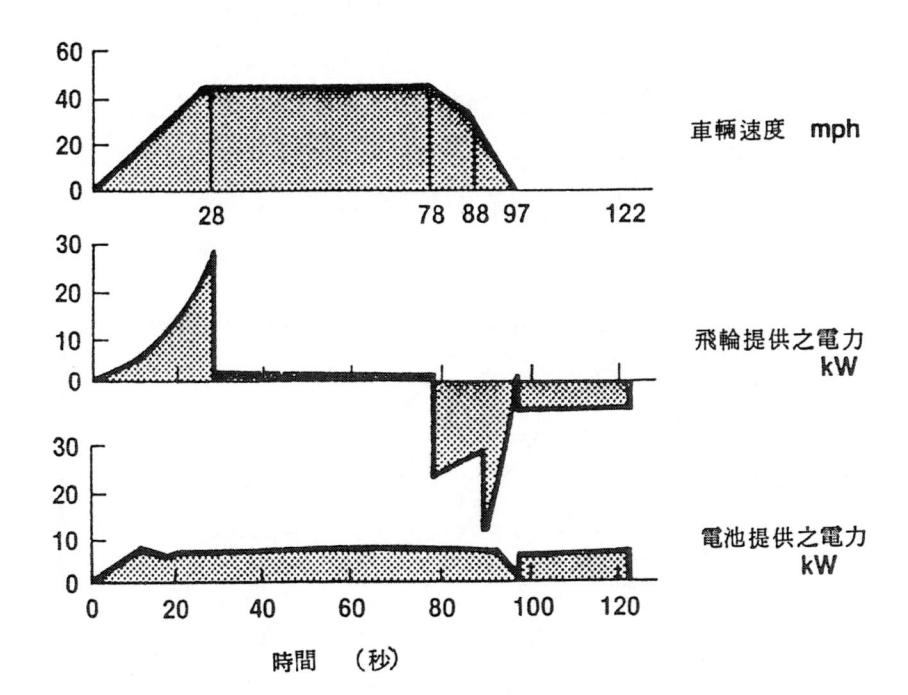

圖 5.9.2　電池／飛輪汽車由電池及飛輪所提供之功率特性

電動車之發展分成以下幾個階段：

1. 第一代

   第一代電動車使用傳統鉛酸電池做為動力來源，雖然性能不佳，但肯定了電動車之可行性。電動車亦發展配合飛輪之煞車系統，使能量減少30．％消耗。這一階段之電池約有 140 Whr／kg之能源密度，以及 200 W／kg之功率密度。

2. 第二代

   第二代電動車致力於改良電池特性，增加行車里程。發展之電池包括鎳鋅電池、鎳鐵電池以及改良之鉛酸電池等等。預期其能源密度與功率密度均可為目前鉛酸電池之 2 到 3 倍。

3. 第三代

   使用一些高溫電池如鈉硫電池、鋰硫電池以及鋅氯電池等，將是這一代之特色。其不僅有更大之儲能容量，且壽命和價格均會漸趨理想，圖 5·9·3 為第一、二、三代電動車之時速和行車距離的比較。

4. 第四代

   第四代電動車大致分為二個發展方向：即使用金屬空氣電池與氫。金屬空氣電池係採用金屬及氧為電極，反應時產生電動勢。反應後的產物可再製成金屬，供作汽車燃料。至西元二〇〇〇年時，鋁空氣電池可望為最具潛力

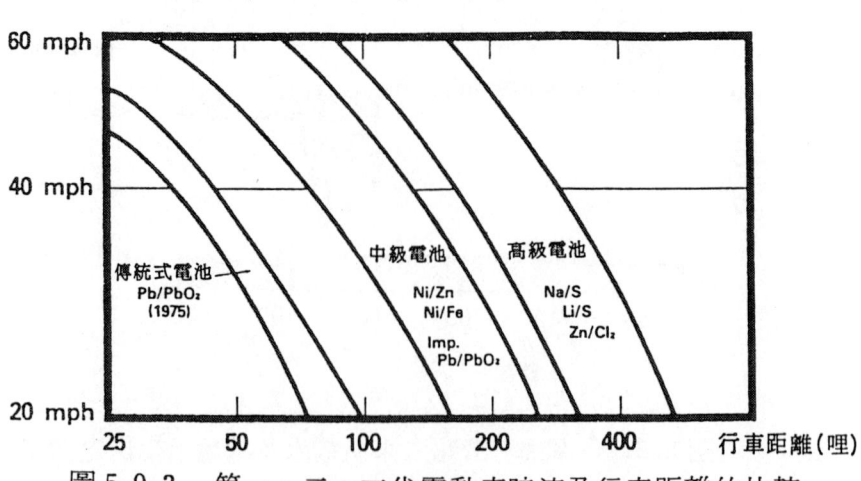

圖 5.9.3　第一、二、三代電動車時速及行車距離的比較

表 5.9.2　各種電池之能源密度

電池種類	能源密度 (Wh/kg) 理論值	實際值
鉛酸電池	180	20~35
鎳鐵鹼蓄電池	470	20~35
銀鋅蓄電池	490	80~130
空氣蓄電池	1300	130~180

電池之一。空氣電池以氧為電極，故其反應物之質量可扣除氧不計，因其取自空氣，因此空氣電池幾乎具有最大能源密度。（見表5·9·2）

氫儲存於金屬氫化物中，遇熱即釋出氫成為燃料電池之燃料，此套系統現已成功地應用至太空技術上，未來極有希望成為良好電動車之能源來源。

5.10　能源儲存於電力系統影響

於電能供應方面，能源儲存系統將帶來若干衝擊。由於環境因素市區附近一般無法興建發電廠，故對如此大的負載，需經由長程輸電線路輸送電能，供電的可靠度以及電壓調整等均不理想。而能源儲存設備卻沒有電廠之污染問題，例如一個電池儲能廠，可設置於市區中，對於電壓調整以及供電可靠度均有助益，不過，一些隨之而來的技術問題仍有待解決，如

(1)加入儲能系統之後，原有系統之操作、保護協調等均要重新發展新的監督模式。

(2)電池系統的故障或閃絡，不像交流系統容易消除，且沒有良好的直流斷路器。

(3)必須發展另一套評估電力的經濟計畫，決定系統運轉的經濟調度。

(4)電池系統在DC／AC 變換時的諧波抑制問題。

另外，能源儲存系統若普遍用於住家或工廠，負載的模式亦將改變。再生能源普遍開發之後，天氣不僅影響負載，也影響能源的可用性，故能源儲存系統的反應速度，也必須具有更大的彈性，在控制與管理上，均發生重大的改變。

5.11 與能源儲存有關詞彙

1. **能源儲存（Energy Storage）**

   以熱能、電能、位能、動能及電磁能形式儲存能源，提供調節電力、交通運輸、家庭及商業用途及配合再生能源使用等。

2. **熱能儲存（Thermal Energy Storage）**

   能源以熱的方式儲存，包括三種型式：顯熱型式儲能、潛熱型式儲能及化學反應熱型式儲能。

3. **顯熱儲存（Sensible Heat Energy Storage）**

   加熱儲能媒介物（如水）提高其溫度，將熱能儲存其中供作多方面用途。

4. **潛熱儲存（Latent Heat Energy Storage）**

   利用物質液相與固相間之相變化而將能源儲存，其特點為相變化係於低溫下進行，採用之介質具有高儲能密度。

5. **化學反應熱儲存（Chemical Reaction Heat Energy Storage）**

   一般化學反應多利用熱能將化學物質分解，使其分子間之化學鍵破壞，而於分解後之物質再化合時，即可釋出原來儲存之熱能而用於需要場合。

6. **燃料電池（Fuel Cell）**

   指燃料所含有化學能，不須經過燃燒過程，而直接將其轉變為電能使用之裝置。簡言之，將燃料化學能直接變為電能之裝置稱之。如氫氧燃料電池。

7. **壓縮空氣儲能（Compressed Air Energy Storage）**

   利用離峯電力帶動空氣壓縮機，將空氣加壓儲存於洞窖中；於需用電力時，利用原先加壓之空氣，推動渦輪機發電。

8. **抽蓄水力儲能（Pumped Hydro Energy Storage）**

   利用深夜基載電力將水由下池抽至上池，於白天尖載時再自上池將水用於發電。

9. **飛輪（Fly Wheel）**

   用於儲存動能之一種裝置，其以旋轉動能儲存能量，只要不斷地提高轉速，則儲存能源亦隨之增加。

10. **電磁能儲存（Electromagnetic Energy Storage）**

    利用電場及磁場儲存電能，如電感器及電容器等儲能元件，即屬此種儲能方式。

問　題

1. 何謂能源儲存？為何需要儲存能源？儲存方式有那些？
2. 顯熱儲存與潛熱儲存有何區別？
3. 說明氫氣於熱能儲存的重要性。
4. 說明鈉硫電池導電基本原理。
5. 何謂燃料電池？
6. 敘述利用壓縮空氣儲能之基本原理。
7. 利用抽蓄水力如何儲存位能？
8. 飛輪儲存能量之多寡與那些因素有關？
9. 利用飛輪儲存動能可應用至那些用途？
10. 超導體技術之發展與能源儲存有何關連？敘述之。
11. 說明電動車發展經過。
12. 能源儲存設備加入電力系統運轉後會產生那些問題？

參考資料

〔1〕 J. Jensen, "Energy Storage", Butterworth, 1982

〔2〕 J. Silverman, "Energy Storage", Pergamon, 1980

〔3〕 M. M. El-Wakil, "Powerplant Technology", McGraw-Hill, 1984

〔4〕 V. Nardi, etc., "Energy Storage, Compression and Switching", Vol. 2, Plenum, 1983

〔5〕 H. Kirkham & J. Klein, "Disperesed Storage and Generation Impacts On Energy Management Systems", IEEE Trans. On PAS, 1983

〔6〕 F. R. Kalhammer, "Energy-Storage Systems", Scientific American Magzine, 1979

〔7〕 閻路著　「電池學」　東華　1982

〔8〕 馮紀恩著　「能量貯存」　台電工程月刊　1981

〔9〕 黃文良譯 「能量儲存簡介」 台電工程月刊 1986
〔10〕 黃文良、王耀諄著 「能源儲存技術與應用」 技職研討會論文集 1986

第六章

能源節約與管理

6.1	前言	6.2	工廠之能源節約與管理
6.3	住宅與商業之能源節約與管理	6.4	交通運輸之能源節約與管理
6.5	能源管理	6.6	與能源節約有關之詞彙

6.1 前言

　　於接連兩次發生能源危機之衝擊後，促使吾人對於能源的有效利用更為重視，由原先全力投注於能源開發轉而注重能源之節約與管理。故自1973年發生第一次能源危機以來，已先後提出了許多能源節約方案，雖然再生能源之開發亦被列為這些方案之重點，不過一般所謂能源節約與管理仍以傳統石化燃料與電能節約為主要目標。

　　能源危機衝擊和經濟打擊並未使人類生活模式改變，所以吾人無法以降低生活品質來達成節約能源之目的。相反地，由圖6.1.1 與圖6.1.2 顯示，儘管能源價格日益高漲，美國、西歐、

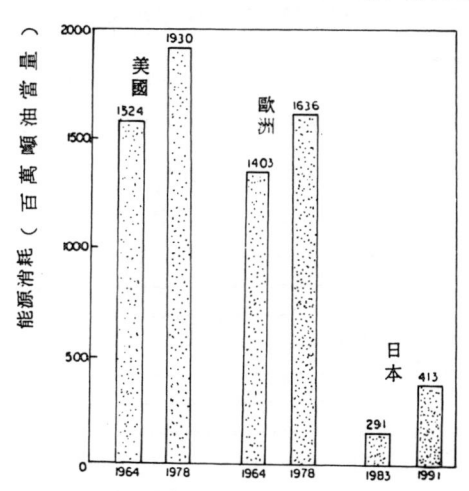

圖6.1.1　1983及1991年主要工業國家能源消耗量之比較

— 239 —

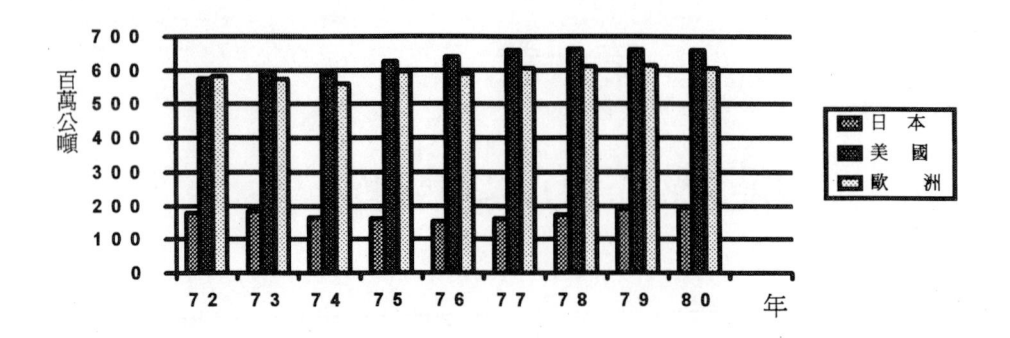

圖 6.1.2　主要工業國家 1983－1991 年原油消費量

日本等主要工業國家原油消耗量卻有增無減。

　　圖 6.1.3 及 6.1.4 亦顯示國內亦有相同情形。　不過，吾人發現用於家庭、交通及工業上之能源，約有大半是浪費掉的。如我們稍加調整冷氣溫度、適當地調整引擎使用汽油效率、或者減低駕車速度，均能節省可觀之能源。

　　另外，如錯開公司、工廠之上下班時間，一方面可以減少尖峯用電，另一方面可避免交通阻塞節省汽油。如此，每人每年可省下數百美元。

　　能源之節約與管理基本上有三點重要意義：
第一，由利益觀點言之，能源之有效運用可為企業減少成本增加利潤，並間接影響企業本身競爭力與生產力。
第二，由社會觀點而言，能源節約政策使社會更有效率，幫助或迫使政府改善交通、行政及教育等措施。

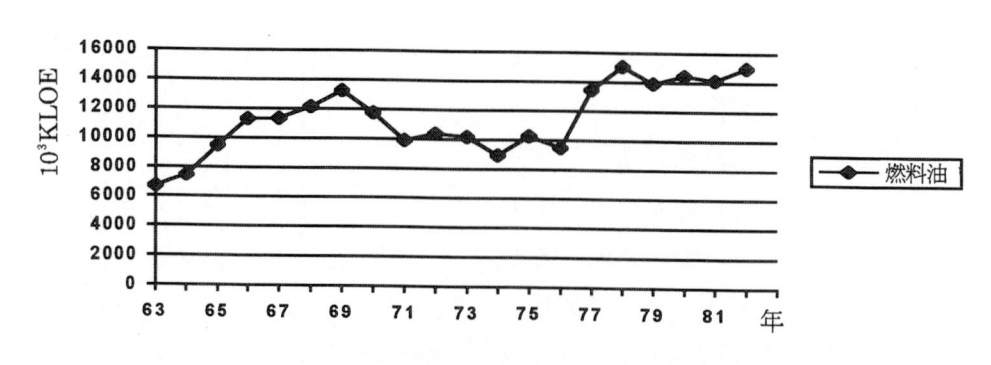

圖 6.1.3　台灣歷年燃料油供給情形（ 10^3KLOE ）
（ 82 年度能委會能源統計手冊 ）

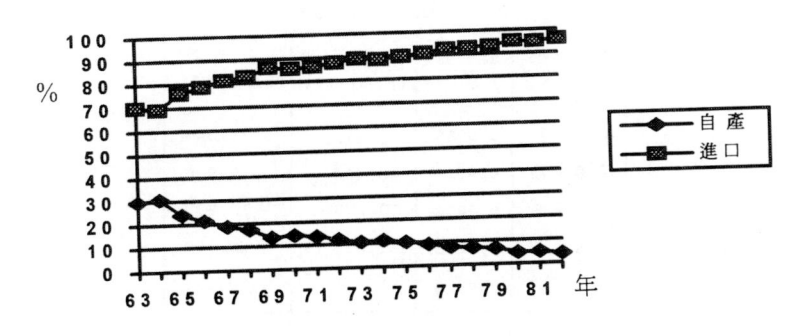

圖 6.1.4　台灣歷年能源供給情形（單位：％）
（82 年度能委會能源統計手冊）

第三，就能源開發意義而言，能源節約之技術為介於再生能源尚未成熟而石化燃料又逐漸枯竭之過渡時期所必須賴以依存之方法，故其可延長石化燃料之使用年限，為其他形式能源提供較充裕之準備時間。

6.2　工廠之能源節約與管理

6.2.1　鍋爐

工廠內熱能之來源通常由鍋爐所產生之蒸汽供給。發電廠內之渦輪發電機亦由鍋爐之蒸汽推動，其他如舊式火車及輪船之動力亦來自鍋爐。因為鍋爐為工廠產生熱能之主要設備，故要謹慎選擇及使用鍋爐以減少熱能損失。

〔1〕鍋爐熱效率

鍋爐之熱效率係用以衡量及比較鍋爐使用燃料及運轉效率的一項指標，一般可分成兩種，亦即加熱效率及吸收效率，茲分述如下：

・加熱效率

加熱效率時，需先測出下列數值：

(A)燃料燃燒產生之熱量。

(B)鍋爐所產生之熱量，即鍋爐所產生之蒸汽量，或熱水爐中熱水所增加之熱量。

然後求出(A)，(B)二者之比，即得該時間內鍋爐之加熱效率，如下式表之

$$加熱效率（\%） = \frac{鍋爐所產生之熱量}{燃料燃燒時所生之熱量} \times 100 \quad (6.2.1)$$

表 6.2.1　中國石油公司供應各種燃油之發熱量

油　名	比　重	總發熱量 (KCal/kg)	淨發熱量 (KCal/kg)
燃料油	0.9725	10,410	9,840
鍋爐用油	0.9529	10,490	9,900
普通柴油	0.8203	10,990	10,300
高級柴油	0.8063	11,030	10,330
煤　油	0.7839	11,110	10,390

燃燒 1 公噸燃料油，約產生 9840×10^3 仟卡之熱（由表 6.2.1 可查出），若此熱毫無損失，理論上其可加熱 16 公噸水（20℃）變成蒸汽。

• 吸熱效率

燃燒時所產生之廢氣，使許多熱量隨廢氣經煙囪逸去，造成熱損失。現如測定燃料燃燒時所生熱量，減去自煙囪逸去熱量，再求二者之比，即為鍋爐之吸熱效率。

$$吸收效率(\%) = \frac{燃料燃燒總能量 - 煙囪逸去熱量}{燃料燃燒所生之熱量} \times 100 \quad (6.2.2)$$

煙囪廢氣之熱量損失為影響鍋爐燃燒之重要因素，其測定方法簡便，故為一種比較鍋爐燃燒效率的有效方法之一。計算鍋爐之吸熱效率，因只須測定煙囪廢氣中含氧或二氧化碳濃度與煙囪溫度（指煙囪底部排氣溫度與室溫之差），故其又稱作「二氧化碳及煙囪溫度熱效率」，或「操作效率」。

• 鍋爐之熱效率

鍋爐之熱效率可依下式計算之：

$$熱效率(\%) = \frac{蒸汽流量 \times (蒸汽機 - 給水熱) + (排放水熱 - 給水熱)}{燃油量 \times 比重 \times 燃油發熱量} \times 100 \quad (6.2.3)$$

〔2〕提高鍋爐之燃燒效率

燃料油之燃燒應以產生最高熱量為目的，任何燃油若溫度愈高粘度愈低，則可噴成愈細之油霧以增加和氧接觸的面積，而能完全地燃燒得到最高熱量。

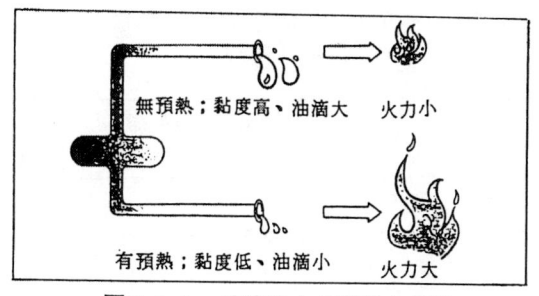

圖6.2.1 燃燒油有無預熱之比較

故鍋爐使用燃油前應先予以預熱，以獲得較大之火力效果，參考圖6.2.1所示。油料預熱溫度多以下列為準：

蒸汽噴霧	71～82 ℃
加壓噴霧	93～120 ℃
廻旋噴霧	82～120 ℃
低壓噴霧	82～120 ℃

一般儲油槽最多只須預熱至50 ℃左右，而燃油噴入燃機室時須預熱至90～105 ℃。為防止油溫降低，熱油管線必須妥為保溫以減少熱損失。

除了預熱燃油之外，控制適當之空氣量亦可提高鍋爐燃燒效率。燃油燃燒時，每公秉燃油理論上約需10,500立方公尺之空氣，然為促進完全燃燒，實際空氣量必較理論空氣量多。燃燒時實際所需之空氣量與理論空氣量之差，稱為過剩空氣，其百分比稱為過剩空氣係數，即

$$過剩空氣係數 = \frac{實際使用之空氣量}{理論上所需空氣量}$$

各種不同燃料所需之理論空氣量與過剩空氣係數，參考表6.2.2所示，妥善控制過剩空氣量將有助於燃料之完全燃燒而提高鍋爐效率。於鍋爐空氣供應不足時燃燒，其缺點如下：

・黑烟增加，造成公害。

・部份碳粒尚未完全燃燒即由煙卤排出，此不僅降低燃燒率，且易造成回火引起鍋爐爆炸。

・碳如不完全燃燒會產生一氧化碳，其燃燒熱約為2416 kcal／kg；而完全燃燒後會產生二氧化碳，所放出之熱量為8078 kcal／kg，二者相差甚大

表 6.2.2　各種燃料所需理論空氣量與過剩空氣係數之關係

	每公斤燃料之理論空氣量		適當過剩空氣係數	最高燃燒溫度℃
	kg	N M³		
木　　柴	4～5	3～4	1.6	1820
木　　炭	10～11	8～8.5		
褐　　煤	7～10	6～8		1820
瀝　青　煤	10～12	8～8.5	1.5	2220
無　烟　煤	11～11.3	8～8.8		
焦　　炭	10～12	8～9		
重　　油	14～14.5	10.5～11.5	1.23	2135
發生爐煤氣	1 M³燃料	1.0～1.1	1.19	1790
煤　　氣	1 M³燃料	3.7～4.6	1.19	2115

。並且一氧化碳為熱的不良導體，將使鍋爐吸熱效率大為降低。

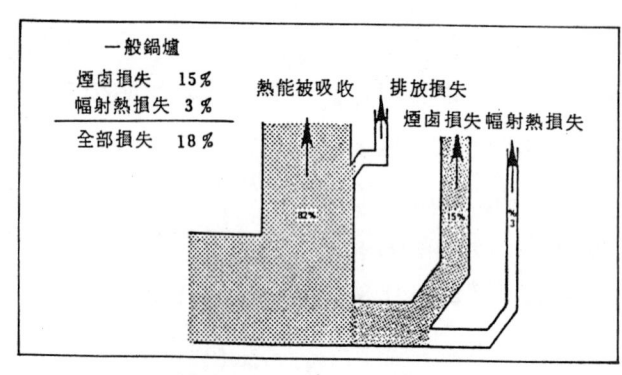

然而當過剩空氣量過多時，熱能由煙道散失增多，由圖 6.2.2 可輕易看出熱能損失最多者係由煙囪帶出。故任何提高鍋爐效率之策略，首應設法減少熱能由煙囪損失，在不增加無法完全燃燒的碳及一氧化碳情況下，適當調整空氣及燃油之混合比例，以減少過剩空氣量。

圖 6.2.2　燃料在鍋爐內的熱能流程圖

一般鍋爐
煙囪損失　15%
輻射熱損失　3%
全部損失　18%
熱能被吸收
排放損失
煙囪損失　輻射熱損失

控制及調整過剩空氣量最簡單方法即作煙道氣分析。當測知煙道氣中氧或二氧化碳之含量後，將可立即獲知空氣供應量過多抑或不足，此點在鍋爐操作與經濟分析上極為重要。圖 6.2.3 為鍋爐煙道氣與氧、二氧化碳含量的關係。目前由於微電腦技術極為進步，故可用以分析煙道氣，並控制燃油及空氣之比例，使過剩空氣量減至最少，因而鍋爐效率提高，能源開支自然減少（參考圖 6.2.4）。

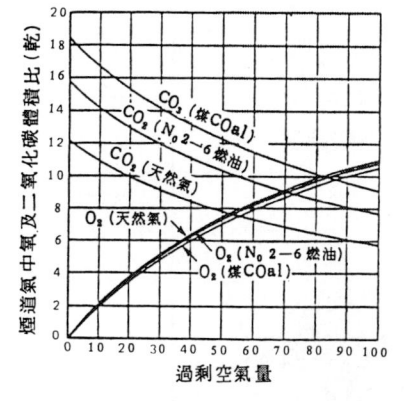

圖 6.2.3　鍋爐過剩空氣、煙道氣及二氧化碳含量關係

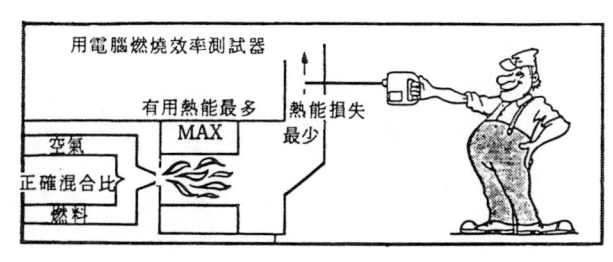

圖 6.2.4　利用微電腦測試效率

6.2.2　熱能之儲存與應用

　　一般典型的工廠，因爲生產程序之安排與機器操作之需要，經常發生尖峯負載，因而使鍋爐負荷變動極大。如當負荷突然增加，蒸汽供應量不足，鍋爐內壓力下降，將引起嚴重汽水共騰。爲了應付尖峯負載，工廠常需購置較蒸汽平均需求量大二、三倍容量之鍋爐，因此鍋爐大部份時間都處於低燃燒操作狀況下，其燃燒效率低且能源大量浪費。改善方法之一，即利用蓄熱器配合運轉，如圖 6.2.5 所示。

　　變壓式蒸汽蓄熱器之構造如圖 6.2.6 所示，其功用如同電路中電容器一般。在鍋爐負荷輕時，將剩餘蒸汽引入蓄熱器，使熱能儲存在飽和水中；當負荷增加時，鍋爐壓力降低，蓄熱器之高壓飽和水因爲壓力減少與水溫降低，放出一部份熱能產生瞬間蒸汽（flashing steam）補充鍋爐蒸汽蒸發量不足。

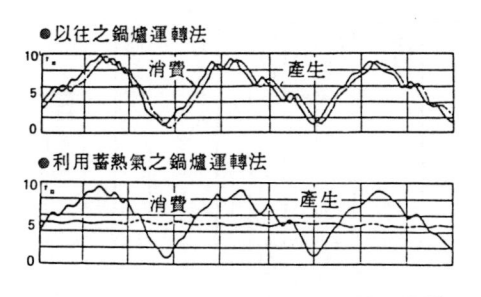

圖 6.2.5　鍋爐蒸汽產生及消耗曲線

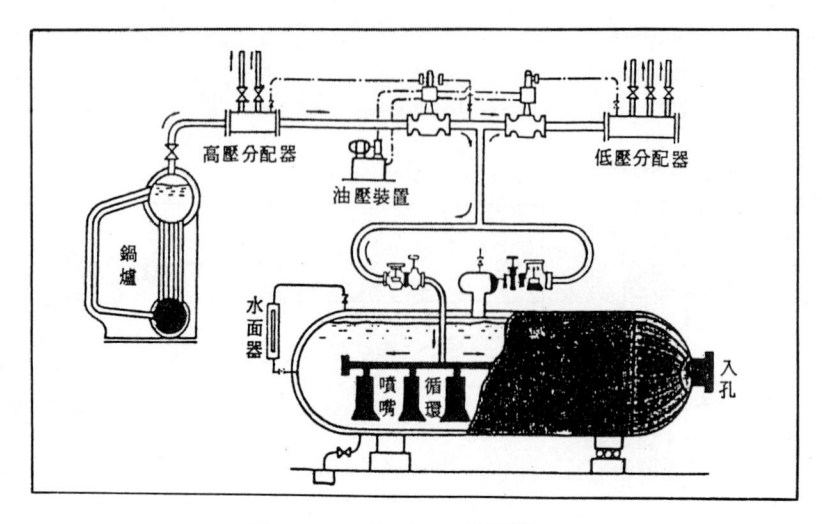

圖6.2.6　蓄熱器之構造圖

6.2.3　熱能之輸送、使用與回收

　　鍋爐及使用蒸汽之熱機間配有蒸汽管路，由於管路容易洩漏、混入空氣等因素故將造成熱損失。因此對於管路之設計、維護，應要避免熱能損失以提高蒸汽系統效率。圖6.2.7 為鍋爐及蒸汽系統的熱能損失分配情形。

　　裝置蓄熱器可使鍋爐於穩定負荷下燃燒，因而發揮鍋爐設計與操作之最高效率，約可節省5～15％之燃料。另外，蒸汽負荷增大時，由鍋爐及蓄熱器共同擔負供應蒸汽之來源，因此鍋爐容量能以平均用量為準，而不需考慮最大負荷。使用蓄熱器之另一個優點，為當鍋爐故障無法供應蒸汽時，蓄熱器所儲存熱能可繼續供應工廠使用。

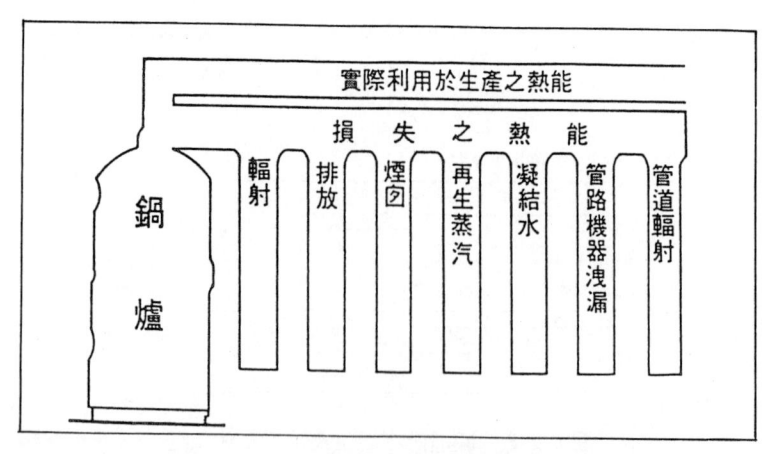

圖6.2.7　鍋爐及蒸汽系統之熱能損失情形

輸送熱能的管道必須考慮下列諸因素，俾能減少損失：

・檢修洩漏或破損管道　　洩漏乃蒸汽損失之主要原因，圖6.2.8顯示洩漏孔隙大小、壓力與蒸汽損失之關係。

・選擇蒸汽管路口徑　　口徑太小，管路將產生不正常蒸汽壓力降，同時加速管路磨損；口徑太大，則增加配管、保溫成本，並增大散熱面積。通常決定口徑須同時考慮蒸汽進行速度及其行進壓力降二個因素。

・管道之排水　　如蒸汽管路不能隨時將凝結水排出，不但會影響蒸汽品質，而且會影響蒸汽之輸送，增加管道的壓力降，使管道及熱機受損。因此先要估計出管內凝結水之生成量，而適當地配置排水收集器。為便利凝結水流到排水處，水平走向管道應朝凝結水流動方向傾斜；而向上輸送管道應放大管路的尺寸，且傾斜度較小，如此方能使凝結水流至收集器中（圖6.2.9）

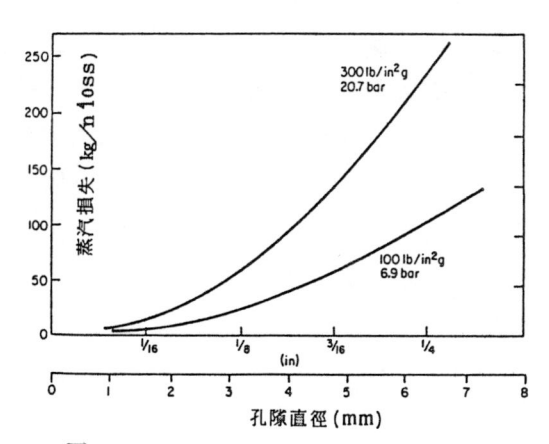

圖6.2.8　洩漏孔隙與蒸汽損失之關係

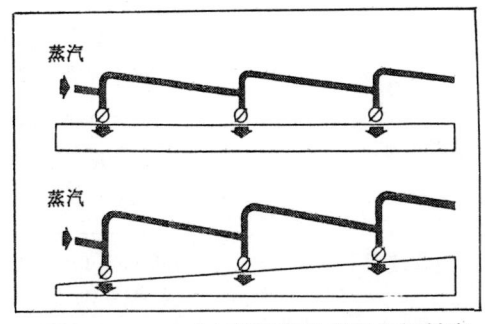

圖6.2.9　正確之蒸汽管路必須有傾斜度

・蒸汽管路的保溫　管路保溫對防止熱能散失十分重要，但合理保溫須計算保溫厚度與其成本間的關係。保溫厚度愈厚熱能損失固然愈小，但所費成本亦高。圖6.2.10提供尋求最經濟成本厚度之觀念。

至於熱能之使用，主要考慮下列幾點：

・保持蒸汽品質　鍋爐所產生之蒸汽，必須隨時保持純淨及乾燥，才能使熱能有效地傳遞，並減少管路及熱機之損耗。

・作好維護保養工作　通常輸送站、空壓管、接頭、閥門都可能因為小小之洩漏而造成龐大能量損失，故善加設計保養重點、週期，可以降低能源開支。

・提高熱機效率　消耗熱能之機器，如果效率不高，應立即修護或淘汰，避免浪費熱能。

・善加利用廢熱　任何排放或廢棄之物質，如廢水、廢氣等，如含有熱量，應設法回收利用，以珍惜能源。

熱機作功所吸收之熱能，僅爲蒸汽熱能其中之一部份，熱機所排放出之蒸汽或凝結水仍含有許多有用能量。如任憑這些能量散失於大氣或河川，實在可惜，對工廠而言，其損失了許多可用之資源。故適當地回收能源利用後之熱能，亦是節約能源重點之一。

現討論再生蒸汽與凝結水回收之問題。於一大氣壓下，水沸點為100℃，如果再加熱，則將不斷產生蒸汽，同時，壓力愈大，沸點愈高，其生成蒸汽之溫度亦愈高。一般鍋爐多使用高壓蒸汽，此種蒸汽，被熱機利用後，除去其潛

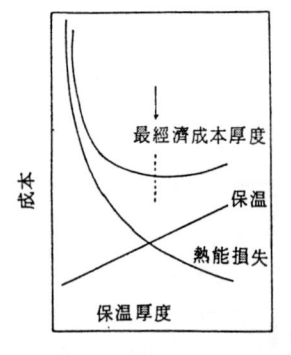

圖6.2.10　保溫厚度與成本之關係

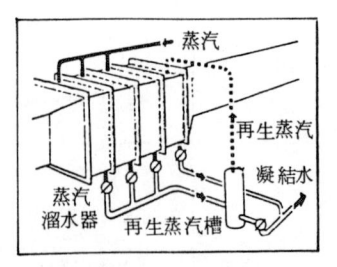

圖6.2.11　再生蒸汽用於加熱空氣

熱，則將凝結為水；如仍在高壓下，此種凝結水之溫度將會超過100℃，當引入聚水槽時，壓力回復至一大氣壓，則凝結水之溫度最多只能保有100℃，多餘的熱量必須以汽化方式放出，重新蒸發為蒸汽，此謂再生蒸汽或二次蒸汽。此種蒸汽與原來蒸汽只在於壓力不同，而其熱量仍可資利用，最常見是用於空氣預熱或加熱鍋爐給水。圖6.2.11為再生蒸汽應用於預熱空氣之實例。

凝結水之回收除可減少補給水量、節省水費外，並且具有下列諸項優點：

- 給水溫度昇高，增加鍋爐蒸發量，能應付鍋爐負荷之改變，減少備用鍋爐使用機會。
- 給水溫度昇高，減少單位蒸汽生成熱能之需要量，直接節省燃料消耗，提高鍋爐效率。（圖6.2.12）
- 凝結水水質純淨，不含鍋垢，含氧量低，可提高水質節省清鍋費用。

關於鍋爐煙道之熱回收亦為能量回收的重點之一。由煙囪所排出之熱量損失，主要是煙氣溫度所保有的熱量與因為燃燒不完全而排出之可燃氣體。對於後者應該控制鍋爐之過剩空氣量，使燃料完全燃燒。煙囪排出之廢氣溫度，通

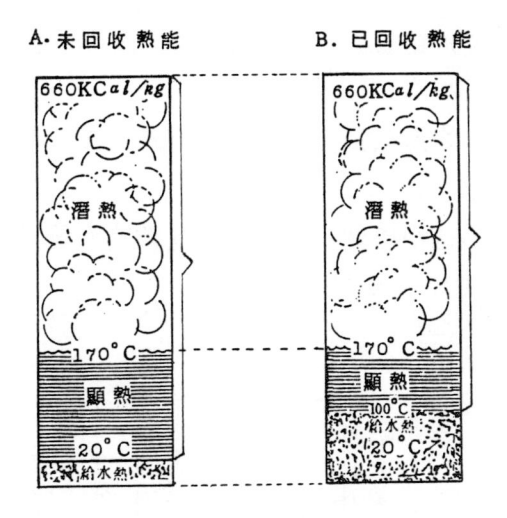

A. 未回收熱能　　　B. 已回收熱能

生成每公斤蒸汽所需燃油熱能　　生成每公斤蒸汽所需燃油熱能
660－20＝640（KCal/kg）　　　660－100＝560（KCal/kg）

圖6.2.12　凝結水回收之實例

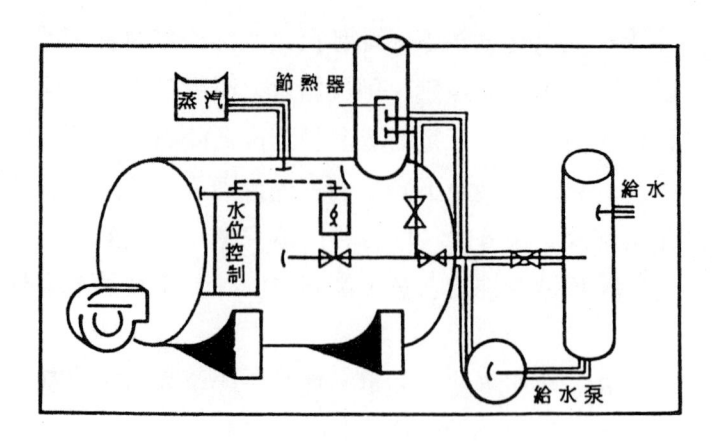

圖 6.2.13　回收煙道中廢棄的熱能

常為180℃～300℃，此為相當嚴重之熱損失，若能適當地回收，對節省能源極有貢獻。

煙道氣之熱能回收一般亦可用來加熱鍋爐給水和預熱空氣，用以加熱鍋爐給水者稱為節熱器，圖6.2.13為利用節熱器回收煙道廢熱的實例。使用節熱器有幾項明顯的優點：

・提高鍋爐效率；
・給水與爐水溫度差距較小，減少對爐體不良影響；
・鍋爐蒸發能力可提高。

不過節熱器會增加煙道風損，故對通風方式、燃氣溫度及流速等需要詳細計算方能獲得最大效率。

利用煙道廢氣加熱送至燃燒室之空氣，此種裝置稱為空氣預熱器。利用空氣預熱器做熱回收，具有下列優點：

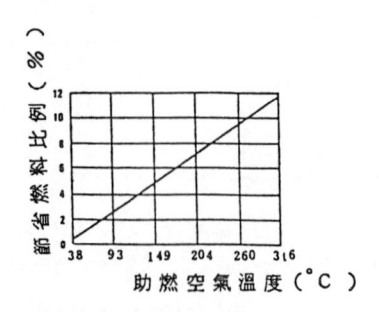

圖 6.2.14　預熱空氣及節約燃油比例圖

・燃燒溫度提高，熱傳導良好；
・即使空氣量較少，亦能完全燃燒；
・能減少廢氣熱能損失，提高鍋爐效率；
・燃燒速度增加，變成短焰，增加爐室之利用；
・劣煤亦能完全燃燒，可以減少煤煙，減少空氣污染；
・可以簡化爐室形狀，提高燃燒量。

使用空氣預熱器回收煙道廢氣熱能，一般可節省 5～10％ 的燃料，圖 6.2.14 顯示預熱空氣與燃料節約之比例。

6.2.4　汽電共生

「汽電共生」即蒸汽與電力相互共生；換言之，即以一套系統設備，能同時產生電力與蒸汽。圖 6.2.15 說明汽電共生之基本模式，圖 6.2.16 為汽電共生之基本流程。

圖 6.2.15 中，鍋爐產生高壓蒸汽，經蒸汽渦輪機帶動發電機後，其餘蒸汽供工廠製程利用。理論上，鍋爐產生蒸汽量需達到某一程度，才適合此裝置，因為蒸汽量太低時，發電效率及可以利用之蒸汽相對減低，成本提高，故不合乎經濟原則。

汽電共生系統能夠節省大量能源，其不僅能提供所需熱能於生產過程，同時又能發電以供全廠之用。當電力價格提高時，此系統將有效地節省成本。對

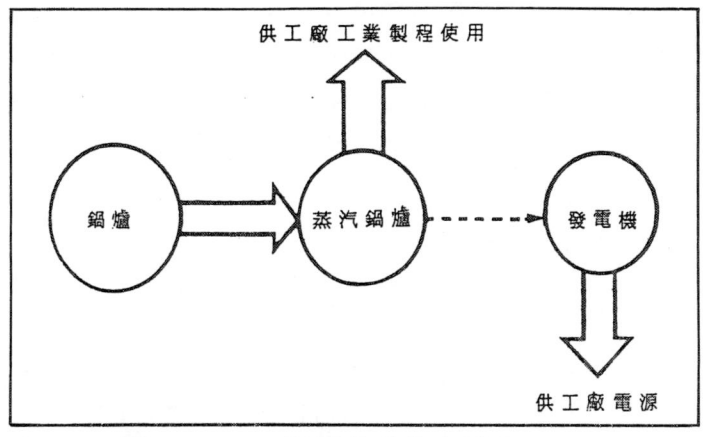

圖6.2.15　汽電共生基本模式

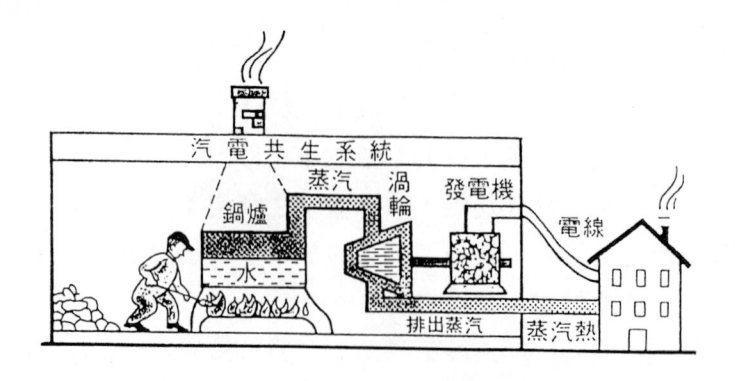

圖6.2.16　汽電共生基本流程圖

於某些工業需要連續運轉生產，由於共生裝置自有電力供應，可不受電價或供電限制之影響；汽電共生系統運轉之重要基本條件為蒸汽需用量必須達到某個程度才合乎經濟效益。對於蒸汽用量不多的工廠，若於同一工業區內設廠，亦可考慮共同建立此種裝置並設計各工廠所需蒸汽壓力及溫度之配置，以達到共同效益。此一系統之另一優點，為減少空氣、水及熱的環境污染，亦即節省污染處理費用。

汽電共生系統依其使用的原動機可分為：蒸汽渦輪機、燃氣渦輪機及柴油引擎等三大類。茲分述如下：

蒸汽渦輪機之汽電共生（如圖6.2.17），係以高壓蒸汽驅動渦輪機產生機械能，此能量可直接轉動發電機產生電力，多餘之高溫蒸汽則由渦輪機排出，減壓後用於生產過程中。此系統產生之電力與由鍋爐輸入之蒸汽壓力成正比。

燃氣渦輪機之汽電共生（如圖6.2.18），係利用天然氣或輕質油料作為燃料，由燃氣渦輪產生機械力轉動發電機產生電力。由於排氣溫度高達55℃，且含氧量很高，可加入其他燃料燃燒以提高溫度，直接用於製程或經由鍋爐產生蒸汽再加入製程中使用。

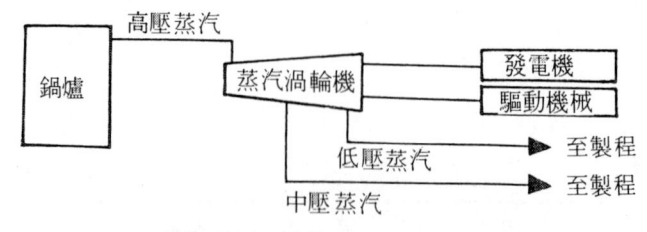

圖6.2.17　蒸汽渦輪機之汽電共生

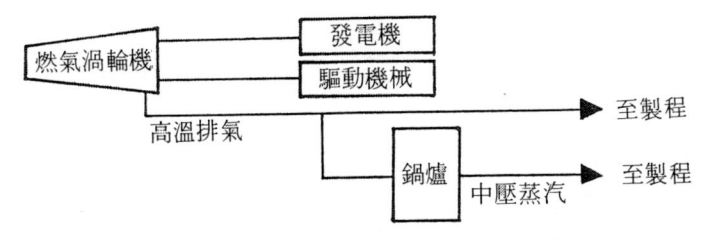

圖6.2.18　燃氣渦輪機之汽電共生

柴油引擎之汽電共生（如圖6.2.19），係利用柴油作為燃料產生機械動力，再轉動發電機產生電力。但是其排氣溫度只有25℃，所以用於較低溫加熱之製程或用於鍋爐產生低壓蒸汽，再送至製程使用。

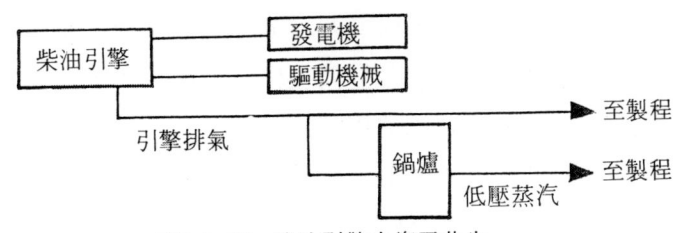

圖6.2.19　柴油引擎之汽電共生

6.2.5　電能之節約

電能具有清潔、高效率與傳遞容易等優點，工廠之動力、照明、控制等，莫不與電能之使用息息相關。由於石油價格上漲使發電成本大幅增加，而且電力需求的成長使得尖峯與離峯需求之差距愈來愈大。所以電力公司一方面依照發電成本調整電價，另一方面對於尖峯用電與離峯用電採用不同電價，以鼓勵用戶使用離峯電力。因此對於工廠用電的節約，除提高電能效率、減少不必要浪費外，對於用電方式亦須有效管理，以便合乎各項用電法規，節約用電開支。茲就工廠電能節約方面詳細說明如下：

〔1〕配電系統

配電系統設計對於工廠用電的可靠度十分重要，設計良好的配電系統能有效地隔離故障設備，而不影響供電品質。另外，良好配電設計使電力的配置適合廠房需要，減少不必要線路損失，減少電壓降與維護費用。因此，配電設備需注意下列事項：

・設備應設置於負載中心，且便於配電之場所。

- 設備應靠近電力公司電源責任分界點。
- 選擇通風及散熱良好之場所,因爲溫度上昇,將使負載容量減低。

〔2〕變壓器

　　變壓器爲配電系統中總容量最大、效率最高的電力機械之一。在額定容量運轉時,10,000kVA 的電力變壓器其效率約爲99％ ,小型單相桿上變壓器亦有 96～98％,由於其爲電源機械,通常不論負載如何變動,變壓器均做全日連續運轉。所以,雖然變壓器效率甚高,但是如以年爲單位計算,其損失電能亦不可忽視。

　　變壓器的損失包括銅損與鐵損,此外一些利用風扇強迫散熱之變壓器尙須將風扇電力列入損失計算。銅損大小與負載電流平方成正比,鐵損則爲一定值,變壓器容量愈大,效率雖然較高,但是其損失能量和成本亦愈多。故謹愼選擇變壓器容量,以達到經濟運轉是相當重要的。

　　工廠負載時時都在變動,故考慮變壓器於某一時刻之效率是無意義的。變壓器的效率通常以「全日效率」爲其經濟效益之評估。如工廠每日負載變動模式略同,以其最高全日效率方式運轉則損失電力爲最少。

$$全日效率(\%) = \frac{全日輸出電力〔KWH〕}{全日輸出電力〔KWH〕+全日損失電力〔KWH〕} \times 100 \quad (6.2.4)$$

　　由全日效率的意義,暗示出工廠對於負載管理之重要性。對於負載變動小的工廠,變壓器容量可予減小,則全日效率亦可提高。

〔3〕電動機

　　電動機是工廠動力的主要來源。根據日本關西電力調查結果顯示,電動機之電力消耗約佔一般工廠電力消耗百分之六十左右。因此,如何適當選用電動機,及如何使電動機作高效率運作,爲節約電能的重點之一。

　　電動機於運轉時機體本身溫度會逐漸昇高,此因電源供給能量中之一部份,於電動機內部變成熱量消耗所致。這種消耗不僅損失電能,亦是絕緣劣化重要原因之一。因此,電動機輸出容量受溫度上昇之限制,有效輸出將減少,亦

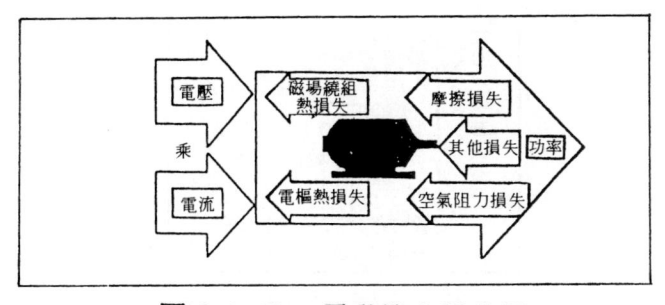

圖 6.2.20　電動機之損失圖

即電動機運轉效率將降低。電動機運轉效率的公式為

$$\eta = \frac{輸出功率}{輸出功率+固定損失+負載損失} \qquad (6.2.5)$$

所謂高效率電動機即是在額定負載下，損失最少之電動機。電動機損失及種類包括：

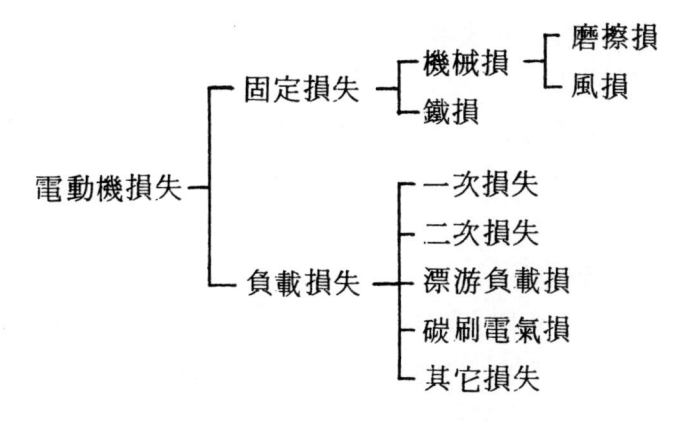

```
                    ┌ 機械損 ┬ 磨擦損
         ┌ 固定損失 ┤        └ 風損
         │          └ 鐵損
電動機損失┤
         │          ┌ 一次損失
         │          ├ 二次損失
         └ 負載損失 ┼ 漂游負載損
                    ├ 碳刷電氣損
                    └ 其它損失
```

對於電動機之省電措施，需注意下面幾個要點：
1. 負載之最適當化

　　電動機在負載率75％～100％之間使用，效率最佳。負載率在50％以下時，功率因數和效率急劇惡化。因此，當負載很小時，應改用小容量電動機。

2. 避免空轉

　　雖然電動機短期空轉損失非常微小，但經長時間累積下來之損失是非常驚人的。因此對於某些機械能否作時間性的或季節性的短暫停轉，

256　能源應用

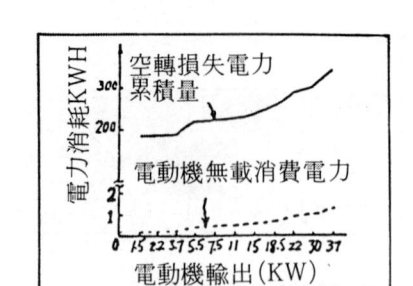

图6.2.21　電動機空轉之電力損失

應詳加規劃，以減少因空轉而浪費的電力。圖6.2.21顯示不同容量電動機空轉所造成之電力損耗。圖中實線部份為每天空轉一小時，依每年勞動日數為300天計算所累積之電力損失。

3. 選擇適當傳動方式

傳動裝置介於電動機與負載間，作為聯絡及動力傳達之用。動力傳達方式分為四種，其效率如下：

轉動方式	效率（％）
・皮帶輪傳動	70～90
・鏈條傳動	75～80
・齒輪傳動	93～96
・直接傳動	100

以節約電力觀點選擇最佳傳動裝置時，僅考慮傳動效率是不夠的，必須選用適當電動機及傳動方式之總合效率最高者。

4. 電源要求

電動機銘牌上均標示額定的電壓、電流及頻率。於額定條件下，電動機將有最佳的性能。電源電壓、頻率的穩定性均影響電動機之效率和壽命。另外，三相電動機必須在三相平衡之電源電壓下操作，如果三相電壓不平衡，電動機效率亦急遽下降。

5. 採用高效率電動機

如電動機效率高，其損失亦相對減少。欲提高電動機效率，可藉使用高級鐵心或增加銅線與鐵心之用量，使電動機大型化，如此，價格必

然提高，但由於效率提高所節省之電力費用，能在短期內使初期投資增加之費用得以回收。因此，高效率之電動機仍值得採用。

6. 改善功率因數

各電力公司對於功率因數均訂有標準。台電對於各工廠電力設備的電費計收係以功因 0.8 為分界點。如果功因低於80％，每低百分之一，則其電費增加千分之三。如果功因高於80％，每高百分之一，則電費減少千分之一點五。故提高功率因數至少有三點好處：(1)功因提高可降低負載電流，直接減少電力損失。(2)負載電流降低可以減少電壓降，維持供電品質。(3)功因提高至80％以上時，電力費用將有打折優待，可減少電費支出。工廠一般多使用感應電動機，改善功因最常用方式為採用電容器，有時亦可採用功因超前之同步電動機。

7. 加強保養、維護

安排適當維護日程、調整電動機冷却風扇、檢查傳動裝置潤滑情形及測試電動機絕緣強度等措施，均可延長設備壽命與減少損耗。

6.3　住宅與商業之能源節約與管理

6.3.1 空調

空調目的是使某一空間內的空氣能保持最適合狀態，使得在其中活動的人獲得最適宜之環境。理想之空調除了要求空氣新鮮與流通外，最重要即是控制空氣之溫度與相對濕度。在冬天，除了要使空間溫度保持溫暖外，對濕度的要求亦極為重要。適當地使過份乾燥之空氣增加濕度，將有益鼻腔和喉嚨黏膜，並可避免地毯聚集太多電荷而使人觸電；較高濕度可使人在較低溫度下感覺舒適，故而節約暖氣用電量。相反地，於夏天空氣中，濕度宜儘量降低，一台有效之冷氣機，其除濕能力比其製造冷空氣之能力更為重要。如在一個大熱天，雖然室內溫度稍高，但是如仍能保持適當的濕度，仍然令人覺得舒適。圖 6.3.1 表示在冬、夏兩季，人體感覺舒適的溫度與濕度範圍。

評估冷氣機之冷氣效率一般多用ＥＥＲ數值為標準。ＥＥＲ代表能源效率比值，即

258　能源應用

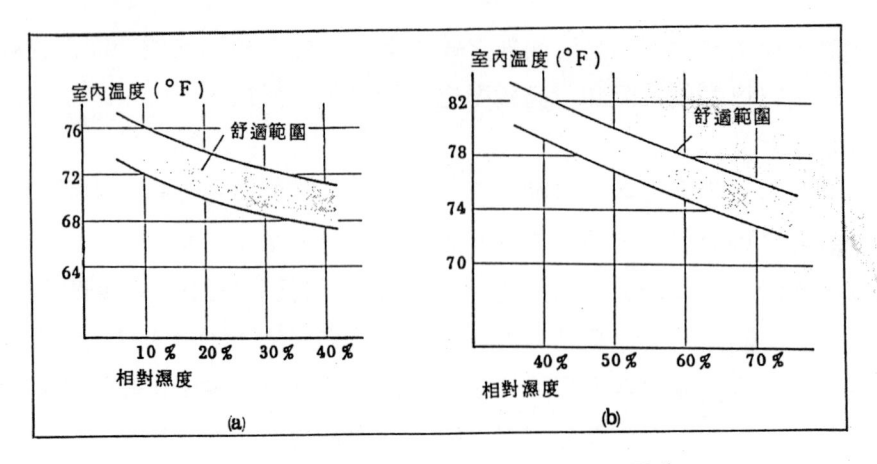

圖6.3.1　舒適之溫度與濕度範圍(a)冬季(b)夏季

$$能源效率比值（EER）= \frac{冷氣能力（英熱單位／小時）}{消耗電力（瓦）} \quad (6.3.1)$$

能源效率比值愈高，愈節省電力，故選購高ＥＥＲ冷氣機將可節省電費。

空調方式大致分為下列兩種方式：（圖6.3.2）

- 個別式　建築物中各單位設置空調設備，以個別控制冷暖氣，並對濕度作調整，例如窗型機、箱型機等均是。
- 中央式　建築物中之一個或數個場所設置空調設備，而以配管連結建築物內各處所，以集中控制冷暖氣，並對濕度作調整與換氣。例如中央系統空調機屬之。

個別式或中央式空調二者間的選擇，以建築物所需空調需求為依據。整棟建築物需要空調時，中央系統效果尤佳；但對偶而使用的房間，仍以個別裝置為宜，因不論設備投資或運轉費用均較經濟。至於設備的裝置，為了達到高效率、省電的目的，室外機組裝設位置應以日光照射不到、通風良好的地方較為適宜。屋內機組不要裝設在進出口處、或障礙物前，高度以75～120公分為宜，此因一般冷氣由高處吹出，而暖氣則由低處吹出為宜。

使用空調設備時，還要遵守下面幾個省電的原則：

- 於室內應設置溫度計，以便隨時調節適宜溫度；
- 開放冷氣時，應儘量減少使用廚具、電熨斗等發熱器具；

第六章 能源節約與管理 259

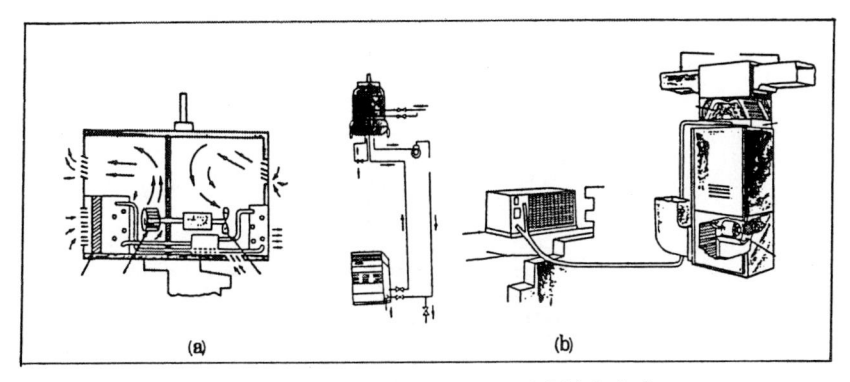

圖 6.3.2 空調方式(a)個別式(b)中央式

- 室內機組的空氣過濾器污塞時，會妨礙送風或冷却（暖房）效果，應每隔 1～2 週清洗一次，以維通風；
- 室外機組如被樹葉或污泥附著，會妨礙放熱（或吸熱）效果，故應經常清理。

6.3.2 建築物之隔熱

　　冷房或暖房效率不高之原因，最主要是因熱能由屋頂、天花板、外牆、門窗、地板等建築物外圍部份傳入或傳出，以及由窗玻璃造成的輻射熱所造成。以美國中部一普通家庭為例，其於冬季典型之熱能損失約是 120 百萬 BTU，此相當燃燒 172,000 立方呎的天然氣（每一百立方公尺 0.11 美元，共 189.2 美元），或者 1450 加侖的燃料油（每加侖 0.25 美元，一共 362.5 美元），故改善建築物之隔熱功能是相當重要的。

　　天花板及牆壁之隔熱，對熱損失的減少可由下例獲悉。以位居美國中部之一座一層樓房子為例，如在天花板上添加一吋厚的隔熱材料則立即減少 33 ％ 熱損失，如果同時亦在牆上添加一吋厚的隔熱材料，共可減少 46 ％ 熱損失。對於天花板和牆同時使用 4 吋厚的隔熱材料，可減少 53 ％的熱損失。此例說明隔熱之效益，更重要的是，節省下來之燃料費較隔熱投資更可觀。圖 6.3.3 所示為建築物隔熱或不隔熱對於減少熱損失之效果比較。

　　除牆壁和天花板外，玻璃窗和門亦是熱能洩漏之途徑。一般可加上窗簾，或在室外種植樹木以阻擋陽光輻射熱而加強冷房效果。另一種有效方法即使用雙層玻璃或防風雨板窗（ storm window ）。使用雙層隔熱玻璃可使經由窗

260　能源應用

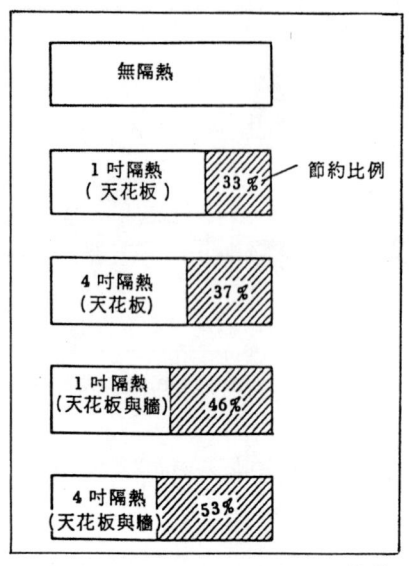

図6.3.3　隔熱對減少熱損失之效果

（條形圖內容：）
- 無隔熱
- 1吋隔熱（天花板）33%
- 4吋隔熱（天花板）37%
- 1吋隔熱（天花板與牆）46%
- 4吋隔熱（天花板與牆）53%

節約比例

戶的熱損失減少50％。一般的住家，約有 20％ 之熱損失係由窗戶造成，故使用隔熱玻璃將使整個住家之熱損失減少 10％ 左右。圖6.3.4 表示各種窗戶隔熱方法之比較。圖6.3.5 則表示以 10 平方呎之窗戶為例，其每日之熱損失比較。

圖6.3.4　各種窗戶隔熱方法之比較

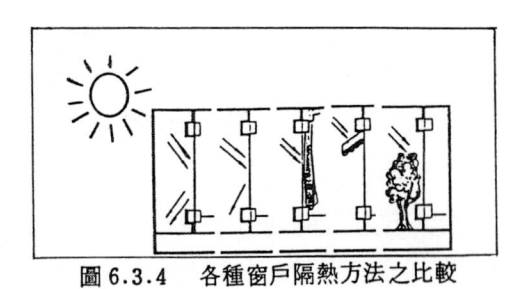

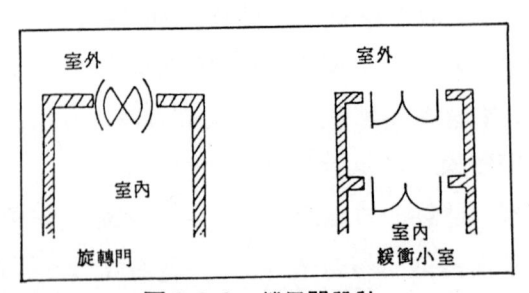

圖6.3.6　擋風門設計
（旋轉門、緩衝小室）

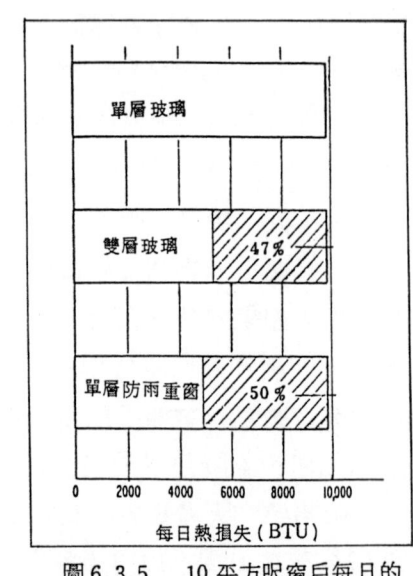

圖6.3.5　10 平方呎窗戶每日的熱損失

（圖內容：單層玻璃、雙層玻璃 47%、單層防雨重窗 50%；橫軸：每日熱損失（BTU）0 2000 4000 6000 8000 10,000）

許多商業大樓或醫院、百貨公司等,熱能最容易從進出頻繁之大門洩漏。為使通往室外的大門形成良好密閉,以防止冷暖氣之外洩,圖6.3.6提供一解決辦法—擋風門廳之設備。此種設備大抵分為兩種,一種為裝置旋轉門,另一種為增闢一緩衝空間。

此種擋風門廳適用於進出頻繁的外門,尤其當大門一進來的大廳即需空調者。另外,用於進出不頻繁的出入口,可考慮採用自動門。自動門有一感測裝置,有人要進出此門時自動打開,人員進出之後立即關閉。如圖6.3.7所示,為不同型態外門之滲透風量比較。

考慮另一場合如車站候車室的空調設備,由於車站候車室的門一直敞開,對於此類無法造成密閉空間之場所,可以使用氣簾(air curtain)。此一裝置是使冷氣或暖氣由門的上方快速吹下至門下方的進氣孔道,如此即形成一道氣簾,可防止室外空氣進入。

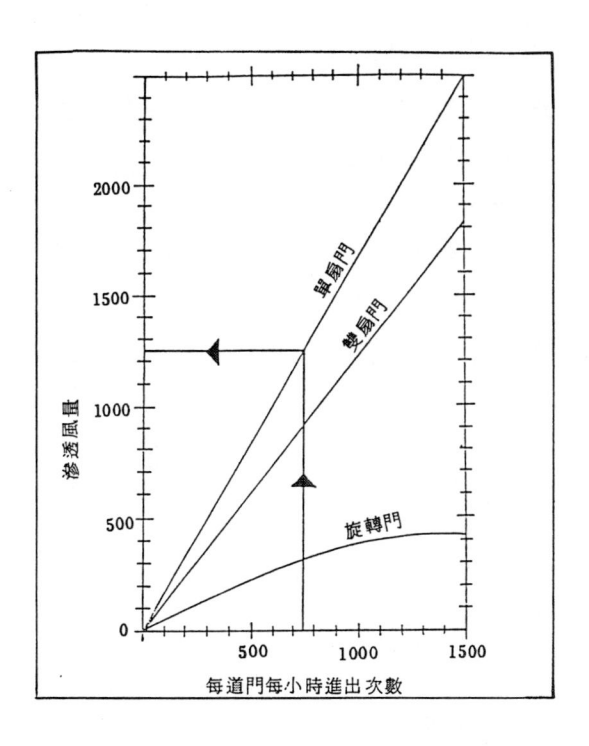

圖6.3.7　不同型態外門之滲透風量比較

6.3.3 照明

良好照明除了是人體健康所必需之外，對於人類心理亦有相當重要影響。設計適當照明可使商店吸引顧客，刺激其購買慾，對於工作場所則可增進工作效率，並減少錯誤發生。因此，照明設計已成為一門重要科學。在美國，有關照明技術之推廣與開發，是由照明工程學會（IES）負責推行，許多照明設計均根據該學會所推薦之照明需求計算。近年來，國內由於人口激增，各類建築物日趨大型化、集中化，照明系統所用的電力亦與日俱增。所以在照明系統上有效地使用能源，獲取最高效益，亦是節約能源的重點之一。

〔1〕照明之術語及單位

  1.光度（Luminous Intensity）

    光度之定義為一光源向任一方向放射，於單位立體角內所發生之光束數，即稱為該光源於此方向上之光度。故光度可理解為單位立體角內之光束密度，其代號為 I ，單位為燭光（Candela），可簡寫為 Cd，燭光係國際上所有光的量度之基本物理量，其它單位皆由此導出。一支普通蠟燭向四方射出光線，其在水平方向上的光度大約為 1Cd。

  2.光通量（Luminous Flux）或稱光束

    光通量之代號為 F ，其單位為流明（Lumen），簡寫為 lm ， 1 流明的定義是，自光度 1 燭光之點光源，於單位立體角內所產生之光束為 1 流明（lm）。依照此定義，光通量可用來衡量各種光源發光量之大小。例如 100 W 鎢絲燈之全光束為 1450 lm ；白色光 40 W 日光燈，其全光束為 3100 lm。求光通量的公式為

$$F_o = 4\pi I_o \quad \text{〔lm〕} \tag{6.3.2}$$

其中 I_o 代表光源在各方向的平均光度（Cd），4π 為球體之全立體角，F_o 為光源的全光束輸出。

  3.照度（Illumination）

    被照射面單位面積上所射入之光束，稱為照度。照度之正確意義係指在工作面上之光束密度。通常以 E 為其代號，照度的單位為呎燭光（foot-

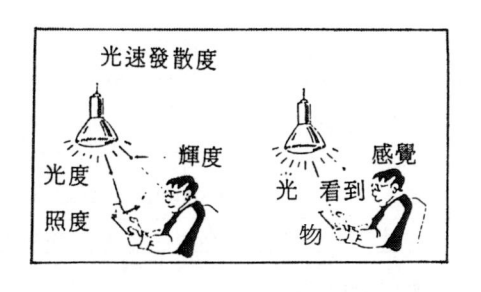

圖6.3.8 光度、照度、輝度之差異

candle)，簡寫為 fc，或者米燭光（meter — candle）。米燭光常以勒克斯（LUX）為代表，簡寫為 lx。計算照度的公式為：

$$E = F/A \quad [lx] \quad (6.3.3)$$

其中 E 為照度；F 代表射入受照面的光束，單位為流明。當受照面積 A 的單位為平方呎時，E 的單位是 fc；若為平方米時，E 的單位為 lx。

4.輝度（Brightness）

輝度之定義為光源於某一方向之光度，除以該方向之光源體投影面積所得之商。亦即輝度與光度成正比，而與光源於該方向之投影面積成反比。輝度大的光源使人覺得刺眼。輝度的單位為 Sb，即 Cd/cm^2。圖6.3.8 說明於照明學上三個基本術語間之關係。

〔2〕燈具的種類與照明方式

一般使用之光源可分為白熾燈與放電燈；放電燈又分為日光燈及高壓放電燈。高壓放電燈為高輝度光源，又稱 H.I.D.燈（High Discharge Lamp）。白熾燈為燈絲加熱後發光，故使用時較無閃爍現象，而放電燈則受電源之影響，表6.3.1 為其比較。

照明之品質除與燈具的種類有關外，照明方式之選擇亦有很大影響，一般將照明方式分為下列三種：

1.全般照明　　全般照明係指燈具之對稱配置，使整個室內可獲得較為均勻之照度。（圖6.3.9）

2.局部全般照明　　局部全般照明基本上亦屬於全般照明，其將燈具配置

表 6.3.1　各種光源特性之比較

種類	溫度輻射	放　　　　　　　　　　　　　電				
			高壓放電燈		
	白熾燈	日光燈	日　光水銀燈	金　屬鹵化物燈	高　壓鈉氣燈
電力(W)	低〜1,000	10〜220	40〜2,000	125〜2,000	150〜1,000
特點	●小型，輕量 ●器具設計自由 ●集光容易 ●廉價 ●能立即點燈	●高效率，長壽命 ●擴散性光源 ●低輝度 ●廉價 ●能立即點燈 ●光色，演色性之種類多	●高壓放電燈之中最有實績者。 ●壽命長，種類多 ●耐震性良好 ●比較廉價	●高效率 ●可得較大之光度	●一般用白色光源中，效率最高者 ●光色暖和 ●壽命長 ●點燈方向可隨意 ●再啟動時時間短

圖 6.3.9　工廠全般照明方式實例

於機器或作業點之正上方，而使該處可獲得較高之照度，且同一燈具對其鄰近周邊仍可提供足夠照明之一種照明方法（圖 6.3.10）。

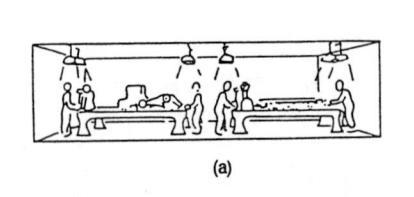

圖 6.3.10　局部全般照明實例

圖 6.3.11　補充照明實例

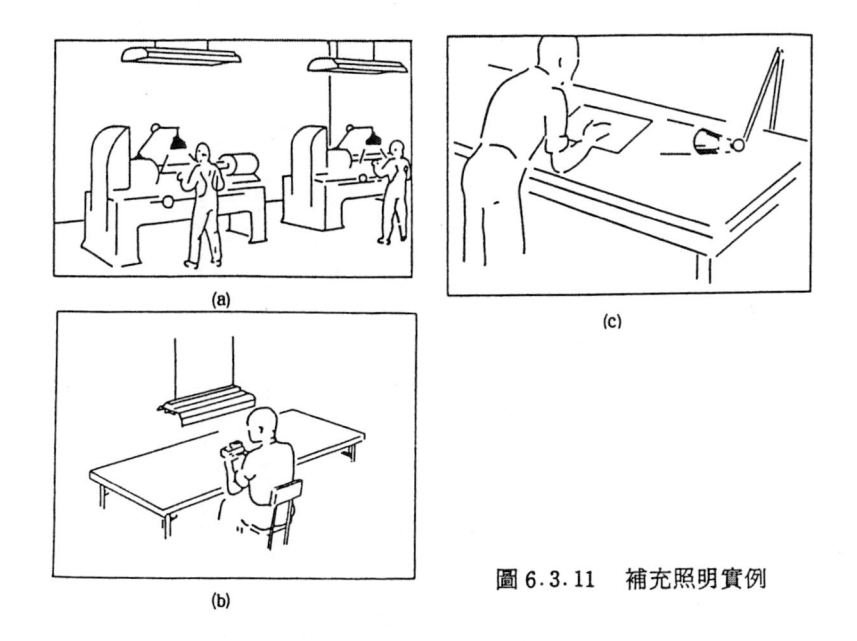

3.補充照明　　補充照明係對某一作業點需要較高之照度，而原設全般照明或局部全般照明無法提供該項足夠之照明時，所另加之一種直接照明燈具方式而言。此種照明方法適用於特別困難之視力工作，而以其他照明方法不易獲得所需之照明水準者，如圖 6.3.11 所示。

〔3〕照明用電節約方法

基本上節約照明用電以維持良好之照明品質為首要，並以改用高效率燈具及光源，改變照明方式，加強照明之控制與管理等方法，達到節約之目的。茲分述如下：

1.選用高效率燈具

圖 6.3.12 說明各類型燈光之發光效率，選用燈光時除注意燈光之演色性和照明效果外，對於室內以及室外之照明要求亦有所不同。另外，有些燈具發光效率雖高，但維護不易，容易受灰塵的影響，而降低其光度。一般而言，節約用電原則如下：

・更換白熾燈為日光燈　　對於需要較長時間照明，點滅較不頻繁之場所，使用日光燈較為有利。一管 40 W 日光燈即有兩盞 100 W 白熾燈之照明效果，故對同樣之照明需求，日光燈所需電力僅為白熾燈的四分之一。

266　能源應用

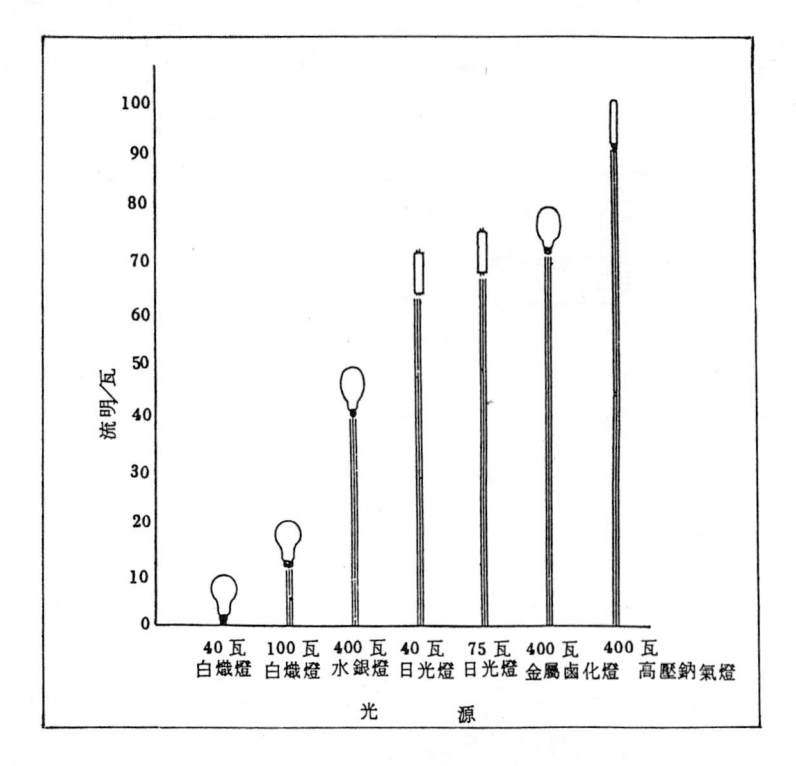

圖 6.3.12　各種光源光束之比較

・屋外水銀燈改爲鈉氣燈　　對於屋外照明目的在於便利行人或車輛往來，或作爲廠區之安全監視，其對燈源之演色性要求不高，故屋外照明原使用水銀燈者，宜改用演色性較差的鈉氣燈。由圖 6.3.12 可知，同樣 400W 之水銀燈和鈉氣燈，後者發光效率爲前者之二倍。

・畫光色日光燈更換爲白光色日光燈　　畫光色日光燈其藍光成份較多，感覺上比較光亮而且有涼爽之感覺，但事實上其效率與演色性均不如白光色日光燈。40W 之畫光色日光燈更換爲白光色日光燈約可增加 10.7％ 照明效果。表 6.3.2 爲白光色與畫光色日光燈各種燈管之光束值比較。

・放電燈管使用損失較小安定器　　放電燈管其附屬安定器亦消耗功率，故欲計算放電管之每瓦發光光束，應將其安定器電力損失加以計算。水銀燈安定器於燈管功率達 100W 以上時，其損失通常爲 20W 至 30W 之間，佔燈管功率

百分比不大。至於日光燈安定器依其燈管功率及其起動方式不同，其損失對燈管功率之比值變化相當大，其中最大者高達60％，表6.3.3係根據新亞日光燈說明書中所列之各型日光燈安定器損失。

  2.提升既設照明設備之照明效果

   ·定期清洗照明燈具　　燈管及反射罩由於積集塵埃，必然降低光束輸出，故定期清洗燈具可提高照明效率，參考圖6.3.13。尤其是灰塵較多之工作場所，清洗次數需增加。

   ·定期更換效率降低之老燈管　　燈管或燈泡之發光效率隨使用時間而下降。一般放電燈管的壽命於一萬小時以上，而於壽命終了時之光束輸出大半低於原來之80％，故為減少燈管更換人工費用及提高燈管之效率，宜於燈管未燒毀前整批或分批更換。

圖6.3.13　定期清洗燈具

   ·天花板及牆壁重新油漆　　天花板及牆壁宜為淡色，以增進反光效果。

   ·降低燈具高度　　對於天花板過高場所，燈具高度應予降低，燈具靠近需要照明之處，可以減少燈管數量。一般而言，燈具高度如降低一半，則工作區照度可提高4倍，因此依燈具降低後可拆除燈管數目之多寡，估計約可省電百分之三十以上。（圖6.3.14）

  3.改變照明方式

   照明方式恰當與否對於燈具數量、照明用電及工作效率均有密切關係，一般改進的方式如下：

   ·原為全般照明改為局部全般照明　對某些工作或設備，僅要求於作業點要有較高之照度，以應該項作業之需要，而全廠之

圖6.3.14　降低燈泡可提高亮度

照度均勻並非必要。此類工廠只須更改照明方式而無須增加能源之消耗。

   ·20W日光燈管更換為40W日光燈管　　由表6.3.2可知，20W日光燈輸出白光者1180 lm，意即每瓦輸出59 lm。而40W白光高達77.5 lm／W。換言之，20W之效率僅為40W者之76％。顯然辦公室不宜使用雙管或四管之20

268　能源應用

W日光燈具，宜以40 W代替。

・原爲全般照明改爲局部照明　　對於機械化自動工廠，因平常無需工作人員加以監視或管理，故可將原裝之全般照明改爲局部照明，而僅在各設備適

表6.3.2　各種日光燈（預熱式者）燈管之全光速比較

日光燈（預熱式者）之全光束（流明）

管之容量(W)	直徑(mm)	長(mm)	白光 最初流明	40%壽命時之流明	晝光 最初流明	40%壽命時之流明	單管安定器損失(W)
10	25	330	470	405	450	388	4～5
15	25	436	810	710	760	630	5～7
20	32	580	1180	900	1080	850	7～11
30	38	580	2150	1810	1800	1470	8～14
40	32	1198	3100	2700	2800	2340	10～12
60	38	1148	4000	3600	3700	3330	20～26

註：本表所列大部份參考新亞製品。

表6.3.3　日光燈用各型安定器電力損失之比較

安定器種類	燈管消耗電力(W)	電源電壓(V)	輸入功率(W)	功率因數(%)	安定器損失/燈管功率(%)
普通型（預熱式）	10×1	110	14	53	40
	10×1	220	15.5	31	55
	20×1	110	26	63	30
	20×1	220	28	35	40
	30×1	110	40	47	33.3
	30×1	220	37	44	23.3
	40×1	110	51	55	27.5
	40×1	220	50	53	25
普通型（瞬時式）	20×1	110	32	50	60
	20×1	220	32	45	60
	40×1	110	54	53	35
	40×1	220	55	50	37.5
高功因（預熱式）	30×1	110	42	90	40
	30×1	220	38	90	26.6
	40×1	110	51	90	27.5
	40×1	220	50	90	25
高功因（瞬時式）	40×1	110	56	90	40
	40×1	220	51	90	27.5

當位置裝設若干照明設備卽可，供作某項機械維護、檢修之用。平時機器爲自動作業，無需管理，自可切斷電源不予照明，以節約用電。

・原爲全般照明再加補助照明　需要高度視力之困難工作需要較高之照度，如原有全般照明或局部全般照明無法滿足需要者，可在特殊作業點增加補助照明設備。

4. 自然光之利用

太陽之輻射能量極爲豐富，妥善利用日光，不但可節約照明用電，而且對於健康亦有益處。巧妙設計之建築物能有效地利用日光，使室內照明充足，達到節約能源效果。但是採用日光要注意日光所含輻射熱將使室內空調效果變差，故日光利用多採取間接式反射、擴散等方式，而儘量避免直接取用日光。建築物之採光方式可參考圖 6.3.15。

5. 適當之管理與控制

商業大樓、工廠或室外照明，若能作有效控制，於不需要點亮時如適當地關閉，則能夠節約可觀之用電。一般路燈控制，可利用光電感測方式自動點滅；商店的廣告燈、霓虹燈可加裝定時控制器（clock-control switch），使不需要照明時可作有效地控制。另外，如辦公處所之電燈，於週末、週日或假日時皆應停用。因此對於各項設備應做詳細調查，製訂管理辦法，由負責人作有效地管理。

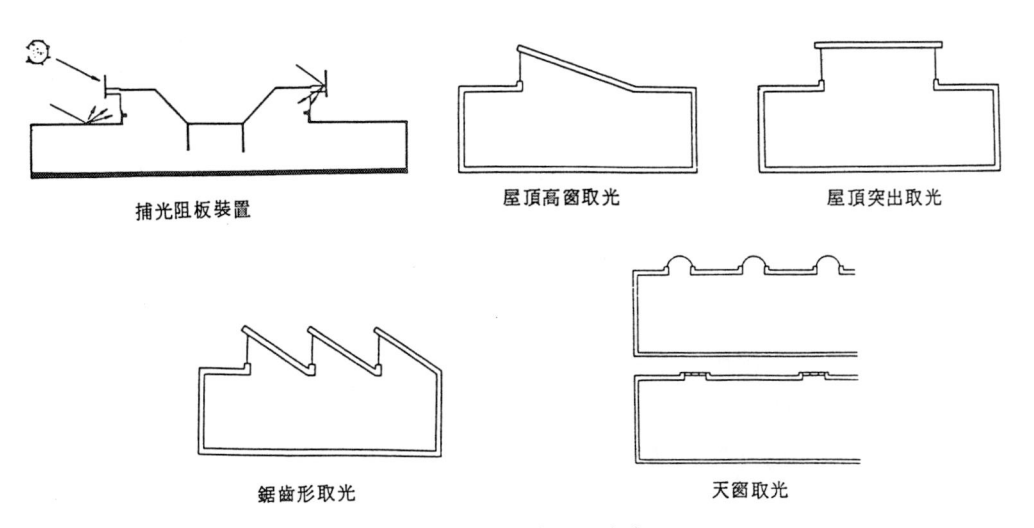

捕光阻板裝置　　屋頂高窗取光　　屋頂突出取光

鋸齒形取光　　天窗取光

圖 6.3.15　建築物各種可行之採光方式

6.3.4 家庭電器之節約用電

家電產品日益普遍，樣式亦趨繁多。如何使各種電器發揮適當性能，以獲得經濟、安全且舒適之生活，自是大家關切之課題。下面就幾種常見家庭中之電器，分別針對其選擇、使用及保養等三方面探討其合理使用之方法。

〔1〕電視機

1. 選擇

- 配合房間大小選擇適當畫面大小的電視機，一般看電視之標準距離如19、20吋型為3～4米；14吋、16吋型為2～3米。
- 選用消耗電力較少之電視機。

2. 使用

- 電視機應避免置放於溫度及濕度較高之處所。
- 電視機會產生相當之熱量，故不可嵌入壁廚中，或將背面散熱通道阻塞。與牆壁距離最好在10公分以上。
- 養成不看電視時隨手關閉電源之習慣。
- 電視機如屬立即顯像型，不用時雖已關閉電源，但仍耗電加熱，如長時間不使用，應將立即顯像回路的開關切掉或拔出插頭。

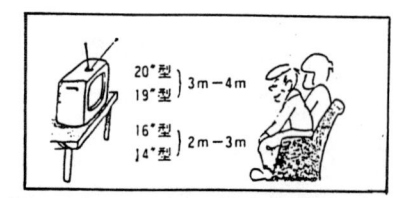

圖6.3.16　選擇標準之看電視距離

3. 保養

電視機如連續使用二小時以上，應考慮關掉一會兒，以免產生高熱而造成意外。

〔2〕洗衣機

1. 選擇

- 洗衣機容量應配合家庭人數及洗濯衣量大小，超過所需之大型洗衣機將浪費水電。
- 全自動洗衣機應配合有節約循環之裝置。
- 洗衣槽及外殼堅固耐用者。
- 振動少，旋轉時聲音要小。

2. 使用

- 洗衣機應置於乾燥場所，並安裝好接地線才可使用。

- 洗濯衣物應照說明書上所指定數量，否則易於發生故障。
- 配合衣件種類，適當調整洗濯時間。
- 普通衣料脫水時間約3分鐘。超過3分鐘時脫水效果不會增加，反而使衣物生皺。（見圖6.3.17）
- 洗衣前應先將附著於衣物表面之灰塵、污物清除；並將衣物分類洗濯，過量之肥皂水不但會影響洗衣機轉動，且會增加水電消耗。

3. 保養
   - 使用後應將插頭拔掉，並將表面水份拭乾。
   - 每年加油保養一至二次。

〔3〕電扇

1. 選擇
   - 電扇之型式及尺寸應適合房間用途及大小。
   - 附有停止定時裝置，收藏與保養容易者。

圖6.3.17　脫水時間不超過3分鐘

2. 使用
   - 使用電扇時，應將窗戶打開使空氣暢通，才能達到涼爽之目的，亦可節省電力。
   - 在強風下長時間吹風，對身體有害，應保持1.5～2公尺的距離，弱風比強風可省電50～60％之電力。
   - 電扇除了可吹身體之外，亦可用於室內空氣流暢，保持涼爽，但要注意通風設計是否能普及室內每一房間。（見圖6.3.18）

3. 保養
   - 馬達軸承要定時潤滑（見圖6.3.19）。

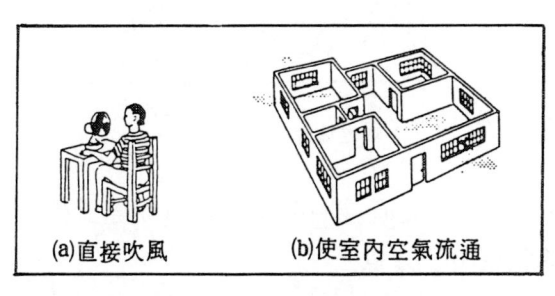

(a)直接吹風　(b)使室內空氣流通

圖6.3.18　電扇的使用

圖6.3.19　定期潤滑馬達

- 電扇收藏前應加保養並予以清洗，外加塑膠罩，以免潮濕及附著灰塵。

〔4〕吸塵器

1. 選擇
   - 聲音小，且箱內灰塵容易倒棄者。
   - 使用容易移動清潔者。
   - 吸管、延伸管、附屬品等裝卸容易者。

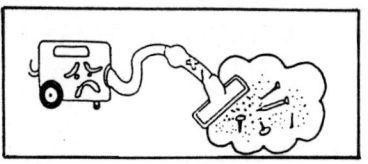

圖6.3.20　小心使用吸塵器

2. 使用
   - 清潔箱中之垃圾應適時清除，箱中灰塵過多時，如繼續使用，不但馬達會過熱，且增加消耗電力。（見圖6.3.20）
   - 依場所不同，配換吸壓器配件，可大幅提高使用效率。
   - 電線不可過份拉伸，要拔掉插頭時，不可強拉電線，以免傷及電線及插頭之接頭部份。

3. 保養
   - 使用過後，應立即倒出清潔箱中的塵埃，以保持吸塵器之功能。
   - 每日按使用30分鐘計算，經過4～5年，馬達碳刷將磨擦殆盡，應予更換。

〔5〕電冰箱

1. 選擇
   - 配合家庭人數及需要決定冰箱之容量。（以每人30公升為原則）
   - 具有溫度調節裝置且操作簡易者，以保持適宜溫度。
   - 由良好絕熱材料製成，具良好之隔熱效果。
   - 選擇耗電少之省電型機種。
   - 選擇聲音小、振動小之機型。

圖6.3.21　避免日光直射及靠近爐灶等熱源

2. 使用
   - 安裝時應選擇通風良好處所，避免陽光直接照射及靠近爐灶等熱源（見圖6.3.21）；背面距牆壁應在10公分以上。
   - 須安裝於平坦結實之地面，門之開閉性能良好，且能維持壓縮機正常運

圖6.3.22　熱的食物應使其冷却後再放入冰箱

轉，減少振動噪音。
- 儘量減少開門次數，以免冷氣大量外洩，增加壓縮機工作量。
- 箱內一旦裝滿食物，冷氣循環的效果也會降低，所以儲藏量以不超過八成為宜。
- 熱的食物，先待其自然冷却至室溫，否則遽然送入冰箱，有時會造成箱中其餘食物腐壞，亦增加冰箱的負荷。（圖6.3.22）

3. 保養
- 冰箱的門縫條須與門框保持緊密，以防止空氣外洩或滲入，應經常檢查，如果損壞，應儘早換修。
- 冰箱後面之散熱裝置容易堆積灰塵，應每年定期清理1～2次，以提高散熱效果。

6.4　交通運輸之能源節約與管理

自內燃機發明以來，汽車已成大部分人代步之工具。有了汽車，使現代人生活步調更為迅速、靈活，生活空間無形中亦擴大了許多。由於汽車之普及，交通網之便捷，人們與汽車關係更形密切，人們幾乎不能一天沒車，否則整座城市即陷癱瘓。故於繁忙之工商社會中，汽車被說是人們之第二雙腳實不為過。然而，石油價格高漲與石化燃料日漸枯竭之危機，使吾人不得不在汽車之設計與使用上，力求節約用油。另一促使吾人專注於改善汽車燃料效率的原因，乃吾人已開始警覺到汽車不僅消耗能源，同時亦製造種種污染空氣之廢氣。於節省汽油與防制空氣污染二者並行不悖情況之下，各國政府已嚴格要求汽車之

里程效率及排氣標準。

　　汽車之省油方法除設計高效率引擎、流線型車身外，與駕駛人本身駕駛技術與習慣改進亦有很密切的關係，下文即針對汽車選購、行駛與保養方面提供較為詳細的說明。

6.4.1　汽車之選購

　　汽車和一般商品一樣，其設計要迎合顧客需求，故豪華、舒適、寬敞之汽車於數年前非常流行。過去10年中，此類汽車約增加了30％，但目前趨勢已經改變，小巧輕便型之汽車不但售價便宜，節省燃料，更重要是其於市區容易找到停車位置，故深受顧客歡迎。

　　依汽車耗油量觀點而言，小型車每加侖汽油約可走17哩；一部大型車可走11哩，而一部豪華型汽車僅可行9哩。所以購買小型車是有利的。（見圖6.4.1所示）

　　汽車重量影響其每加侖之里程數，此外，汽車之附屬設備亦是考慮之項目。許多汽車附屬設備如冷氣、自動排擋等，可使駕駛舒適與方便，但是同時亦增加耗油量。冷氣與自動排擋分別增加10％的耗油量。假如一輛配有冷氣與自動排擋之汽車每年行駛 10,000 哩，一輛手排擋而且無冷氣之同型汽車每年使用同量的汽油，則可多行駛 2,000 哩。而且，即使不使用冷氣時亦要多耗油料，因為它的重量使車身負擔增加。

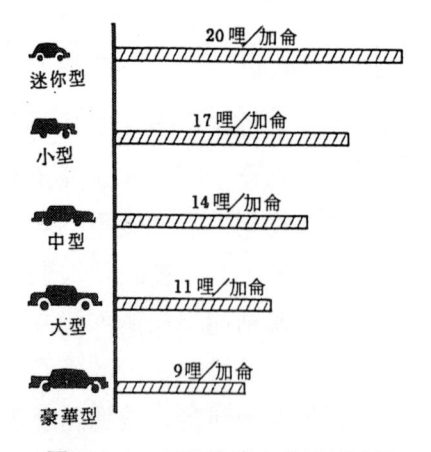

迷你型　20哩／加侖
小型　　17哩／加侖
中型　　14哩／加侖
大型　　11哩／加侖
豪華型　9哩／加侖

圖 6.4.1　不同汽車之典型耗油量

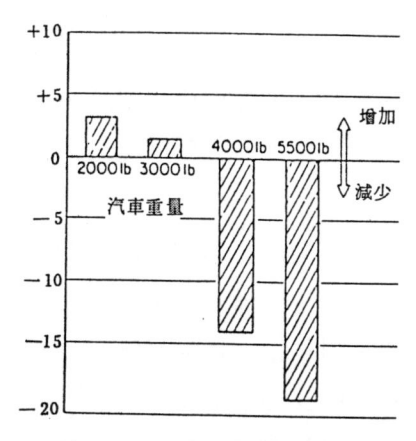

圖6.4.2　裝置觸媒轉換器後，汽車里程效率之變化

　　用以控制排氣污染的觸媒轉化器，對汽車之耗油量也有影響。一般裝置觸媒轉化器會使汽車里程效率降低10～20％，但是根據美國環境保護局（Enviromental Protection Agency）研究指出，僅有重型車輛在裝置觸媒轉化器時，耗油量增加13～18％，小型車反而可增加里程效率。小型車於裝置觸媒轉化器之後，可增加1～2％效率，購買小型車之好處又再次被肯定。如參考圖6.4.2所示，係不同重量汽車裝置觸媒轉化器後里程效率變化之情形。

　　汽車之附屬設備中，擾流板是個有效節省能源的設計。長途高速行車時，引擎需要多耗馬力克服風阻，所以選用風阻係數小或流線型的汽車，可節省不少汽油。對於貨車，由於受到車身龐大的限制，一般大多在駕駛座上方裝設擾流板使空氣阻力減小，如圖6.4.3所示。

圖6.4.3　於卡車駕駛座上方之擾流板具有省油之功用

6.4.2 汽車行駛與保養

除了汽車型式和性能直接影響其耗油量外,駕駛技術、天候、路況、保養情形以及旅程長短均與耗油量有關,故節約用油亦是每個駕駛人所須具有常識之一。本節將探討車輛調整、保養與行車對耗油量之影響。

〔1〕輪胎

引擎動力除驅動輪胎轉動外,同時亦須克服輪胎與地面之摩擦。摩擦大小視汽車重量、輪胎型式而有不同,大型車輪胎較小型車具有更大之摩擦。胎壓之調整同時影響耗油程度與車胎壽命,氣壓不足之車胎耗用較多燃料,同時由於車胎接觸面過大,容易磨損車胎之邊緣。氣壓太高之車胎雖然可以節省一些汽油,但是與大地接觸面減少,將使車胎中央磨損迅速。因此正確的胎壓要參考廠商之建議值,通常對於不同的路面(柏油、石子路或沙地)會有不同的建議值。

輪胎種類亦影響耗油量。如輻射層輪胎比傳統斜紋紗胎多3％之里程效率。

〔2〕汽油

汽油品質不但影響耗油量,亦影響引擎壽命。不同型式汽車對汽油之辛烷值有不同要求,有些汽車需要使用高辛烷值汽油以防止爆震,另一些則甚至使用無鉛汽油。選用正確的汽油要參考廠商之說明書,並購買廠商建議之汽油品牌。

〔3〕車速

空氣阻力會加重引擎負擔,因此減小風阻為省油方法之一。風阻和車輛體積大小、外型以及行車速度有關。車輛正面投影面積較小,則風阻亦較小,此為小型車較經濟之另一原因。

流線型汽車,其風阻比箱型汽車之風阻小。但是汽車外型並非全是以流線型設計,反倒是以迎合大眾審美觀點而加以設計。因此駕駛人所能控制風阻之辦法,只有從調整行車速度著手。速度愈慢則風阻愈小,但是並非速度愈慢愈省油,參考圖6.4.4。最佳之車速需同時考慮風阻、旋轉阻抗以及引擎效率三者。

旋轉阻抗包括輪胎、軸承以及其他可動機械之摩擦與阻力;引擎效率則考慮汽油消耗量與引擎所作之有效功。因此總合效率之最高值為同時考慮風阻、

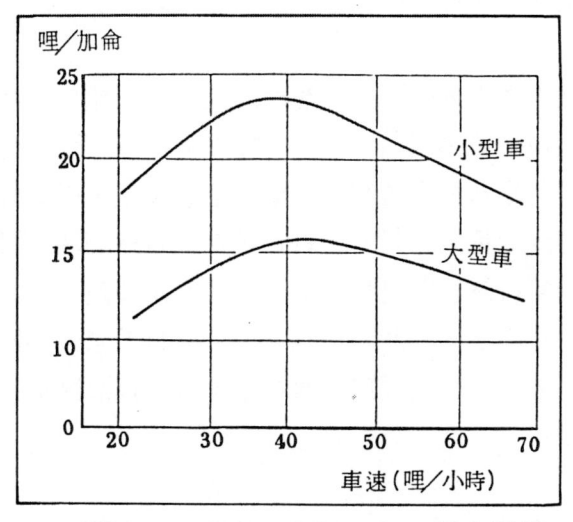

圖 6.4.4　車速與每加侖里程之關係

旋轉阻抗與引擎效率三者之作用。一般當汽車以每小時40哩行駛時具有最高行駛效率，速度高於或低於此值，都會耗用更多的汽油。圖 6.4.5 顯示，速度自每小時70哩降至40哩可節省50％之汽油。

於市區行車無法一直維持每小時40哩，所以在市區平均要比在高速公路上多耗30～50％汽油。市區行車之省油方法，為儘量不要驟然改變速度。不論加

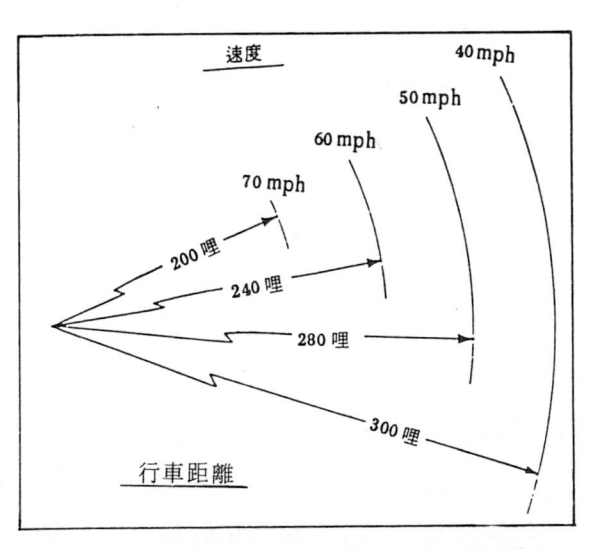

圖 6.4.5　中型汽車以20加侖汽油，於不同速度下所能行駛之距離比較

速或減速須儘量緩和，同時亦避免緊急煞車，如此約可節省15.%汽油。

〔4〕天候與氣壓

天候對耗油之影響十分明顯。於寒冷的天氣，引擎需較多時間暖機，而冷引擎比熱引擎多耗20～30％汽油，即使引擎加溫之後，天候仍然影響引擎操作。一般而言，夏天行車比冬天省油；氣溫每上昇10°F，引擎耗油量減少2％。

風向亦是影響耗油量之因素。順風行車要比逆風省油。可惜吾人無法控制氣溫與風向，唯一可行辦法即儘量將長途旅行安排於夏天。

於壓力較低之高山上，汽油和空氣之混合比例要求亦不同，故於預知前往不同海拔高度之地區時，事先調整化油器之混合比以及點火系統，此將有助於燃料之節約。

〔5〕道路品質

於破損的路面或雪地上行車，自然要耗費更多汽油。於破損的柏油路上駕車，要比在公路上駕車多費15％汽油。如在泥土路或碎石子路上駕車，就要多出25～30％汽油。因此，對政府而言，投資於公路建設即為節省能源消耗；對駕駛人而言，避開不良路面，行駛路面良好之公路，均屬省油方法。

行駛山路和蜿蜒迂廻之道路亦是耗油的。於蜿蜒的道路上，速度變化頻繁，導致油料損耗；行駛上山的公路，引擎須多費馬力克服車身重量。至於下山的公路，為了安全的理由，使用煞車之次數增加，加速車胎磨損。因此，駕駛人應儘量避免蜿蜒、坡度變化太大之公路。

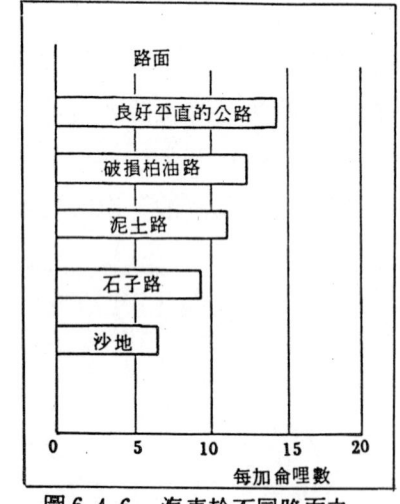

圖6.4.6 汽車於不同路面之耗油情形

〔6〕短程行車與引擎空轉

過短之行車旅程亦是不經濟的，因有一部分汽油係用來加溫引擎。圖6.4.7 顯示，於5哩以下之旅程，每加侖汽油只走5哩，然而在15哩以上的旅程，燃料效率高達每加侖15哩。因此短程行車儘量避之，而改以腳踏車或步行取代。另外，應避免長時間引擎空轉。當遇到交通阻塞，短時間內無法暢通時，

關掉引擎，如此，一方面節省汽油，另一方面可保持空氣清潔。

〔7〕車輛保養

　　任何機械均需要良好的保養，汽車亦不例外。一部保養良好之汽車需要較少之檢修，有較長壽命以及較高燃料效率。車輛經過保養、調整之後，約可增加6％之里程效率。汽車通常有廠商提供之保養手冊，可依照手冊定期自行保養或進廠保養。平常特別需要注意保養之項目如電瓶、火星塞、分電盤、空氣濾清器、化油器等。需要檢查之儀表如水溫表、機油溫度表、燃料指示器等。機油須按規定里程更換，通常冬天和夏天使用粘度不同的機油。

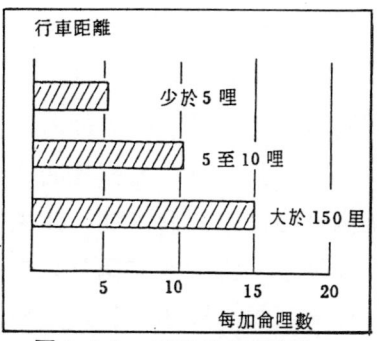

圖6.4.7　不同行車距離燃料效率之比較

〔8〕駕駛習慣

　　正確的駕駛習慣係等引擎達到正常的工作溫度後再起步開車。換檔的動作要敏捷、迅速、適時、適當，無論是高速檔變低速檔，或低速檔變高速檔，都應按廠家規定之速率內換檔，過早或過遲均很浪費油料。一般四檔的車子，當車速降至每小時35公里時就要由四檔換入三檔；當車速低至每小時25公里時，就需要由三檔換入二檔；又當車速降低至每小時15公里，就需要由二檔換入一檔（參考圖6.4.8）。

　　另外，不要超載多餘物品，沒有必要之工具，如裝飾品、運動器材……等，留在後車箱內行駛是非常浪費之事。因多載10公斤不必要之物品行駛100公里時，將多耗油160 c.c.，其足供汽車行駛1公里以上。於高速行駛時，空氣阻力亦相對增加，故高速行車前，養成關閉車窗之習慣，可以減少空氣阻力，節省汽油。

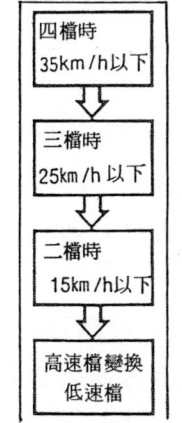

圖6.4.8　檔別與汽車速度之關係

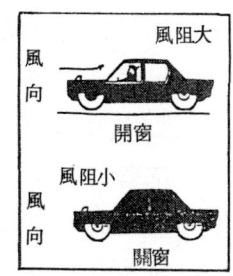

圖6.4.9　關閉窗戶可減少阻力

6.4.3 較有效率之交通方式

前節針對汽車行駛與保養提供許多節省能源的方法，然而，吾人發現除了提高每一部車的燃料效率之外，較有效率之交通方式乃使旅程中每人每哩之耗油量降至最低。下文中將探討如何使交通更具效率。

〔1〕共乘汽車（car pools）

雖然共乘汽車不如自己開車來得方便，但只要計算所省下之汽油費用，共乘汽車即很值得。例如每天開車上下班來回20哩，每天大約耗油2加侖，每個月約需50加侖汽油。如由兩個人共同乘車，每個人每個月只需分擔約26加侖之汽油費用。於是，對個人而言，每個月省下24加侖，一年即可省下300加侖。如果有3個人或4個人共乘汽車，則省下之油量即更為可觀。因此幾個人共乘一輛車的方法非常值得鼓勵；如此不但省下大量之汽油，而且可有比較少之車輛於道路上行駛，當然就有較多之停車位置，較少之交通阻塞和空氣污染。（參考圖6.4.10所示）

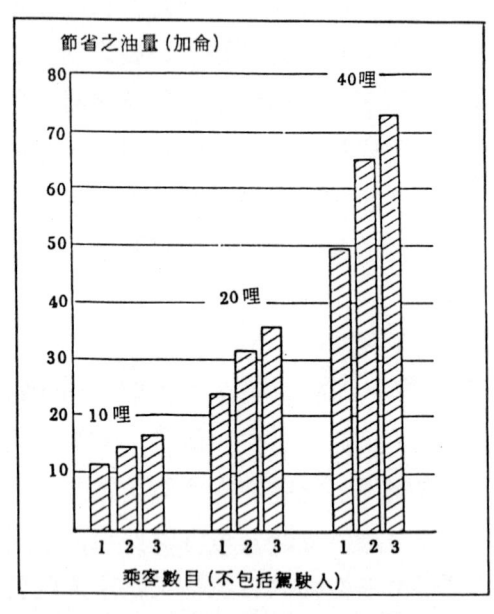

圖6.4.10　共乘汽車每月所節省的汽油量

〔2〕大眾運輸

較有效率之運輸方式為採用大眾捷運系統。於市區，大眾捷運系統之每位旅客的燃料消耗量僅為一般汽車的一半。對長途旅行而言，乘坐巴士或火車都比自己開車經濟；而就能源消耗而言，長途巴士之每位乘客所耗的燃料僅為汽車和火車的一半。

依經濟觀點，長途旅行乘坐飛機要比自己開車便宜。因此，不論節約開支或節約能源，坐滿乘客之交通工具總比乘坐一個人的汽車更有效益（如圖6.4.11所示）。同時，亦產生較少之空氣污染。

〔3〕旅行計劃

有計劃之旅行可以事先安排行車路線、時間；避開交通阻塞和損壞的道路

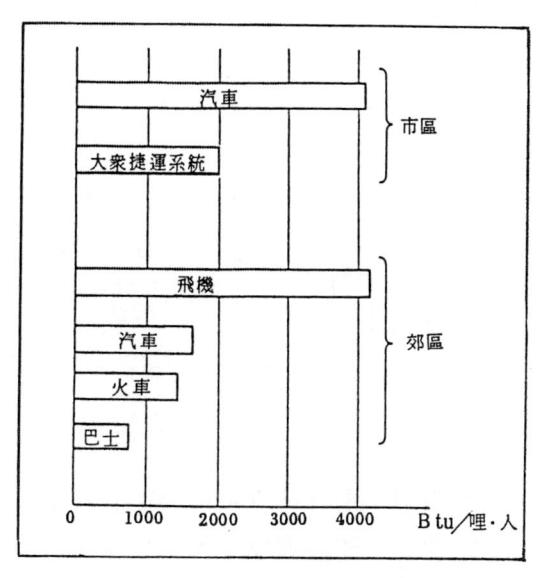

圖6.4.11　不同交通方式所需之能量
（Btu／哩·人）

，因此可有效地節約燃料。通常旅行計劃包含下面一些原則：
- 長途旅行前先調整汽車之各部機件，以減少途中發生故障的機會。同時，適當地調整有助於節省燃料。
- 長途旅行儘可能安排在夏季天候良好的日子。好的天氣不但使駕駛順利，且溫暖的氣候使引擎更省油。
- 謹慎選擇路線，避開損壞的道路，避免行駛蜿蜒曲折的道路和山路。
- 避免在交通尖峯時段通過城市。如果無法避免，亦要遠離市區擁擠的路段，繞道行駛常可以節省時間和汽油。
- 儘可能提早5.～10.分鐘出發，如此能夠以最經濟、安全之速度駕駛。高速行車不但耗費油量，而且危險。

6.4.4　其他交通工具

除了汽車和大衆運輸工具，機車為最普遍的代步工具，另外，在河川發達的國家，船隻亦是常見的交通工具。對一些喜愛飛行的人們，小型飛機可以滿足他們的駕駛慾，同時亦是長距離旅行快速便捷的交通工具。

〔1〕機車

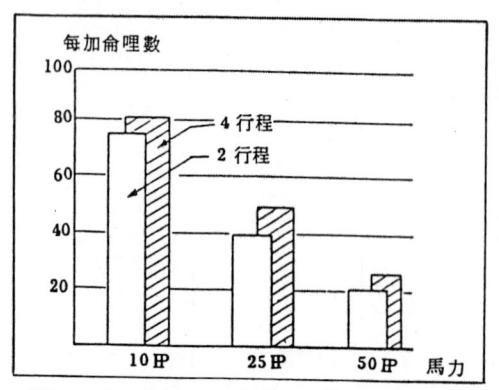

圖 6.4.12　不同馬力機車於市區每加侖汽油的行駛距離

表 6.4.1　機車的耗油量

速度	耗油增加百分比
50 mph	12%
60 mph	17%
70 mph	25%

　　於市區行駛機車不但方便，而且比汽車售價便宜許多，唯一缺點為防護措施太少，易生危險。不過就節省能源觀點，機車確為市區內理想之交通工具。一輛10馬力的機車每加侖行駛 80～100 哩，因此只要1加侖汽油就足以行駛一週以上。不過大馬力之機車，其耗油量即與汽車相同，50馬力機車每加侖只可行駛20哩，故選購馬力較小的機車較為有利於節約能源，參考圖6.4.12。另外，四行程引擎要比二行程引擎來得經濟，因前者每加侖可多出 5～15％的里程。

　　儘量避免高速駕駛機車，因每超出最佳速度10哩，即多消耗 5～10％汽油，而且亦增加發生車禍之危險性。最佳車速與汽車一樣為每小時40哩。（參考表6.4.1所示）

〔2〕船

　　船之耗油量與其馬力數大小有關，2至5馬力之船每小時用掉 0.1～0.2 加侖汽油，於相同條件之下，25馬力的船每小時用掉2.5加侖，而115馬力的船每小時耗用6加侖。根據經驗，船之動力每提高10馬力，每小時增加½加侖的耗油量。

　　天氣對於行船的影響相當大，於風平浪靜的水面行船僅用掉很少的燃料；然而在波濤較大之水面，因引擎須克服浪濤的阻力，將耗費更多之燃料。妥善地利用風力，可改善天氣的影響，但並非所有的船隻均合裝置風帆。

　　推進器（螺旋槳）要與引擎的規格和船的型式配合，使用規格錯誤之推進

圖 6.4.13　有效地利用風力可節省燃料

器會減低引擎性能。於更換或裝置推進器之前,應與廠家聯繫,俾獲得最佳之建議規格。

　　船引擎的保養維護亦是節約用油重點之一。定期調整、保養引擎可獲得較佳之引擎效率。如船要停用一段時間,最好將燃料全部倒出,包括油箱、管路和化油器內的燃料,因殘留於管路內的燃料會腐蝕引擎,使得引擎需要額外之檢修。同時注意船體之保養,雜草、穢物以及附於船底生長的貝類都有礙行船之節約用油。

〔3〕小型飛機

　　許多人可能認為私人飛機既惹眼又浪費燃料,純粹是有錢人的玩意。事實上,只有把飛行當成消遣才是浪費燃料的(拿開車、開船、滑水來消遣不也是一樣),如果飛機用來作為長程旅行之交通工具,情形即改觀了。許多飛機之旅程效率可和汽車競爭,一部單引擎飛機平均每加侖可飛行10哩,比起許多汽車來是省油多了,參考表6.4.2。另外,飛機最大好處即快捷而便利,沒有人於空中和你搶道超車按喇叭;更重要的是飛機可以直線飛行,不須繞許多無謂之道路,相形之下飛機實具有許多吸引人之處。

表6.4.2　單引擎飛機典型的耗油量

出力百分比 (%)	飛行速度 (哩/小時)	耗油量 加侖/小時	哩/加侖
75	160	14.5	10.5
65	150	13	11
55	140	12	11.2

6.5　能源管理

　　本章前面數節敍述了許多有效的能源節約方法，對於這些方法的運用，個人可以在家庭、辦公室或者自己的汽車上很簡單的實施，而達到節省能源的目的。然而，對於工廠或企業組織，節約能源的計劃必須透過有效的管理方法，由受過專業訓練的人員來推行，方能達到預期的成效。

　　「能源管理」乃一種訓練，亦即於不降低生活水準與生產水準之情況下，一種有組織、有結構的科學，其目的在於節約能源與石油。節約能源需要某些人有意識的指導與負責，爲達成能源有效率與合理的運用作各種合理的選擇。

　　能源管理涉及國家之每個部門：

　　1.政府部門：其工作在確定是否所有之能源政策及其執行均能朝向有效利用能源之目標邁進；而且要確保彈性的與安全的能源供給，以及有效的能源生產。

　　2.工業、商業、農業、運輸業、地方當局、及公共部門：均具有很大的節約能源潛力，特別是要注意減少能源浪費。

　　3.家庭部門：簡單良好的家庭管理可以節約能源、減低燃料費用之支出。

　　能源管理之促進與完成必須全國一致進行，且選擇適合本國特殊情況的方法。已有能源管理系統且有經驗的國家可改善其系統，並且將其引入新的消費地區。對於其他尙無經驗的國家，必須儘速建立能源管理系統。

　　實施能源管理已經證實於工業部門特別地有用，但其觀念與技術可運用在所有大量使用能源的地方，於下列七個部門特別需要用到能源管理：工業（大、中、小型工業使用的方法不同）、商業、貿易、農業、各級政府、公共建築、公共與商業運輸等。

住宅部門亦是能源管理的一個主要目標。然因住屋習慣有很大差異（單獨家庭的房屋或大住宅群），而且房屋所有權不同（公共房屋、公司住宅區、投資廠商興建的住宅），不易訂出統一之規定，必須作個案處理。

於各部門中，廢物之再循環使用可視為能源管理應努力之一部份。再循環不僅是減少成本的辦法，且可節省有用的天然資源並節約能源。

6.5.1 能源管理之可行方法

能源管理計劃剛開始必須解釋為何需要節約能源，因這是對於使用能源一種態度上之根本改變，要解釋「為什麼」，需要長期、繼續不斷的教育過程。經由下列方法，可以增進能源管理的動機：

- 從事示範，顯示生產過程或勞務能夠保持（或生產力甚至能夠增加）而能源使用與成本却能減少，利潤與競爭力亦獲改善。
- 證明經由簡單良好之家庭管理可大量地節約能源。
- 體認出能夠做到大量節約能源，乃是因為價值或相對價格已有所改變，而反映出目前與未來之需要，而不一定是承認過去效率差或不當。

能源管理計劃是否有效，公司與機構之執行態度係很重要的決定因素：

- 各公司與機構之主要管理階層本身應致力節約能源，包括能源審查（衡量與監督）與適當的資本投資。
- 指定公司內高級主管一人或數人負責節約能源之特別任務。
- 公司內各級員工應討論節約能源之實際做法。
- 公佈或在印刷品內刊登能源節約之宣導資料（參考圖6.5.1）

為確保有效地節約能源，能源處理需要每個機構最高階層之管理人員盡最大的努力去做，而且要使每個階層—包括中、低級主管與基層人員—均能為節約能源而通力合作。完成能源計劃將使工作比較容易，且使有效完成計劃的能力亦獲得很大的改善。

使用所有可能行動的簡單查驗清單，看是否各方面節約能源之辦法均可充分發展與完全使用，（參考表6.5.1及表6.5.2之清單樣本），這些清單包括節約能源管理之最基本常識，可供節約能源主管人員參考。開始時採取的方法並不需要許多資本投資，但均能快速地發生效果。於節約能源投資時必須注意，如產生效果之期間有多長、投資報酬率有多大等。

圖 6.5.1　能源節約宣導

表 6.5.1　辦公室能源管理之檢視清單

甲、取暖設備
1. 檢查取暖設備之使用是否達到最高效率；
2. 檢查輻射暖房設備是否操作正常、保持清潔、或並未被其他物品覆蓋；
3. 確定日間上班時間溫度不超過攝氏 19.度，晚上不超過攝氏 16.度，週末不超過攝氏 12.度；
4. 使用間歇性自動控制之取暖設備；
5. 控制員工使用個人的取暖器；
6. 儲藏室與不用取暖之房間必須關緊門窗；
7. 利用窗簾保持室內溫暖；
8. 窗戶與門之漏縫須加以填塞，防止熱氣散失；
9. 辦公室窗戶考慮使用雙重玻璃，較曝光之房間窗戶宜考慮使用三重玻璃；
10. 鼓勵員工穿着舒適溫暖之衣服。
乙、冷氣設備
1. 儘可能不用各辦公室單獨的冷氣機；
2. 鼓勵使用電扇；
3. 多利用百葉窗與其他遮光設備；
4. 冷氣機使用溫度保持在攝氏 25.度至 26.度；
5. 經常使冷氣機維持良好保養狀態；

6. 添置或更新冷氣機，必確實配合辦公室大小，檢查冷氣機之能源效率等級（Energy Efficiency Rating, EER）。

丙、照明設備

1. 用比較省能之光源；
2. 於距離工作操作之近處設置光源；
3. 考慮設置自動感光開關；
4. 限制一個開關使用數個照明設備；
5. 裝設自動計時器在照明設備上，使其夜晚與週末能自動關閉；
6. 即使離開很短時間亦要關燈；
7. 於燈開關附近貼標記，提醒員工隨手關燈；
8. 天花板、牆壁與地板用淺色塗料，反光容易，且可加強光源。

丁、熱水

1. 洗手間熱水應限制為攝氏38度，即洗手所需之最低溫度；
2. 廚房用熱水需較高溫度外，他處用熱水溫度應較低；
3. 仔細維護供水系統，儘速修理漏水；
4. 熱水控制器若有任何不妥，必須加以調整、修理或重置；
5. 如果需要，應修理、更新或用較高品質之絕緣或儲存器具；
6. 於整幢建築物均無人在之時間內，應關閉室內熱水循環系統；
7. 裝置噴灑式水開關以限制用水，或用帶有彈簧之熱水龍頭以控制用水。

戊、辦公室機器之使用

1. 如不使用下列辦公室機器時，應立刻關閉開關：電動打字機、影印機、計算機、自動煮咖啡爐、自動販賣機、水冷却機等；
2. 儘量少買必需使用能源之文具，如電動削鉛筆機與電動釘書機；
3. 個人應儘量少用電壺，辦公室應設置集中煮咖啡處，或設置自動販賣機；
4. 鼓勵使用樓梯，少用電梯，走樓梯對健康亦有好處；
5. 用過的紙張要收好。

己、控制

建築物每一層樓應指派一位能源監視員，管理白天一切能源服務是否有效率地進行，夜晚與週末之燈與辦公室機器是否均關好。

表 6.5.2　中小型企業廠商能源處理之檢視清單

甲、一般事項
1. 能源資料之衡量與監視，包括： 　　・熱力流程圖； 　　・燃料之購買、運輸、消費與存貨； 　　・最大電力消耗量，每單位產品之消耗電力等； 　　・每單位產品之燃料消費與其波動。 　2. 將上述報告之結果呈送最高管理階層。
乙、燃燒之控制
1. 製造過程之合理化：必須保持連續不斷地操作； 　2. 保持熔爐之最佳情況：注意燃燒物之位置、操作期間之長度與頻率等； 　3. 火爐絕緣之特別加強，減少火爐之開口範圍； 　4. 改良燃燒時空氣與燃料之比率； 　5. 熱處理形式之改良； 　6. 廢熱之利用：如空氣預熱器與鍋爐之廢熱等。
丙、蒸汽之控制
1. 減少管道之漏氣，通氣活門之維護； 　2. 蒸汽管道之熱絕緣； 　3. 蒸汽管道分配之最佳安排與多餘管道之去除； 　4. 熱氣再循環與蒸汽排水道力量之控制； 　5. 鍋爐用水之品質控制； 　6. 蒸汽汽壓控制至最佳情況。
丁、電力消費之合理化
1. 減少電力轉換損失； 　2. 防止馬達閒置或耗用過度，馬達轉速之控制； 　3. 分配網道之最佳配置； 　4. 減少加壓系統漏隙； 　5. 改善建築物內之燈光：光線之密度、光源、光線位置之配置與控制等； 　6. 改善電力工廠容電器之裝置； 　7. 空氣調節器之最佳配置。

戊、原料的回收

1. 工廠內可再加利用的原料，或用廢棄原料代替新原料之可能性有多大；
2. 工廠內、外廢棄原料應收集後重新分類、組合。

6.5.2 能源經理（Energy Manager）

　　各型機構必須指派一名「能源經理」以發展及完成其能源管理計劃，能源經理之角色如表6.5.3之說明。中、小型機構並不需要在機構以外去招募全天候的專職人員來擔當能源經理的職位。而在全國設有工廠或分支機構的大型機構，能源經理應在各分支機構指派助理人員，能源經理本身的任務是協調與指派助理人員之活動。能源經理之背景應為技術或專門職業人員，譬如工廠工程師、生產或工廠經理、會計師或技師。不論其背景與訓練如何，能源經理最重要的資格為：

1. 有資格直接向機構中最高主管官員報告；
2. 有能力溝通各生產部門、服務單位或工廠之操作，包括辦公室事務之處理與運輸的安排；
3. 考慮節約成本與能夠有建議長期節約能源投資的先見之明；
4. 有能力推動各階層人們之工作。

　　如果在機關工作的人們沒有激發與保持全面性的自覺與節省能源成本的興趣，則所有促進節約能源的努力均可能白費；每個人均應了解，節約能源可抵銷其他成本的增加，並保持公司或機構之活力；此外，工作人員應特別注意，因能源處理包括定期的衡量與控制，安全與健康水準實際上可能都會改善。以上所指，均是能源經理所應加強之工作。

6.5.3 能源查核之實施

　　能源查核係指能源使用之衡量與監視，其乃一機構內減少浪費與改善能源使用效率，即能源處理計劃能否成功之重要關鍵。於決定能源是否有效地使用前，很重要的一點即需先找出為什麼要使用能源以及其如何被使用。此可應用於家庭中之每一成員、工廠與公司，以及全國性與國際性的機構。能源查核不僅可幫助確定「為什麼」與「如何」使用能源，並且可確定一能源消費機構能

表 6.5.3　能源經理

甲、必須切實努力做到下列各項：

1. 燃燒之效率達到最佳效果；
2. 取暖、冷却設備與熱運輸之合理化；取暖方式之最佳化；
3. 防止熱能在輻射與傳導的過程及能源運輸的過程中散失；
4. 防止因絕緣之效率不佳而導致熱之散失，特別是建築物；
5. 廢熱之恢復與重新使用；
6. 減少因裝置系統與零組件之不足所造成的電力損失；
7. 防止因不需要的用燈所造成電的浪費；
8. 有效的轉換與使用電力以產生動力；
9. 熱力與電力之交替使用；
10. 減少燃料之消費，特別是公共的或商業運輸用之汽油，其方式為透過道路系統之改進，較為經濟之負荷，較好的駕駛技術，較好的維護與運輸、燃料替代方式之改進；
11. 用固態或其他能夠一再使用之燃料來替代液體燃料。

乙、能源經理之職責

1. 保持能源購買、存貨與消費之各項最新紀錄，定期檢視能源使用之情況。
2. 使能源耗用紀錄作為公司各部門紀錄之要點。
3. 協調所有使用能源者，並設定目標，對所有使用節約能源的設備與技術提供技術性指導，或提供技術指導之來源。
4. 確定能源浪費在何處發生，並確定能源浪費之數量。對減少能源浪費提供實際的建議。
5. 設法促進並維持對節約能源之興趣。
6. 確定哪些活動需要更進一步的研究，並保持研究紀錄，而且要看看實際進步情形如何。
7. 對能源管理與操作提供基本的指南或手冊。
8. 對長期節約能源有關之採購、計劃、生產及其他活動，應提供較為專門的意見。
9. 要確定改進節約能源的各種方法是否危害健康與安全。
10. 要常與委員會及公司業務有關之工作小組連繫，並對能夠減少成本之技術與相同工作過程的成績表現互相交換意見。
11. 要與研究機構，設備製造者與專業性團體保持經常的聯繫，使得能源經理能夠對所有較重要的節約能源新的發展均能了解。

> 12.要保持對世界性及全國性能源的發展有最新的了解，才能對較高級之管理階層在能源事務方面提供一般性的建議。

源負責人之責任。簡言之，建立能源查核制度有助於確定一機構內能源處理之各種活動。

能源查核之程序，通常需考慮每一個能源單位（如撒姆（therms）、度（kwh）、或英熱單位（Btus），均爲熱量單位）之能源使用量，其目的在於提供能源管理者足夠之訊息以發展一套能源策略或方案，並提供所有使用能源者能夠檢查與衡量生產過程或方法是否正確無誤？及工廠是否合乎最有效率之規模？要建立每一生產階段之能源管理內容，並利用能源查核作爲管理階層改善能源使用效率之基礎；要確定能源使用數量特別大的地方；對節約能源行爲之成本與報酬之評估要有信心，其成本包括資本投資，或是因使用替代性的原料或變更設計所造成的成本節省。在比較相同單位的時候，能源查核的資料可用來作爲設定經營目標之依據，或與最好操作的例子互相比較。用這些資料，管理階層可以先設定目標，並發展一套能源策略與執行的計劃，以達成目標。

能源查核對任何大、小機關之活動均是必需的，因其可改善能源效率，促進長期經濟效益。如果能源節約能夠保持下去，而且能夠充分了解能源節約之潛力，能源查核實爲一種連續不斷的活動，它可使一個機構因未來燃料成本不斷上升所造成的傷害減到最小，並保持其競爭能力。因此，能源查核實爲財務部門特別重視之一部份。

每一個機關實施能源查核之次數、質量與深度均有很大的不同。適當的查核，可以使管理人員了解該機關的節約能源做得如何，距目標有多遠；它可使不同的生產或消費單位在比較效率時，有一個共同的基礎；並且它可使能源經理了解節約能源投資的報酬如何。

能源查核並不能夠告訴某公司其經營成績與其他機構比較時如何。除非同一行業之廠商，均商定相同的查核基礎，並透過相同的貿易或研究機構交換有關的資料，這樣也許能夠比較。各種不同的行業可以建立不同的能源使用範例，個別的工廠、公司與範例也許有些出入。但能源使用如果有很大的不同，亦不能夠清楚明白的解釋時，應該使能源經理了解這些顯著的差異究竟在哪裡，使他對未來節約能源會特別的小心。

6.5.4 政府扮演之角色

政府不論是在直接的或間接的促進能源管理技術之廣泛使用方面,均扮演一個重要的角色。在直接方面,政府應該在其本身的活動方面適當的採取能源管理的概念,譬如政府運輸船隊或公共與各機構的建築物之空間調節。在間接方面,政府可以在許多方面對能源管理過程提供各種支援,較合適者是與企業界及廠商密切合作,其內容包括下列各項:

1. 技術之建議與指導,特別是提供能源經理個案研究的資料,(例如用小冊子、影片,舉辦研討會或訓練班計劃等)
2. 協助促進員工們節約能源之動機(用影片、海報張貼、巡迴展覽等);
3. 提供能源經理之訓練課程;
4. 提供適當節約能源之誘因(如稅之減免,金融支持與補貼);
5. 提供能源查核範例以及查核報告之體系;
6. 鼓勵能源經理們成立組織;
7. 政府能源管理方面能有定期刊物出版。

所有參加國際能源總署(International Energy Agency, IEA)的國家均熱切支持正在開始之能源管理活動,各國政府與各國負責節約能源機構各項有關活動的細節均可從各國派駐國際能源總署的代表處取得。

6.5.5 我國實施能源管理之情形

我國為加強推廣能源節約,實施能源管理以貫徹能源政策之執行,於民國六十九年八月制定「能源管理法」(參考附錄十七), 並於民國七十年三月公布「能源管理法施行細則」(參考附錄十八)。 經濟部能源委員會於民國八十三年三月公布彙編能源管理法規,共分五大類:包括 1. 綜合類 2. 石油類 3. 電力類 4. 氣體燃料類及 5. 行政解釋。如下表所示:

能源用戶均應熟悉相關之能源法規, 在我國極為匱乏有限能源情況之下,充分利用得來不易之各項能源創造福祉。

類　　別	法　　規　　名　　稱
1. 綜合類	・能源管理法 ・能源管理法施行細則 ・公告非經許可不得經營輸入輸出生產銷售業務之能源產品 ・公告能源供應事業及能源用戶達應辦理能源管理法規定事項之能源供應數量，使用數量基準及應儲存之安全量 ・能源研究發展基金收支保管及運用辦法 ・車輛容許耗用能源標準及檢查管理辦法 ・漁船用引擎容許耗用能源標準及管理辦法
2. 石油類	・石油及石油產品輸入輸出生產銷售業務經營許可管理辦法 ・加油站設置管理規則 ・漁船加油站設置管理規則 ・液化石油氣汽車加氣站設置管理規則 ・油源不足時期油品配售辦法
3. 電力類	・電業法 ・電業登記規則 ・自用發電設備登記規則 ・自用發電設備登記費收費標準 ・電業控制設備裝置規則 ・電業主任技術員任用規則 ・電業供電電壓週率標準 ・處理竊電規則 ・地方政府處理電業用地爭議準則 ・電業用戶電度表檢驗規則 ・路燈設計規則 ・中央空氣調節系統使用電能及費率計收準則 ・中央空氣調節系統表及線路裝置規則 ・汽電共生系統推廣辦法 ・台灣電力公司與合格汽電共生系統經營者相互購電辦法 ・電價表第十二章合格汽電共生備用電力
4. 氣體燃料類	・民營公用事業監督條列 ・煤氣事業管理規則 ・煤氣事業氣體售價審核作業要點
5. 行政解釋	・電業法行政解釋 ・自用發電設備登記規則行政解釋 ・民營公用事業監督條例行政解釋 ・煤氣事業管理規則行政解釋

6.6　能源節約有關之詞彙

1. 能源節約（Energy conservation）

以具體的行為，確保有限能源資源最有效之利用。如能源節省，合理使用能源，以他種能源代替；例如以太陽能、風力及地熱等能源，代替化石燃料。

2. 合理使用能源（Rational use energy）

消費者以最適合實現經濟目標的方法來利用能源，並考慮社會、政治、財政、環境等之限制。

3. 能源鏈合（Energy chain）

能源的流程，從原始的生產到最終的使用。轉換某種能源型式至他種型式，皆構成為能源鏈之一部份。

4. 負載控制（Load control）

利用特別的計量或其他的配置，例如熱計量，配合以特殊電價比率之最大需求計量，容許停供電力之合約，離峯期間熱儲存之準備等任何可調整尖峯期間用戶需求之方法。

5. 廢熱回收（Waste-heat recovery）

在某一特定程序而未消耗於此程序中，且仍可開發利用之熱源的收集與利用。

（註）兩種廢熱回收之特例為排放水之熱回收（通常由鍋爐之最低部份釋放以清除鍋爐淤渣之水的顯熱回收）以及閃蒸回收（當保持熱製程水溫於 373°K（100°C）以上之壓力突然降低時，由熱製程水所產生蒸汽的回收）。

6. 熱交換器（Heat exchanger）

一種設備，用來將一流動流體之熱量傳遞至另一流體，在兩物質之間不容許任何有直接的接觸。熱交換器可能預備做為連續的熱傳遞（復熱式熱交換器）；或者可能預備做為間歇的熱傳遞（再生式熱交換器）。

7. 廢物；廢料（Refuse；Waste）

物料因無立即價值而丟棄或因製程或者操作時所留下之殘留物。這些可能是農業（即有機廢料）、工業（即含鐵的與非含鐵的金屬、玻璃、塑膠等）、商業與家庭的（即都市或市區的廢料）廢物。

8. 熱電複合廠；熱電共生廠（Combined heat and power station；Cogeneration plant）

一種發電廠，其中所有蒸汽產生於鍋爐並經由渦輪發電機以產生電力，但係設計成蒸汽可由輪機之某一具抽取，且（或）由輪機之排氣當做背壓蒸汽並且用來對工業製程，區域加熱等供應熱量。

（註 1.）電力與熱之供給是兩個主要的產品且其供應量是互補的；產量可依據主要之輸出是用來供應蒸汽或電力之需求而做調整。

（註 2.）熱與電力之組合也可經由氣渦輪機或內燃機驅動發電機廠，在其循環中回收排氣或其他點之廢熱並利用之，而獲得。在這種情況，熱供應是一種副產品。

9. 複合循環廠（Combined cycle plant）

含有氣渦輪發電機且其排氣供給到可能有或無輔助加熱器之廢氣鍋爐的發電廠，並且由鍋爐所產生的蒸汽被用來推動蒸汽渦輪發電機。

（註）基本循環可能有各種不同的型式並且用於氣渦輪機燃燒室之燃料氣也可能在煤氣化廠內產生。電力產生循環的其他共生組合也可以如下分類：柴油－蒸汽；水銀－蒸汽；液態金屬－蒸汽；磁流－蒸汽；氣體燃料－有機流體；蒸汽－有機流體。

10. 內燃循環（Internal combustion cycle）

一種熱機之熱力循環，燃料在汽缸內燃燒，燃燒產物形成工作介質並產生或推動動力衝程，例如汽油、柴油及煤氣機。發展中之分層進料，預燃以及乏燃等技術，皆以改善內燃機之效率爲目標。

（註）通常使用上項名詞時環限於奧圖及迪塞爾循環之動力機，但內燃式燃氣輪機亦可包含在內。

11. 外燃循環（External combustion cycle）

一種熱力循環，由燃燒燃料所產生之熱產物經由鍋爐或其他熱交換的方式傳至工作介質（通常爲蒸汽或空氣）產生或推動動力衝程，例如蒸汽輪機工廠、往復式蒸汽機、外燃式燃氣輪機、史提林動力機等。

12. 開放式循環動力機（Open-cycle engine）

動力機之工作流體循環經由熱機過程之各步驟，於最後一個步驟後將使用過之工作流體釋放於周遭。

13. 閉路式循環動力機（Closed cycle engine）

動力機之工作流體循環經由熱機過程之各步驟，於最後一個步驟後將原工作流體再循環於熱機過程的第一個步驟。

14. 熱泵（Heat pump）

自低度熱源（冷側），如地下水、地面水、土壤、室外空氣、通風空氣，傳熱至工作流體，再應用高級能，如機械能，昇高溫度或增加工作流體之含熱量，再釋放熱能以供利用（熱側）之裝置。

（註）蒸汽壓縮熱泵的組件爲：壓縮循環，工作流體循環，包括熱交換器和膨脹閥，輔助器等。

問題

1. 爲何需要提倡能源節約？

2. 何謂鍋爐？於工廠節約能源方面，宜注意鍋爐那些地方，才能提高其使用效率？
3. 工廠裝置以下各種設備目的何在，分述之
   (1)蓄熱器　　(2)節熱器　　(3)空氣預熱器
4. 回收鍋爐產生之凝結水具有那些效益？
5. 解釋以下各名詞
   (1)汽電共生　(2)鍋爐吸熱效率　(3)過剩空氣　(4)變壓器全日效率
   (5)冷氣機 EER　(6)光度　(7)輝度　(8)全般照明　(9)共乘汽車　(10)能源管理
6. 建立一汽電共生系統可獲得那些經濟效益？
7. 提高功因對於電能節約有何益處？
8. 照明方式共有幾種？試述之。
9. 列舉五項增進照明節約用電的方法。
10. 使用家電產品宜注意那些共同事項以減少能源浪費？
11. 於交通運輸方面，舉例說明如何促進節約能源之觀念。
12. 各公司或機構如何去推行能源管理計劃？
13. 說明建立能源查核制度之重要性。
14. 試說明政府於推展能源節約方面所扮演之角色。
15. 依個人觀點而言，試舉出一些適合個人於日常生活上響應政府推展能源節約之可行辦法。

參考資料

[1] G.A.Payne,"The Energy Manager's Handbook", 2/e, Westbury House, 1980
[2] W.C.Turner,"Energy Management Handbook", John Wiley & Sons, 1982
[3] C.B.Smith,"Energy Management Principles", Pergamon, 1981
[4] G.S.Springer & G.E.Smith,"The Energy-Saving Guidebook", Technomic,1974
[5] L.J.Vogt & D.A.Conner,"Electrical Energy Management", Lexington, 1977
[6] D.A.Reay,"Industrial Energy Consrvation", Pergamon, 1977
[7] A.Thumann,"Plant Engineers and Managers Guide to Energy Conservation", Van Nostrand Reinhold, 1977

〔8〕 P.W.O'callaghan, "Design and Management for Energy Conservation", Pergamon, 1981

〔9〕 丁德揚編　「工廠能源節約實務」　2／e，農橋　1983

〔10〕 師大工教研究所編　「節約能源教育手冊」　能委會　1984

〔11〕 經建會經濟研究處編　「能源政策與能源節約」　經建會　1981

〔12〕 薛小生著　「照明用電節約手冊」　能委會　1984

〔13〕 能委會譯　「建築物節約能源指南」　能委會　1983

〔14〕 李熒台譯　「正確的節約能源對策」　能委會　1985

〔15〕 能委會編　「能源詞彙」　能委會　1985

〔16〕 能委會編　「能源淺談」　能委會　1983

〔17〕 能委會編　「節約能源技術手冊」　能委會　1983

附　　錄

一　基本單位
二　其他國際單位系統之單位
三　長度換算表
四　面積換算表
五　體積換算表
六　質量換算表
七　力換算表
八　壓力換算表
九　速度與角速度換算表
十　功、能與熱量換算表
十一　電磁單位換算表
十二　飽和蒸汽表（溫度基準）
十三　飽和蒸汽表（壓力基準）
十四　希臘字母
十五　常用倍數與冪次
十六　國際原子量表（1969）
十七　能源管理法
十八　能源管理法施行細則
十九　能源應用課程規劃
二十　世界原油價格（1860～1994年）
廿一　台電發電每度成本
廿二　國際重要組織會員國
廿三　能委會研究計畫題目（82、83年度）
廿四　世界主要國家平均每人 GNP、GNP 及排行名次（1991、1992年）

附錄一　基本單位

度量	單位名稱	符號
長度	metre（公尺）	m
質量	kilogram（公斤）	kg
時間	second（秒）	s
電流	ampere（安培）	A
溫度	kelvin（凱氏溫度）	K
光度	candela（燭光）	cd
分子數	mole（摩爾）	mol

附錄二　其他國際單位系統之單位

度量	單位名稱	符號	
平面角	radin（弳）	rad	
立體角	steradian（立弳）	sr	
面積	hectare（公頃）	ha	$(=10^4 m^2)$
質量	tonne（噸）	t	$(=10^3 kg)$
頻率	hertz（赫芝）	Hz	$(=1 s^{-1})$
力	newton（牛頓）	N	$(=1 kgm/s^2)$
壓力	pascal（巴斯卡）	Pa	$(=1 N/m^2)$
壓力	bar（巴）	bar	$(=10^5 Pa)$
溫度	degree Celsius（攝氏度）	°C	$(=K-273.15)$
能量	joule（焦耳）	J	$(=1 Nm)$
功率	watt（瓦特）	W	$(=1 J/s)$
光束	lumen（流明）	lm	$(=1 cd/sr)$
照度	lux（勒克斯）	lx	$(=1 lm/m^2)$
動黏度	stokes（斯托克斯）	St	$(=10^{-4} m^2/s)$
黏度	poise（泊）	P	$(=10^{-1} Pas)$
容積	litre（公升）	l	$(=1 dm^3)$
電量	coulumb（庫輪）	C	$(=1 As)$
電位	volt（伏特）	V	$(=1 W/A)$
電阻	ohm（歐姆）	Ω	$(=1 V/A)$
電容	farad（法拉）	F	$(=1 As/V)$
電感	henry（亨利）	H	$(=1 Vs/A)$

附錄三　長度換算表

公分	公尺	吋	呎	碼	哩	公里	海哩
1	0.01	0.393 7	0.032 81	0.010 94	1	1.609 3	0.869 0
100	1	39.37	3.281	1.093 6	0.621 4	1	0.540 0
2.540	0.025 4	1	0.083 33	0.027 78			
30.48	0.304 8	12	1	0.333 3	1.151	1.852	1
91.44	0.914 4	36	3	1			

附錄四　面積換算表

平方公尺	平方吋	平方呎	平方碼	畝	平方哩	公頃	平方公里
1	1 550	10.764	1.196 0	1	0.0₂1 563	0.404 7	0.0₄4 047
0.0₃645 2	1	0.0₂6 944	0.0₃771 6	640	1	259.0	2.590
0.092 90	144	1	0.111 11	2.471	0.0₃3 861	1	0.01
0.836 1	1 296	9	1	247.1	0.386 1	100	1

註：0.0₃645 2 係 0.000 645 2 之簡寫

附錄五　體積換算表

立方公尺	立方吋	立方呎	立方碼	英加侖	美加侖	立方吋	公升
1	61 024	35.31	1.308	1	1.201	277.4	4.546
0.0₄16 39	1	0.0₃578 7	0.0₄21 43	0.832 7	1	231	3.785
0.028 32	1 728	1	0.037 037	0.0₃3 605	0.0₄4 329	1	0.016 39
0.764 55	46 656	27	1	0.220 0	0.264 2	61.02	1

附錄六　質量換算表

公斤	喱 (grain)	啢 (ounce) 常用	啢 (ounce) 金銀藥劑用	磅 常用	磅 金銀藥劑用	噸 公制	噸 英制	噸 美制
1	15 432	35.27	32.15	2.205	2.679 2	0.001	0.0_3 984	20.0_21 102
0.0_4 64 80	1	0.0_2 286	0.0_2 083	0.0_3 142 9	0.0_3 173	$6 0.0_7 64$ 80	0.0_7 63 78	$0.0_7 71$ 43
0.028 35	437.5	1	0.911 5	0.062 5	0.075 95	0.0_4 28 35	0.0_4 27 90	$0.0_4 31$ 25
0.031 10	480	1.097 14	1	0.068 57	0.083 33	0.0_4 31 10	0.0_4 30 61	$0.0_4 34$ 29
0.453 6	7 000	16	14.58	1	1.215	0.0_3 453 6	0.0_3 446 4	$0.0_3 500$ 5
0.373 2	5 760	13.17	12	0.822 9	1	0.0_3 373 2	0.0_3 367	$0.0_3 411$ 4
1 000	1.543×10^7	35 274	32 151	2 205	2 679	1	0.984 2	1.102
1 016	1.568×10^7	35 840	32 667	2 240	2 722	1.016	1	1.12
907.2	1.4×10^7	32 000	29 167	2 000	2 431	0.907 2	0.892 9	1

附錄七　力換算表

百萬達因 (megadyne)	公斤力 (kgf)	磅力 (lbf)	磅達 (poundal)	牛頓
0.1	0.101 97	0.224 8	7.233	1
1	1.019 7	2.248	72.33	10
0.980 7	1	2.205	70.93	9.807
0.444 8	0.453 6	1	32.17	4.448
0.013 83	0.014 10	0.031 08	1	0.1383

附錄八　壓力換算表

樺(bar)	公斤／平方公分	磅力／平方吋	英噸力／平方吋	大氣壓	水銀柱 公尺	水銀柱 吋	水柱 公尺	水柱 吋	巴斯加(pascal)
10^{-5}	$1.019\ 7\times10^{-5}$	1.450×10^{-4}	0.9324×10^{-5}	9.869×10^{-6}	7.501×10^{-3}	29.53	$1.019\ 7\times10^{-4}$		1
1	1.019 7	14.50	0.932 4	0.986 9	0.750 1	28.96	10.197	33.46	1×10^{5}
0.980 7	1	14.22	0.914 4	0.967 8	0.735 6	2.036	10.000	32.81	0.9807×10^{5}
0.068 95	0.070 31	1	0.064 29	0.068 05	0.051 71	31.67	0.703 1	2.307	0.6895×10^{4}
1.072 5	1.093 7	15.56	1	1.058 5	0.804 5	29.92	10.94	35.88	1.0725×10^{5}
1.013 3	1.033 2	14.70	0.944 7	1	0.760	39.37	10.33	33.90	1.0133×10^{5}
1.333 2	1.359 5	19.34	1.243 1	1.315 8	1	1	13.60	44.60	1.3332×10^{5}
0.033 86	0.034 53	0.491 2	0.031 57	0.033 42	0.025 40	2.896	0.345 3	1.133	0.3386×10^{4}
0.098 06	0.100 00	1.422	0.091 43	0.096 78	0.073 55	0.882 7	1	3.281	0.9806×10^{4}
0.029 89	0.030 48	0.433 5	0.027 87	0.029 50	0.022 42		0.304 8	1	0.2989×10^{4}

附錄九　速度與角速度換算表

公尺／秒	公里／時	節（公制）	呎／秒	哩／秒	節（英制）	度／秒	回／分	rad／秒
1	3.6	1.944	3.281	2.237	1.943	1	0.166 7	0.017 45
0.277 8	1	0.540 0	0.911 3	0.621 4	0.539 6	6	1	
0.514 4	1.852	1	1.688	1.151	0.999 4			0.104 7
0.304 8	1.097	0.592 5	1	0.681 8	0.592 1	57.30	9.549	1
0.447 0	1.609	0.869 0	1.467	1	0.868 4			
0.514 8	1.853	1.000 6	1.689	1.151 5	1			

公制1節＝1,852m/h，英制1節＝6,080ft/h＝1 853.2m/h，1 rad＝57.296°

附錄十　功、能與熱量換算表

焦	kgf·m	呎磅力	時	法馬力時（公制）	英馬力時（日本制）	千卡	BTU
1	0.101 97	0.737 6	0.0₆ 277 8	0.0₆ 377 7	0.0₆ 372 4	0.0₃ 238 9	0.0₃ 948 0
9.807	1	7.233	0.0₅ 2 724	0.0₅ 3 704	0.0₅ 3 652	0.002 343	0.009 297
1.356	0.138 3	1	0.0₆ 376 6	0.0₆ 512 1	0.0₆ 504 9	0.0₃ 323 9	0.001 285
3.6×10⁶	3.671×10⁵	2.655×10⁶	1	1.359 6	1.340 5	860.0	3 413
2.648×10⁶	2.700×10⁵	1.953×10⁶	0.735 5	1	0.985 9	632.5	2 510
2.686×10⁶	2.739×10⁵	1.981×10⁶	0.746	1.014 3	1	641.6	2 546
4 186	426.9	3 087	0.001 163	0.001 581	0.001 559	1	3.968
1 055	107.6	778.0	0.0₃ 293 0	0.0₃ 398 4	0.0₃ 392 8	0.252 0	1

附錄十一　電磁單位換算表

量		M.K.S. 單位	c.g.s.電磁單位	c.g.s.靜電單位
電流	安培	A（基本）	1/10	c/10
電阻	歐姆	$\Omega = m^2\ kg\ s^{-3}\ A^{-2}$	10^9	$10^9/c^2$
電壓	伏特	$V = m^2\ kg\ s^{-3}\ A^{-1} = A\Omega$	10^8	$10^8/c$
電量	庫倫	$C = A \cdot s$	1/10	c/10
電容	法拉第	$F = m^{-2}\ kg^{-1}\ s^4\ A^2 = C/V$	$1/10^9$	$c^2/10^9$
電場強度	伏特/公尺	$V/m = m\ kg\ s^{-3}\ A^{-1}$	10^6	$10^6/c$
電通密度	庫倫/平方公尺	$C/m^2 = m^{-2}sA$	$4\pi/10^5$	$4\pi c/10^5$
透電率	法拉第/公尺	$F/m = m^{-3}\ kg^{-1}\ s^4\ A^2$	$4\pi/10^{11}$	$4\pi c^2/10^{11}$
安培面/公尺	$AT/m = m^{-1}\ A$	$4\pi/10^3$ 奧斯特	$4\pi c/10^3$
磁場強度				
磁通	韋伯	$Wb = m^2\ kg\ s^{-2}\ A^{-1} = V \cdot s$	10^8 馬克斯威爾	$10^8/c$
磁通密度	特斯拉	$Wb/m^2 = kg\ s^{-2}\ A^{-1}$	10^4 高斯	$10^4/c$
電感（自感與互感）	亨利	$H = m^2\ kg\ s^{-2}\ A^{-2} = Wb/A$	10^9	$10^9/c^2$
導磁率	亨利/公尺	$H/m = m\ kg\ s^{-2}\ A^{-2}$	$10^7/(4\pi)$	$10^7/(4\pi c^2)$

本表所示爲將 M.K.S. 單位中相當於 1 之量以 c.g.s 電磁單位或靜電單位測得之數值。c 乃眞空中測得之光速＝2.998×10^{10} cm/s。M.K.S 體系中眞空之導磁率 $\mu_0 = 4\pi \cdot 10^{-7}$ H/m。

附錄十二　飽和蒸汽表（溫度基準）

溫度 [°C]	飽和壓力 [kg/cm²]	[mmHg]	比容積 [m³/kg] v'	v''	焓 [kcal/kg] h'	h''	r=h''−h'	熵 [kcal/kg K] s'	s''
0.01	0.00623	4.6	0.0010002	206.16	0.00	597.5	597.5	0.0000	2.1872
5	0.00889	6.5	0.0010000	147.16	5.02	599.7	594.7	0.0182	2.1560
10	0.01251	9.2	0.0010003	106.43	10.03	601.9	591.8	0.0361	2.1262
15	0.01738	12.8	0.0010008	77.98	15.03	604.1	589.0	0.0536	2.0977
20	0.02383	17.5	0.0010017	57.84	20.03	606.2	586.2	0.0708	2.0704
25	0.03228	23.7	0.0010029	43.40	25.02	608.4	583.4	0.0877	2.0443
30	0.04325	31.8	0.0010043	32.93	30.01	610.6	580.6	0.1043	2.0193
35	0.05732	42.2	0.0010060	25.24	35.00	612.7	577.7	0.1206	1.9954
40	0.07520	55.3	0.0010078	19.55	40.00	614.9	574.9	0.1366	1.9725
45	0.09771	71.9	0.0010099	15.28	44.99	617.0	572.0	0.1525	1.9504
50	0.12578	92.5	0.0010121	12.05	49.98	619.1	569.1	0.1680	1.9293
55	0.16051	118.1	0.0010145	9.579	54.97	621.2	566.3	0.1834	1.9090
60	0.20313	149.4	0.0010171	7.679	59.97	623.3	563.3	0.1985	1.8895
65	0.2550	187.6	0.0010199	6.202	64.97	625.4	560.4	0.2134	1.8707
70	0.3178	233.7	0.0010228	5.046	69.98	627.4	557.5	0.2281	1.8526
75	0.3931	289.1	0.0010259	4.134	74.98	629.5	554.5	0.2425	1.8352
80	0.4829	355.2	0.0010292	3.409	79.99	631.4	551.5	0.2568	1.8184
85	0.5894	433.6	0.0010326	2.829	85.01	633.4	548.4	0.2709	1.8022
90	0.7149	525.9	0.0010361	2.361	90.03	635.4	545.3	0.2848	1.7865
95	0.8619	634.0	0.0010399	1.982	95.06	637.3	542.2	0.2986	1.7714
100	1.0332	760.0	0.0010437	1.673	100.1	639.2	539.1	0.3121	1.7568
110	1.4609		0.0010519	1.210	110.2	642.8	532.6	0.3388	1.7290
120	2.0246		0.0010606	0.8915	120.3	646.3	526.0	0.3649	1.7028
130	2.7546		0.0010700	0.6681	130.5	649.6	519.2	0.3904	1.6781
140	3.685		0.0010801	0.5085	140.7	652.8	512.1	0.4154	1.6548
150	4.854		0.0010908	0.3924	151.0	655.7	504.7	0.4399	1.6327
160	6.303		0.0011022	0.3068	161.3	658.4	497.1	0.4640	1.6116
170	8.076		0.0011145	0.2426	171.8	660.9	489.1	0.4876	1.5914
180	10.224		0.0011275	0.1938	182.3	663.1	480.8	0.5110	1.5721
190	12.799		0.0011415	0.1563	192.9	665.0	472.1	0.5340	1.5534
200	15.855		0.0011565	0.1272	203.6	666.6	463.0	0.5567	1.5352
220	23.656		0.0011900	0.08604	225.4	668.7	443.4	0.6014	1.5004
240	34.138		0.0012291	0.05965	247.8	669.3	421.5	0.6454	1.4667
260	47.869		0.0012756	0.04213	271.1	667.9	396.8	0.6890	1.4333
280	65.468		0.0013324	0.03013	295.4	664.1	368.1	0.7329	1.3993
300	87.621		0.0014041	0.02165	321.3	657.1	335.8	0.7775	1.3634
320	115.12		0.0014995	0.01548	349.3	645.8	296.4	0.8240	1.3238
340	148.93		0.0016387	0.01078	381.1	627.2	246.2	0.8746	1.2761
360	190.43		0.0018959	0.006940	421.4	593.6	172.3	0.9365	1.2086
374.15	225.56		0.003170	0.003170	503.3	503.3	0	1.0612	1.0612

〔註〕v'，h' 為飽和水之值，v''，h'' 為飽和蒸汽之值，r 為蒸發熱

附錄十三 飽和蒸汽表（壓力基準）

壓力 [kg/cm²]	飽和溫度 [°C]	比容積 [m³/kg] v'	v''	焓 [kcal/kg] h'	h''	r=h''−h'	熵 [kcal/kg K] s'	s''
0.01	6.70	0.0010001	131.62	6.72	600.4	593.7	0.0243	2.1457
0.03	23.76	0.0010026	46.52	23.80	607.9	584.1	0.0836	2.0506
0.05	32.55	0.0010051	28.72	32.56	611.7	579.1	0.1126	2.0070
0.07	38.66	0.0010073	20.91	38.66	614.3	575.6	0.1324	1.9785
0.10	45.45	0.0010101	14.95	45.44	617.2	571.8	0.1539	1.9485
0.2	59.67	0.0010170	7.791	59.64	623.2	563.5	0.1975	1.8907
0.3	68.68	0.0010221	5.326	68.65	626.9	558.2	0.2242	1.8573
0.5	80.86	0.0010298	3.300	80.86	631.8	550.9	0.2593	1.8156
0.7	89.47	0.0010357	2.408	89.47	635.1	545.7	0.2833	1.7882
1.0	99.09	0.0010430	1.725	99.17	638.8	539.6	0.3097	1.7594
2	119.62	0.0010603	0.9018	119.9	646.2	526.3	0.3639	1.7038
3	132.88	0.0010728	0.6168	133.4	650.6	517.1	0.3976	1.6713
4	142.92	0.0010831	0.4708	143.7	653.7	510.0	0.4226	1.6482
5	151.11	0.0010920	0.3816	152.1	656.0	503.9	0.4426	1.6303
6	158.08	0.0011000	0.3213	159.3	657.9	498.6	0.4594	1.6156
7	164.17	0.0011072	0.2778	165.7	659.5	493.8	0.4739	1.6031
8	169.61	0.0011140	0.2448	171.3	660.8	489.5	0.4867	1.5922
10	179.04	0.0011262	0.1979	181.3	662.9	481.6	0.5087	1.5739
12	187.08	0.0011373	0.1663	189.8	664.5	474.7	0.5273	1.5588
14	194.13	0.0011476	0.1434	197.3	665.7	468.4	0.5434	1.5458
16	200.43	0.0011572	0.1260	204.1	666.7	462.6	0.5577	1.5345
18	206.15	0.0011663	0.1124	210.2	667.4	457.2	0.5705	1.5243
20	211.39	0.0011749	0.1015	215.9	668.0	452.1	0.5822	1.5152
25	222.91	0.0011953	0.08147	228.6	668.9	440.3	0.6078	1.4954
30	232.76	0.0012142	0.06794	239.6	669.3	429.7	0.6295	1.4788
35	241.42	0.0012321	0.05817	249.4	669.3	419.8	0.6485	1.4643
40	249.18	0.0012494	0.05076	258.4	668.9	410.5	0.6654	1.4514
45	256.22	0.0012662	0.04494	266.6	668.3	401.7	0.6808	1.4396
50	262.69	0.0012826	0.04025	274.3	667.6	393.3	0.6949	1.4288
60	274.28	0.0013149	0.03313	288.3	665.5	377.2	0.7203	1.4091
70	284.47	0.0013469	0.02798	301.0	662.8	361.8	0.7427	1.3915
80	293.61	0.0013791	0.02406	312.8	659.7	346.9	0.7631	1.3752
100	309.53	0.0014457	0.01848	334.3	652.3	318.0	0.7993	1.3451
120	323.15	0.0015177	0.01466	354.0	643.5	289.4	0.8316	1.3170
140	335.10	0.0015985	0.01183	372.8	632.8	259.9	0.8616	1.2890
160	345.75	0.0016935	0.009615	391.3	619.7	228.4	0.8905	1.2595
180	355.35	0.0018139	0.007794	410.8	603.7	192.9	0.9205	1.2274
200	364.07	0.0019902	0.006187	431.6	582.8	151.1	0.9520	1.1892
220	372.05	0.0023688	0.004423	462.7	545.8	83.1	0.9988	1.1276
225.56	374.15	0.003170	0.003170	503.3	503.3	0	1.0612	1.0612

附錄十四　希臘字母

A	α	alpha	N	ν	nu
B	β	beta	Ξ	ξ	xi
Γ	γ	gamma	O	o	omicron
Δ	δ	delta	Π	π	pi
E	ε	epsilon	P	ρ	rho
Z	ζ	zeta	Σ	σ, ς	sigma
H	η	eta	T	τ	tau
Θ	θ, ϑ	theta	Υ	υ	upsilon
I	ι	iota	Φ	φ, ϕ	phi
K	$\varkappa$	kappa	X	χ	chi
Λ	λ	lambda	Ψ	ψ	psi
M	μ	mu	Ω	ω	omega

附錄十五　常用倍數與冪次

因子	字首	符號
10^{12}	tera	T
10^{9}	giga	G
10^{6}	mega	M
10^{3}	kilo	k
10^{2}	hecto	h
10^{1}	deca	da
10^{-1}	deci	d
10^{-2}	centi	c
10^{-3}	milli	m
10^{-6}	micro	μ
10^{-9}	nano	n
10^{-12}	pico	p
10^{-15}	femto	f
10^{-18}	atto	a

附錄十六　　國際原子量表（1969）

本表係依據1961年國際純正及應用化學聯合會（IUPAC）之決議以 $C^{12}=12.00000$ 而定。

元　　素	符號	原子序	原　子　量	元　　素	符號	原子序	原　子　量
Actinium 錒	Ac	89	(227)	Einsteinium 鑀	Fs	99	(254)
Aluminum 鋁	Al	13	26.9815	Erbium 鉺	Er	68	167.26
Americium 鎇	Am	95	(243)	Europium 銪	Eu	63	151.96
Antimony 銻	Sb	51	121.75	Fermium 鑌	Fm	100	(252)
Argon 氬	Ar	18	39.948	Fluorine 氟	F	17	18.9984
Arsenic 砷	As	33	74.9216	Francium 鍅	Fr	87	(223)
Astatine 砈	At	85	(210)	Gadolinium 釓	Gd	64	157.25
Barium 鋇	Ba	56	137.34	Gallium 鎵	Ga	31	69.72
Berkelium 鉳	Bk	97	(249)	Germanium 鍺	Ge	32	72.59
Beryllium 鈹	Be	4	9.0122	Gold 金	Au	79	196.967
Bismuth 鉍	Bi	83	208.980	Hafnium 鉿	Hf	72	178.49
Boron 硼	B	5	10.811	Helium 氦	He	2	4.0026
Bormine 溴	Br	35	79.909	Holmium 鈥	Ho	67	164.930
Cadmium 鎘	Cd	48	112.40	Hydrogen 氫	H	1	1.00797
Calcium 鈣	Ca	20	40.08	Indium 銦	In	49	114.82
Californium 鉲	Cf	98	(249)	Iodine 碘	I	53	126.9044
Carbon 碳	C	6	12.01115	Iridium 銥	Ir	77	192.2
Cerum 鈰	Ce	58	140.12	Iron 鐵	Fe	26	55.847
Cesium 銫	Cs	55	132.905	Krypton 氪	Kr	36	83.80
Chlorine 氯	Cl	17	35.453	Lanthanum 鑭	La	57	138.91
Chromium 鉻	Cr	24	51.996	Lawrencium 鐒	Lw	103	(257)
Cobalt 鈷	Co	27	58.9332	Lead 鉛	Pb	82	207.19
Copper 銅	Cu	29	63.54	Lithium 鋰	Li	3	6.939
Curium 鋦	Cm	96	(245)	Lutetium 鎦	Ln	71	174.97
Dysprosium 鏑	Dy	66	162.50	Magnesium 鎂	Mg	12	24.312

元素	符號	原子序	原子量	元素	符號	原子序	原子量
Manganese 錳	Mn	25	54.9380	Ruthenium 釕	Ru	44	101.07
Mendelevium 鍆	Md	101	(256)	Samarium 釤	Sm	62	150.35
Mercury 汞	Hg	80	200.59	Scandium 鈧	Sc	21	44.956
Molybdenum 鉬	Mo	42	95.94	Selenium 硒	Se	34	78.96
Neodymium 釹	Nd	60	144.24	Silicon 矽	Si	14	28.086
Neon 氖	Ne	10	20.183	Silver 銀	Ag	47	107.870
Neptunium 錼	Np	93	(237)	Sodium 鈉	Na	11	22.9898
Nickel 鎳	Ni	28	58.71	Strontium 鍶	Sr	38	87.62
Niobium 鈮	Nb	41	92.906	Sulfur 硫	S	16	32.064
Nitrogen 氮	N	7	14.0067	Tantalum 鉭	Ta	73	180.948
Nobelium 鍩	No	102	(254)	Technetium 鎝	Tc	43	(99)
Osmium 鋨	Os	76	190.2	Tellurium 碲	Te	52	127.60
Oxygen 氧	O	8	15.9994	Terbium 鋱	Tb	65	158.924
Palladium 鈀	Pd	46	106.4	Thallium 鉈	Tl	81	204.37
Phosphorus 磷	P	15	30.9738	Thorium 釷	Th	90	232.038
Platinum 鉑	Pt	78	195.09	Thulium 銩	Tm	69	168.934
Plutonium 鈽	Pu	94	(242)	Tin 錫	Si	50	118.69
Polonium 針	Po	84	(210)	Titanium 鈦	Ti	22	47.90
Potassium 鉀	K	19	39.102	Tungsten 鎢	W	74	183.85
Praseodymium 鐠	Pr	59	140.907	Uranium 鈾	U	92	238.03
Promethium 鉅	Pm	61	(145)	Vanadium 釩	V	23	50.942
Protactinium 鏷	Pa	91	(231)	Xenon 氙	Xe	54	131.30
Radium 鐳	Ra	88	(227)	Ytterbium 鐿	Yb	70	173.04
Radon 氡	Rn	86	(222)	Yttrium 釔	Y	39	88.905
Rhenium 錸	Re	75	186.2	Zinc 鋅	Zn	30	65.37
Rhodium 銠	Rh	45	102.905	Zirconium 鋯	Zr	40	91.22
Rubidium 銣	Rb	37	85.47				

【註】(a)括弧內數字乃最穩定或最普通同位素之質量數。
(b) Lw 暫譯為錺

附錄十七

能源管理法

中華民國六十九年八月八日
總統六九台統（一）義四四八六號令公布
中華民國八十一年一月三十一日
總統華總（一）義五九四號令修正

第一章 總　則

第 一 條　為加強管理能源，促進能源合理與有效使用，特制定本法；本法未規定者，適用其他有關法律之規定。

第 二 條　本法所稱能源如下：

　　　　一、石油及其產品。

　　　　二、煤炭及其產品。

　　　　三、天然氣。

　　　　四、核子燃料。

　　　　五、電能。

　　　　六、其他經中央主管機關指定為能源者。

第 三 條　本法所稱主管機關：在中央為經濟部；在省（市）為省（市）政府；在縣（市）為縣（市）政府。

第 四 條　本法所稱能源供應事業，係指經營能源輸入、輸出、生產、運送、儲存、銷售等業務之事業。

第 五 條　中央主管機關依預算法之規定，設置能源研究發展特種基金，訂定計畫，加強能源之研究發展工作。

　　　　前項基金之用途範圍如下：

　　　　一、能源開發技術之研究發展及替代能源研究。

　　　　二、能源合理有效使用及節約技術、方法之研究發展。

　　　　三、能源經濟分析及其情報資料之蒐集。

四、能源規劃及技術等專業人員之培訓。

五、其他經核定之支出。

法人或個人為前項第一款、第二款之研究具有使用價值者得予獎勵或補助。

中央主管機關應每年將能源研究發展計畫及基金運用成效專案報告立法院。

第二章 能源供應

第 六 條 能源供應事業經營能源業務,應遵行中央主管機關關於能源之調節、限制、禁止之規定。

經中央主管機關指定之能源產品,其輸入、輸出、生產、銷售業務,非經許可不得經營。

前項許可管理辦法,由中央主管機關訂定,並送立法院。

第 七 條 能源供應事業經營能源業務,達中央主管機關規定之數量者,應依照中央主管機關之規定,辦理下列事項:

一、申報經營資料。

二、設置能源儲存設備。

三、儲存安全存量。

依前項第二款規定設置儲存設備,於課徵營利事業所得稅時,得按二年加速折舊。但在二年內如未折舊足額,得於所得稅法規定之耐用年限一年或分年繼續折舊,至折足為止。

第三章 能源使用與查核

第 八 條 能源用戶應遵行中央主管機關關於節約能源及能源使用效率之規定。

為實施節約能源,中央主管機關應訂定節約能源辦法,報請行政院核定施行。

能源用戶使用能源效率為達第一項之規定者,中央主管機關得限期促其改善或更新設備。

第 九 條 能源用戶使用能源達中央主管機關規定數量者,應建立能源查核制度,並訂定節約能源目標及執行計畫,報經中央主管機關核備並執行之。

第 十 條 能源用戶生產蒸汽達中央主管機關規定數量者,應裝設汽電共生設備。

依前項規定設置汽電共生設備,得依有關法律適用加速折舊之規定。

第十一條 能源用戶使用能源達中央主管機關規定數量或裝設中央空氣調節系統者,應設置能源管

理人員；其資格、職員及名額，由中央主管機關定之。

第十二條　能源用戶使用能源達中央主管機關規定數量者，應依中央主管機關規定，申報使用能源資料。

第十三條　能源用戶使用石油或其產品、煤炭或其產品達中央主管機關規定數量者，應設置儲存設備，依中央主管機關規定儲存安全存量。依前項規定設置儲存設備，得依第七條第二項加速折舊之規定。

第十四條　廠商製造或進口中央主管機關指定之使用能源設備或器具供國內使用者，應符合中央主管機關規定之容許耗用能源標準，並應標明能源耗用量及其效率。

前項能源設備或器具，中央主管機關得指定單位或技師檢驗之。不符合容許耗用能源標準之使用能源設備或器具，不准進口或在國內銷售。

第十五條　廠商製造或進口中央主管機關指定之車輛供國內使用者，應符合規定之容許耗用能源標準。

前項車輛容許耗用能源標準及其檢查管理辦法，由中央主管機關會同交通主管機關定之。不符合容許耗用能源標準之車輛，不准進口或在國內銷售。

第十六條　使用能源達中央主管機關規定數量之能源用戶，其新設或擴建應先經中央主管機關核准。

第十七條　新建築物之設計與建造之有關節約能源標準，由建築主管機關會同中央主管機關定之。

第十八條　能源用戶裝設中央空氣調節系統，應附設個別控制設備，其使用電能高於中央主管機關規定之標準者，提高其電費費率，並限制其使用數量。

第十九條　中央主管機關於能源供應不足時，得訂定能源管制、限制及配售辦法，報請行政院核定施行之。

第四章　罰　則

第二十條　能源供應事業違反中央主管機關依第六條第一項所為之規定者，主管機關應通知限期辦理；逾期不遵行者，處新台幣一萬五千元以上十五萬元以下罰鍰，並再限期辦理；逾期仍不遵行者，除加倍處罰外，並得停止其營業或勒令歇業；經主管機關為加倍處罰，仍不遵行者，對負責人處一年以下有期徒刑、拘役或科或併科新台幣三十萬元以下罰金。

第二十條之一　未經許可而經營中央主管機關指定之能源產品之輸入、輸出、生產、銷售業務者，處一年以下有期徒刑、拘役或科或併科新台幣三十萬元以下罰金，並得沒收其輸入、輸出、生產、銷售之產品。

第廿一條　有下列情形之一者，主管機關應通知限期辦理，逾期不遵行者，逾期仍不遵行者處新台幣三千元以上、二萬四千元以下罰鍰，並再限期辦理；逾期仍不遵行者，得加倍處罰：
　　一、違反第七條第一項第一款未申報經營資料或申報不實者。
　　二、違反第十一條未設置能源管理人員者。
　　三、違反第十二條未依規定申報使用能源資料或申報不實者。

第廿二條　能源供應事業違反第七條第一項第二款、第三款未設置能源儲存設備或儲存安全存量者，主管機關應通知限期辦理；逾期不遵行者，處新台幣十五萬元以上、六十萬元以下罰鍰，並再限期辦理；逾期仍不遵行者，得加倍處罰。

第廿三條　能源用戶違反中央主管機關依第八條所定關於節約能源及能源使用效率之規定者，主管機關應通知限期辦理；逾期不遵行者，處新台幣一千五百元以上一萬五千元以下罰鍰，並再限期辦理；逾期仍不遵行者，得加倍處罰，並得限制或停供其能源七日以上三十日以下。

第廿四條　有下列情形之一者，主管機關應通知限期辦理；逾期不遵行者，處新台幣一萬五千元以上十五萬元以下罰鍰，並再限期辦理；逾期仍不遵行者，得加倍處罰，並得限制或停供其能源七日以上三十日以下：
　　一、違反第九條未建立能源查核制度或未訂定執行節約目標及計畫者。
　　二、違反第十條第一項未裝置汽電共生設備者。
　　三、違反第十三條第一項未裝置儲存設備或儲存安全存量者。

第廿五條　能源用戶違反第十六條未經核准而新設或擴建者，得停供其能源。

第廿六條　能源用戶違反依第十七條所定之節約能源標準者，得停供其能源。

第廿七條　違反中央主管機關依第十九條所定之能源管制、限制及配售辦法者，主管機關應通知限期辦理；逾期不遵行者，處新台幣一萬五千元以上十五萬元以下罰鍰，並得停供其能源。

第廿八條　依本法所處之罰鍰拒不繳納者，移送法院強制執行。

第五章　附　　則

第廿九條　本法施行細則，由中央主管機關訂定，報請行政院核定之。

第三十條　本法自公布日施行。

附錄十八

能源管理法施行細則

中華民國七十年三月廿五日經濟部經（七〇）能一一四九號令發布
中華民國七十年十二月卅一日經濟部經（七〇）能五四五五號令修正
中華民國七十六年四月三日經濟部經（七六）能一四九五一號令修正
中華民國八十二年五月十日經濟部經（八二）能〇一三八五一號令修正

第 一 條　本細則依能源管理法（以下簡稱本法）第二十九條規定訂定之。

第 二 條　中央主管機關依本法第五條第一項規定設置之能源研究發展特種基金，其來源如下：
　　一、臺灣電力公司及中國石油公司每年按其營業收入千分之五範圍內撥入。
　　二、本基金所生之孳息。
　　三、其他有關收入。
　　前項基金為預算法第十六條第二款所定之單位預算特種基金；其收支、保管及運用辦法，由中央主管機關擬訂，報請行政院核定發布，並送立法院。

第 三 條　本法第六條第一項所稱關於調節、限制或禁止之規定如下：
　　一、調節各地能源供需平衡之規定。
　　二、都市氣體燃料供應事業應設置儲存設備之規定。
　　三、其他有關調節、限制或禁止之規定。

第 四 條　本法第七條第一項及第十三條第一項所稱中央主管機關規定之數量及安全存量，由中央主管機關公告之。

第 五 條　能源供應事業達中央主管機關依本法第七條第一項規定之數量者，應按月於次月二十日前，依中央主管機關規定之表格申報下列各款經營資料，並應設置能源儲存設備及儲存中央主管機關公告之安全存量：
　　一、購買數量：按能源種類及來源地區分別統計。
　　二、生產數量：按能源種類統計；轉換者，應將初級能源及最終產品數量分別列出。
　　三、運輸數量：按能源種類、來源地區及承運客戶分別統計。
　　四、銷售數量：按最終能源產品種類及銷售之行業分別統計。
　　五、儲存數量：按能源種類、原料與產品分別列出。

六、客戶數量：按能源種類及行業別統計。

各類能源其熱值及油當量換算基準，由中央主管機關定之。

第一項第四款及六款所稱行業別，以中華民國行業標準定義與分類為準。

第一項之儲存設備及安全存量，主管機關得隨時派員檢查之。

第 六 條　本法第九條所稱能源查核制度包括下列各款：

一、能源查核專責組織。

二、能源流程分析。

三、監視及測試儀表。

四、定期檢查各使用能源設備之效率。

五、能源耗用統計及單位產品能源使用效率分析。

第 七 條　本法第九條所稱節約能源目標及執行計畫，應載明下列各款：

一、節約能源總量及節約率。

二、節約能源措施及其節約能源種類與數量。

三、節約能源計畫之預定進度。

四、執行計畫所需之人力及經費。

第 八 條　能源用戶使用能源達於中央主管機關依本法第九條規定之數量者，從於每年十二月底前將次年能源查核制度、節約能源目標及執行計畫報請中央主管機關核備。

前項申報表格式，由中央主管機關定之。

第 九 條　本法第十一條及第十八條所稱中央空氣調節系統，指其冷凍主機容量達中央主管機關公告之數額者。

第 十 條　能源用戶使用能源達中央主管機關依本法第十一條規定之數量或裝設中央空氣調節系統者，應置能源管理人一名，並向中央主管機關辦理能源管理人員登記。

前項登記表格，由中央主管機關定之。

能源管理人員得專任或兼任；其資格以合於下列各款之一者為限：

一、專科以上學校理、工系科畢業者。

二、高級工業職業學校畢業，並具有工廠實際經驗三年以上，持有證明者。

三、曾參加中央主管機關舉辦之能源管理講習班結業者。

　　能源管理人員之職責如下：

一、推動能源查核制度。

二、訂定並執行節約能源目標及計畫。

三、定期檢查並改進各使用能源設備之效率。

四、配合節約能源目標，檢討各使用能源設備之能源消費量。

五、宣導節約能源知識，並舉辦有關節約能源活動。

六、主管機關通知辦理之有關能源事務。

前項能源管理人員，主管機關必要時得調訓之。

第十一條　能源用戶依本法第十二條規定應於每年一月底前，彙集前一年使用能源資料向中央主管機關申報。

前項申報資料表格式由中央主管機關定之；其內容包括下列各款：

一、能源種類及其來源。

二、能源使用數量。

三、能源儲存數量（包括安全存量）。

四、產品生產總量。

五、單位產品能源耗用量。

六、本期節約能源達成百分率。

中央主管機關必要時，得指定能源用戶按期提供有關使用能源資料。

第十二條　本細則自發布日施行。

… 附錄十九　能源應用課程規劃

能源應用—課程規劃

黃文良　李慶祥

國立高雄工業專科學校電機工程科

黃　昭　睿

省立臺東師範專科學校數理教育組

摘　要

國家之經濟發展與其各種初級能源（包括水力能，固體、液體及氣體燃料，核能，太陽能，生質能，風能，海洋能，地熱能，及核融合能）之供應與開發密切相關；因此，有關能源之問題早已引起大眾的興趣。由於能源涉及範圍廣泛，其融合國防、政治、科技、經濟、社會、交通及環境等，而促使大眾增添能源意識更是刻不容緩之事，加強各級學校對於能源課程之安排及宣導，卽一較為確實可行之道。本文乃針對現行專科能源應用之課程詳予規劃說明；主要內容包括能源概論、能源科學、非再生能源、再生能源、及能源節約與管理等五個單元，以及各單元實施細節，可供實際教學之參考。

CURRICULUM PLANNING OF ENERGY APPLICATIONS

Wen-Liang Huang and Ching-Shung Lee

Department of Electrical Engineering
National Kaohsiung Institute of Technology
Kaohsiung, Taiwan 80761, R.O.C.

Chao-Juei Huang

Division of Mathematics and Science Education
Provincial Taitung Junior Teachers College
Taitung, Taiwan 95004, R.O.C.

Key Words: curriculum planning, energy.

ABSTRACT

It is now common knowledge that energy supply is a crucial need of any society. However, to plan and implement energy technology development economically and effectively, a nation must have sufficient specialists with a thorough understanding of energy problems and necessary expertise to solve them. energy applications, one of the current required courses in the department of electrical engineering for 5-year or 2-year junior college, is to meet the urgent educational and national demands. This paper mainly includes four parts: principles, curriculum outlines, instruction methods, and evaluations. It gives detailed outlines for the curriculum planning of energy applications and therefore also provides the guideline for the instructors in the class or anyone who are interested in this field.

技術學刊　第二卷　第一期　民國七十六年

一、前　言

國家之經濟發展與其各種初級能源的供應和開發密切相關。近年來，由於世界各國均發生能源短缺問題，已同時暴露出一般大眾普遍缺乏能源知識，甚至完全忽視能源問題之嚴重性。雖然人類文明日益進步，而一旦吾人賴以生存之傳統化石能源不再價廉甚或用罄，實難想像明日世界將變成何等光景。事實上，能源問題早就受到各國重視，祇是被強調的程度輕重不同。我國經濟正快速地成長，除了不應忽視能源供應平衡外，更重要的是要設法促使社會大眾注意吸收能源相關知識；唯有如此才能使我國在本身能源極其有限之情況下，仍能在國際間保持高度競爭力。於加強能源教育方面，各級學校對於能源相關課程之設計與安排，應有比較確實有效的辦法。現行五專及二專電機科新訂課程項目中，「能源應用」課程即為迎合國情與此一需要所增列者。由於能源問題涉及廣泛，融合多方面科技而不祇限於某一專門學科，故是項課程內容宜集思廣益，務使在校學生得以廣泛瞭解能源知識為要。本文針對能源應用之課程規劃詳予討論，內容包括教學目標、教材、方法及評估等。文中特別列出教材中各單元實施綱要，此乃規劃課程之最重要部分。至於實際教學可能遭遇之困難及參考用書均有說明，可供教師參考。

二、課程規劃

規劃課程所遭遇之問題不外乎包括：
◎課程所期望達成之教學目標為何？
◎何種學習經驗可導引這些目標之達成？
◎如何有效地傳授學習經驗？
◎如何將學習經驗之成果加以評估？

於上述四個問題中，第一個問題涉及教學目標之確立，第二個問題是關於課程教材之編訂，第三個問題涉及實際之教學方法，最後一個問題則為教學成果之評估。此四個問題相互關連構成一個系統，其關係如圖1所示。

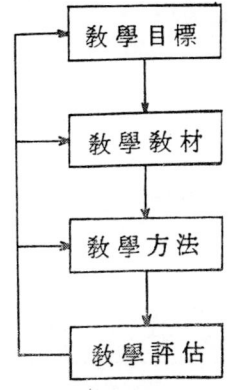

圖1　課程規劃之流程圖。

本文中「能源應用」之課程規劃，將按照上述流程逐一說明如下：

甲、教學目標

「能源應用」科目之教學目標包括：
1. 促使學生明瞭能源之重要性。
2. 建立學習能源科技之理論基礎——熱力學。
3. 熟悉傳統能源之過去、現狀及未來。
4. 增進各種再生能源之瞭解。
5. 加強能源節約與管理之觀念。

乙、教學教材

「能源應用」科目教學教材，共分五大單元：
1. 能源概論。
2. 能源科學。
3. 非再生能源。
4. 再生能源。
5. 能源節約與管理。

此為能源應用科目課程規劃最重要部分，茲將各單元詳述如下：

1. 能源概論

本單元係說明能源在人類活動中所扮演之重要角色，其次介紹能源基本性質——包括能源形式、特性及使用單位。此外，扼要指出各種能源彼此間可資利用的物理或化學之轉換方式。最後闡明未來人類之能源系統作為本單元之結束。本單元之教材大綱，包括教材綱要及教學時數，如表一所列。

2. 能源科學

若要深入探討有關能源科技，如同修習其他專業科目一樣，能源應用課程必須輔之以能源應用技術之基礎科學。因此，本單元即以加強學生熟悉能源科學——熱力學為其旨。教材內容包括敘述各種氣體定律，定義各種比熱，討論熱力系統與過程，解釋各種不流動過程及流動過程，闡釋熱力學第一、二定律，解釋熱力循環等。本單元之教材大綱如表二所示。

表一　「能源概論」教材大綱

教　材　實　施　綱　要	教學時數(小時)
1.能源之重要性	1
2.能源之特質	2
一能源形式	
一能源單位	
3.能源之轉換	1
4.人類能源系統之未來展望	1
	合計　5　小時

表二 「能源科學」教材大綱

教材實施綱要	教學時數（小時）
1. 氣體定律 —波義耳定律 —查理定律 —亞佛加德羅定律 —理想氣體方程式	2
2. 比熱	1
3. 熱力系統	1
4. 熱力過程	1
5. 不流動過程	2
6. 流動過程	2
7. 熱力學第一定律	1
8. 熱力學第二定律	1
9. 熱力循環	2
	合計 13 小時

表三 「非再生能源」教材大綱

教材實施綱要	教學時數（小時）
1. 煤 —煤之概說 —煤之形成及蘊藏量 —煤之生產 —煤與生態環境 —煤之未來展望	3
2. 石油及天然氣 —石油之歷史背景 —石油及天然氣之形成及蘊藏量 —石油及天然氣之探勘及生產 —瀝青砂、重油及頁岩油 —生態環境之衝擊 —石油及天然氣之未來展望	3
3. 核分裂能 —原子核物理 —中子反應 —鏈鎖反應 —核子反應器 —核分裂能發電成本及環境衝擊 —核分裂能之未來展望	4
	合計 10 小時

表四 「再生能源」教材大綱

教材實施綱要	教學時數（小時）
1. 太陽能 —太陽能利用之原理 —太陽能收集器 —太陽能應用 —開發太陽能之環境衝擊及未來展望	2
2. 風能 —風能利用之原理 —風車型式 —風能應用 —開發風能之環境衝擊及未來展望	2
3. 地熱能 —地熱能利用之原理 —地熱資源型式 —地熱能應用 —開發地熱能之環境衝擊及未來展望	2
4. 水力能 —水力能利用之原理 —水力資源 —水力機械 —抽蓄水力發電 —開發水力能之環境衝擊及未來展望	2
5. 潮汐能 —潮汐現象 —潮汐能發電原理 —潮汐能發電廠型式 —開發潮汐能之環境衝擊及未來展望	2
6. 海浪能 —海浪能利用之原理 —海浪能萃取裝置 —開發海浪能之環境衝擊及未來展望	2
7. 海洋熱能轉換 —海洋熱能轉換之概說 —海洋溫差發電原理 —海洋溫差發電系統型式 —海洋熱能轉換之環境衝擊及未來展望	2
8. 生質能 —生質能利用之原理 —生質之來源 —生質能之轉化程序 —生質能之環境衝擊及未來展望	2
9. 核融合能 —核融合物理 —核融合能發電原理 —核融合能發電系統 —核融合能之未來展望	2
	合計 18 小時

3. 非再生能源

化石能包括煤、石油及天然氣等的利用，為今日人類文明迅速發展之原動力。對於其過去、現況及未來之開發利用均為吾人最密切關心者。另外，核分裂能之發展，於未來人類社會中將扮演愈形重要之角色。以上所指均為本單元之教材內容。其教材大綱如表三所列。

4. 再生能源

本單元就近日深受先進國家重視之各種再生能源，包括太陽能、風能、地熱能、水力能、潮汐能、海浪能、海洋溫差能、生質能及核融合能等之基本原理，應用實例，及其對生態環境之衝擊與未來展望等均逐一詳細加以說明。教材大綱內容如表四所列。

5. 能源節約與管理

本單元主題爲能源節約與能源管理。因發生過兩次能源危機，而促使人們開始重視如何有效地利用能源。因此，由原先全力投入於能源開發工作，轉而亦注重能源之節約與管理。其涉及範圍極廣，本單元之內容主要包括工廠，住宅與商業，家電，及交通運輸之能源節約，以及能源管理之說明。參考表五，爲此單元之教材大綱。

丙、教學方法

「能源應用」科目教學方法，可依下列方式進行：

表五 「能源節約與管理」教材大綱

教材實施綱要	教學時數(小時)
1. 能源節約與管理概說	1
2. 工廠之能源節約	3
一鍋爐之效率	
一熱能之儲存	
一熱能之輸送、使用與回收	
一汽電共生	
一電能之節約（變壓器、電動機）	
3. 住宅與商業之能源節約	2
一空　調	
一建築物之隔熱	
一照　明	
4. 家庭電器之節約用電	2
一電視機	
一洗衣機	
一電　扇	
一吸塵器	
一電冰箱	
5. 交通運輸之能源節約	3
一汽車之選購	
一汽車之行駛與保養	
一更有效率之交通方式（汽車共乘、大衆運輸）	
一其他交通工具（機車、船、小型飛機）	
6. 能源管理	3
一能源管理相關法令及實施	
一油電價格之訂定	
一尖峰離峰之電力調度	
一電腦化能源管理	
合計	14 小時

(1) 按前節教學教材之教材綱要逐章逐節敍明。
(2) 利用視聽教材如放映與能源有關之幻燈片或錄影帶等輔助教學。
(3) 選擇某一能源主題進行師生專題討論。
(4) 安排工廠參觀瞭解能源應用實務。
(5) 進行簡單能源應用之實驗。

丁、教學評估

「能源應用」之教學評估，可依三種方式進行，卽：
(1) 語言評估：老師與學生面對面地交談對話，藉以評估學生程度。
(2) 文字評估：此方法常被採用，可以文章式、客觀式及詢問式步驟進行。
(3) 觀察評估：耳聞目睹地觀察學生行爲，藉以評估學生能力。

因能源應用係一門以學科爲中心之課程，其較適合以文字評估。授課老師可依前述教學教材各單元實施評估，因而檢視學生是否充分理解、教材內容是否新穎、及教學方法是否得當，期使是項課程規劃愈趨完美。

三、課程實施

能源應用課程涵蓋之層面旣深且廣，舉凡國防、政治、科技、經濟、社會、交通及環境等均有涉及；因此，於實施是項課程之初，將面臨一些難題。例如：

1. 涵蓋層面廣泛

對於一門必修課程而言，任課教師必須花費大量時間與精力，研讀各種與能源有關之參考文獻。

2. 難以提高學生學習興趣

能源意識尙未全面普及，學生不易明瞭修習能源應用之意義與重要性。

3. 缺乏實際經驗

舉凡各種能源之應用技術，或是工廠實施節約能源，除非親身參與作業，否則頗有抽象難懂之感覺。

欲克服上述難題須賴各方之支持與配合，一方面，除了呼籲並鼓勵更多社會人士參與各種能源有關活動外，於學校教學過程中，教師應儘可能地搜集資料，包括各種中外期刊雜誌。務使教材來源無虞，才能使教學生動活潑。同時，須使學生明白，每個人將來之出路多少與能源亦有相關，並提醒能源是我國當前八大重點科技之一，期引發並提高其學習之濃厚興趣。另一方面，政府宜多作宣導工作，如遣派能源專家巡廻各級學校作專題演講，印製書籍刊物分送各校；並獎助再生能源及能源應用技術之開發研究及公司工廠之能源節約推行等。

四、結　論

能源危機帶給人類許多方面之衝擊。基本上，它促使吾人由原先之全力關注開發能源，轉而強調有效地利用能源，以及加強能源教育。本文即針對專科教育之能源應用課程詳予規劃，期使此門課程內容更加符合專科生之需要，習得各種能源知識，俾將來投入社會工作後，更容易發揮其所扮演之角色；同時，本文亦列出規劃為項課程之教學時數，共 60 小時，足供一學期二或三學分之授課需求，教師們可按實際情形酌予調整。至於授課之參考書目，則列於本文之末。

參 考 文 獻

1. 經濟部能源委員會，能源淺談，第 13-45 頁，臺北 (1983)。
2. 教育部技術及職業教育司編，二年制專科學校電機科課程標準暨設備標準，第 169-172 頁，正中書局，臺北 (1983)。
3. 周一夔，能源概論，第 89-144 頁，國立編譯館，臺北 (1982)。
4. Sonntag, R. E. and G. J. Van Wylen, *Introduction to Thermodynamics Classical and Statistical*, 2/e, John Wiley and Sons, New York, N. Y., pp. 87-359 (1982).
5. 楊思廉，工業化學概論，第 193-222 頁，中國化工研究所，臺北 (1983)。
6. 楊家瑜譯，核能轉變，第 601-642 頁，魯凪出版社，臺北 (1980)。
7. 黃文雄，太陽能之應用及理論，第 120-247 頁，協志出版社，臺北 (1978)。
8. 賴鵬倪，太陽能系統分析與設計，第 193-230 頁，全華圖書公司，臺北 (1982)。
9. El—Wakil, M. M., *Powerplant Technology*, McGraw-Hill, New York, N. Y., pp. 499-671 (1984).
10. 張一岑、張文隆譯，能源特論，第 233-369 頁，徐氏基金會，臺北 (1985)。
11. 經濟部能源委員會編，節約能源技術手冊，第 237-301 頁，臺北 (1979)。
12. 丁德揚，工廠能源節約實務，第 1-22 頁，農橘出版社，臺北 (1983)。
13. 國立臺灣師範大學工教研究所，節約能源教育手冊，第 102-202 頁，臺北 (1984)。
14. Payne, G. A., *The Energy Managers' Handbook*, 2/e, Westbury House, England, pp. 1-21 (1980).
15. Turner, W. C., *Energy Management Handbook*, John Wiley and Sons, New York, N. Y., pp. 322-355 (1982).

75年4月10日　收稿
75年5月2日　修改
75年6月7日　接受

附錄二十
世界原油價格（1860～1994 年）

年度	價格	年度	價格	年度	價格	年度	價格	年度	價格
1860	9.59	1890	0.87	1920	3.07	1950	1.71	1980	36.0
1861	0.49	1891	0.67	1921	1.73	1951	1.71	1981	37.0
1862	1.05	1892	0.56	1922	1.61	1952	1.71	1982	34.0
1863	3.15	1893	0.64	1923	1.34	1953	1.93	1983	29.0
1864	8.06	1894	0.84	1924	1.43	1954	1.93	1984	28.0
1865	6.59	1895	1.36	1925	1.68	1955	1.93	1985	28.0
1866	3.74	1896	1.18	1926	1.88	1956	1.93	1986/1 月	27.10
1867	2.41	1897	1.79	1927	1.30	1957	2.08	1986/7 月	9.48
1868	3.63	1898	0.91	1928	1.17	1958	2.08	1987/1 月	16.24
1869	3.64	1899	1.29	1929	1.27	1959	1.90	1987/7 月	18.00
1870	3.86	1900	1.19	1930	1.19	1960	1.76	1988/1 月	16.57
1871	4.34	1901	0.96	1931	0.65	1961	1.80	1988/7 月	13.86
1872	3.64	1902	1.80	1932	0.87	1962	1.80	1989/1 月	13.58
1873	1.83	1903	0.94	1933	0.67	1963	1.80	1989/7 月	15.87
1874	1.17	1904	0.86	1934	1.00	1964	1.80	1990/1 月	18.91
1875	1.35	1905	0.62	1935	0.97	1965	1.80	1990/7 月	16.60
1876	2.56	1906	0.73	1936	1.09	1966	1.80	1991/1 月	24.72
1877	2.42	1907	0.72	1937	1.18	1967	1.80	1991/7 月	16.71
1878	1.19	1908	0.72	1938	1.13	1968	1.80	1992/1 月	16.22
1879	0.86	1909	0.70	1939	1.02	1969	1.80	1992/7 月	19.31
1880	0.95	1910	0.61	1940	1.02	1970	1.80	1993/1 月	16.86
1881	0.86	1911	0.61	1941	1.14	1971	2.18	1993/7 月	15.45
1882	0.78	1912	0.74	1942	1.19	1972	2.48	1994/1 月	12.44
1883	1.00	1913	0.95	1943	1.20	1973	2.59		
1884	0.84	1914	0.81	1944	1.21	1974	11.65		
1885	0.88	1915	0.64	1945	1.05	1975	11.25		
1886	0.71	1916	1.10	1946	1.05	1976	11.50		
1887	0.67	1917	1.56	1947	1.60	1977	12.0		
1888	0.88	1918	1.98	1948	1.99	1978	12.7		
1889	0.94	1919	2.01	1949	1.84	1979	17.5		

資料來源：1860～1985 為 Oil Economist's Handbook, PIW；
1986 以後為 Weekly Petroleum Status Report, DOE.
註：1860～1899 為美國賓夕法尼亞州原油價格；1900～1944 為美國平均原油價格；
1945～1985 為阿拉伯輕原油價格；1986 以後為世界加權平均原油價格。

附錄二十一
台電發電每度成本
Average Cost per KWh Generation of Taipower

單位：新台幣元
Unit: N.T.S

年別 Year	每度平均成本 Average Cost Per KWh	汽力 Steam Turbine 小計 Total	燃油 Oil-Fired	燃煤 Coal-Fired	燃氣 LNG-Fired	柴油機 Diesel	氣渦輪 Gas Turbine	複循環 Double Cycle	天然氣 Natural Gas	地熱 Geothermal	水力 常力 Conventional	抽蓄水力 Pumped Storage	核能 Nuclear
1974	0.5741	0.6470				1.3606	4.2168						
1975	0.6412	0.7063				1.9649	6.8588						
1976	0.7020	0.6930				1.6051	2.1918						
1977	0.7598	0.7525				1.5900	2.4193		1.2603		0.1509		
1978	0.7486	0.7826				1.5866	2.5497		1.6443		0.2508		
1979	0.8559	0.9480				1.9324	3.0435		1.3731		0.3423		
1980	1.3318	1.4956	1.5828	1.1369	—	2.9159	5.4424	6.0851	1.5656		0.3844		0.9182
1981	1.5249	1.9275	1.9960	1.6059	—	4.6664	11.5125	12.8284			0.3226		0.5979
1982	1.7361	2.2500	2.3327	1.8461	—	6.3633	52.9764	13.9863		332.9700	0.3903		0.4507
1983	1.5231	2.0950	2.2152	1.8709	—	6.2887	66.4798	9.1732		4.5321	0.6691		0.4744
1984	1.4258	1.9738	2.2466	1.7645	—	6.6971	94.4313	13.3495		4.5435	0.5479		0.6276
1985	1.3912	1.9357	2.6811	1.6748	—	6.3930	132.0433	7.5974		5.1381	0.6637	6.1898	0.8708
1986	1.3671	1.6206	2.1511	1.4372	—	6.3150	118.0265	4.7830		5.6830	0.6298	2.7875	0.8253
1987	1.2167	1.4110	1.9976	1.2465	—	5.2193	38.5523	52.9423		3.6811	0.8244	2.2786	0.8635
1988	1.1824	1.1940	1.3781	1.0699	—	3.8548	7.5552	4.4387		4.9775	0.6223	1.7433	0.9907
1989	1.2308	1.1430	1.2170	1.0830	—	3.3657	5.1352	1.8852		3.8522	0.5303	1.8662	1.1119
1990	1.2167	1.2217	1.2775	1.1442	1.9614	3.2850	5.3208	2.0808		4.6262	0.6189	2.0289	0.9712
1991	1.2847	1.2813	1.3253	1.1355	2.3970	3.5088	5.0007	2.0377		5.0758	0.7308	1.8133	1.0675
1992	1.2279	1.2344	1.2931	1.1322	2.0641	3.8744	6.7805	1.9491		9.1534	0.9398	2.0241	1.1788
1993	1.2122	1.1379	1.2338	1.0344	2.0438	3.7265	5.9320	1.7520		7.2451	0.8067	2.0839	1.1092
										4.0984	1.1920	2.2209	1.0241
											0.6868		1.0264
											1.2241		0.9836

附錄二十二
國際重要組織會員國

一、國際能源總署 International Energy Agency（IEA）：澳洲、奧地利、比利時、加拿大、丹麥、西德、希臘、愛爾蘭、義大利、日本、盧森堡、荷蘭、紐西蘭、挪威、葡萄牙、西班牙、瑞典、瑞士、土耳其、英國、美國。共二十一個會員國。

二、歐洲共同體 European Community（EC，自 1993 年 11 月 1 日起改稱歐洲聯盟 European Union）：比利時、丹麥、法國、西德、希臘、愛爾蘭、義大利、盧森堡、荷蘭、英國、葡萄牙、西班牙。共有十二個會員國。

三、經濟合作發展組織 Organization for Economic Cooperation and Development（OECD）：澳洲、奧地利、比利時、加拿大、丹麥、芬蘭、法國、西德、希臘、冰島、愛爾蘭、義大利、日本、盧森堡、紐西蘭、挪威、葡萄牙、西班牙、瑞典、瑞士、荷蘭、土耳其、英國、美國。共有二十四個會員國。

四、石油輸出國家組織 Organization of Petroleum Exporting Countries（OPEC）：
1. 阿拉伯會員國：阿爾及利亞、伊拉克、科威特、利比亞、卡達、沙烏地阿拉伯、阿拉伯聯合大公國。
2. 非阿拉伯會員國：厄瓜多、加彭、印尼、伊朗、奈及利亞、委內瑞拉。
　　　　　　共有十三個會員國（厄瓜多自 1993 年 1 月 1 日起退出 OPEC）。

五、阿拉伯石油輸出國家組織 Organization of Arab Petroleum Exporting Countries（OAPEC）：阿爾及利亞、巴林、埃及、伊拉克、科威特、利比亞、卡達、沙烏地阿拉伯、敘利亞、阿拉伯聯合大公國。

六、太平洋經濟合作會議 Pacific Economic Cooperation Conference（PECC）：美國、日本、中華民國、南韓、新加坡、香港、加拿大、澳洲、紐西蘭、泰國、馬來西亞、菲律賓、印尼、汶萊、中共。1980 年由日、澳共同發起，半官半民的國際組織。

七、東南亞國協 Association of South East Asian Nations（ASEAN）：馬來西亞、新加坡、印尼、菲律賓、汶萊、泰國。共六個會員國。

八、亞太區域經濟合作會議 Asia Pacific Economic Cooperation（APEC）：東南亞國協六國、日本、美國、加拿大、韓國、紐西蘭、澳洲、中華民國、香港、中共、墨西哥、巴布亞紐幾內亞。

附錄二十三　能委會研究計畫題目

研究計畫	八十二年度	八十三年度
能源政策與法規	1. 液化石油氣供應業管理規則之研究	1. 液化石油氣汽車加氣站安全技術研究 2. 漁船加油站之管理及未來發展趨勢之研究 3. 加油站、液化石油氣汽車加氣站、漁船加油站設備及安全措施之研究 4. 抑制二氧化碳排放之能源政策研究 5. 抑制二氧化碳排放課徵碳稅之可行性研究 6. 規範外人投資我國能源事業之研究 ——石油業、電業、瓦斯業 7. 我國石油市場開放後油品供給與進口配額規劃之研究 8. 公用氣體燃料事業法施行細則及相關法規之草擬 9. 煤氣事業申請經營審核制度與天然氣使用推廣之研究
能源結構與價格		1. 臺灣地區進出口貿易對能源消費影響之研究 2. 臺灣地區能源價格變動對整體經濟影響研究 3. 臺灣地區住宅與商業部門能源消費調查研究
燃料電池及儲能技術	1. 燃料電池系統研究 2. 電池儲能技術研究 3. 電池儲能系統示範研究 4. 電池檢測系統發展 5. 電動機車技術研究 6. 高性能鉛酸電池開發	1. 燃料電池系統研究 2. 磷酸燃料電池發電廠研究 3. 電池儲能技術研究 4. 電池儲能示範系統研究 5. 電池檢測系統發展 6. 高性能鉛酸電池開發 7. 電動機車技術研究 8. 電動機車用電池開發 9. 鎳—氫化物電池開發與利用
冷凍空調技術	1. 儲冰空調系統技術研究 2. 吸收式空調技術研究 3. 瓦斯引擎空調技術研究 4. 空調機與非 CFC 冷媒技術研究 5. 空調機性能測試技術研究 6. 高效率冷媒壓縮機研究 7. 除濕換氣技術研究 8. 空調送風機技術研究 9. 熱交換器技術研究 10. 冷凍冷藏技術研究 11. 脈衝冷凍機應用研究 12. 儲冰式空調系統動態特性分析(一)	1. 高效率空調機開發 2. 空調系統效率提升技術研究 3. 儲冰空調系統技術開發 4. 冷動冷藏與替代 CFC 技術研究 5. 脈衝冷凍機應用研究 6. 儲冰式空調系統動態特性分析(二)
熱能利用技術	1. 熱管應用技術研究 2. 板式熱交換器技術發展 3. 蒸發器蒸汽再壓縮技術研究 4. 化工業節能技術服務與推廣	1. 輻射能過濾多層薄膜技術開發 2. 板式熱交換器技術開發 3. 熱管技術應用研究 4. 蒸發器蒸汽再壓縮技術研究 5. 化學工業節能技術服務與推廣
電能利用技術	1. 變頻技術應用研究 2. 感應加熱技術與應用研究 3. 紅外線加熱系統研究 4. 電力需求監控技術研究 5. 照明系統省能技術研究	1. 電機省能控制技術研究 2. 感應加熱技術研究 3. 紅外線加熱系統研究 4. 工廠能源供應系統管理技術研究 5. 照明系統省能技術研究 6. 電力需求監控技術研究

附錄二十三 （續）

研究計畫	八十二年度	八十三年度
能源污染防治技術	1. 低污染燃燒技術研究 2. 渦旋式流體化床燃燒爐原形爐開發 3. 廢棄物能源利用技術研究 4. 燃燒後除硫脫硝技術研究	1. 低污染燃燒技術研究 2. 工業燃爐技術研究 3. 廢棄物能源利用技術開發 4. 改良型渦旋式流體化床燃燒爐開發推廣 5. 燃燒後除硫脫硝技術研究
能源效率調查及標準研究──能源效率調查	1. 車輛耗能法規研究及執行 2. 能源管理資訊系統之研究 3. 用電器具能源效率標準研究──電冰箱及除濕機 4. 用電器具能源效率標準評估	1. 車輛耗能標準之研究 2. 車輛耗能測試與管理制度研究 3. 節約能源投資獎勵辦法之研究 4. 中央空調系統使用電能及費率計收準則研究 5. 用電器具能源效率標準研究──配電變壓器及感應電動機
替代能源技術研究開發──太陽熱能及光電能技術	1. 太陽能除濕空調技術研究 2. 太陽能吸收式空調系統效能提升研究 3. 噴射式太陽能冷氣系統可行性研究 4. 太陽光電能通訊系統應用研究 5. 可撓式太陽電池技術開發	1. 太陽能除濕空調技術研究 2. 噴射式太陽能冷氣系統示範與商業化評估 3. 太陽能吸收式空調系統效能提升研究 4. 太陽能乾燥系統技術輔導 5. 太陽能熱水系統應用調查研究(二) 6. 太陽光電能通訊系統應用研究 7. 可撓式太陽電池技術開發
替代能源技術研究發展──生質能技術	1. 沼氣純化技術及小型發電利用研究	1. 沼氣純化技術及小型發電利用研究 2. 合成燃料技術研究 3. 地熱開發與利用綜合評估
替代能源技術研究發展──地熱能技術	1. 土場地熱發電示範運轉改善研究	
替代能源技術研究發展──海洋能技術	1. 海洋溫差發電廠址環境調查研究（樟原廠址外海海床調查）	
替代能源技術研究發展──風力能	1. 澎湖本島風力示範計畫工程規劃研究	
能源技術服務及推廣	1. 產業節約能源技術服務 2. 汽電共生系統技術服務 3. 儲冰式空調系統推廣服務	1. 產業節約能源技術服務 2. 儲冰式空調系統推廣服務 3. 燃燒系統省能技術推廣 4. 乾燥技術推廣 5. 熱管廢熱回收應用推廣 6. 能源技術需求調查研究 7. 照明系統設計個案研究
教育宣導	1. 產業節約能源實例宣導 2. 產業節約能源管理輔導 3. 能源管理人員訓練	1. 產業節約能源管理輔導 2. 能源管理人員訓練
節約能源教育宣導──節約能源宣導活動		1. 節約能源績優廠商表揚
節約能源教育宣導──節約能源教育訓練		1. 建築物能源查核人員培訓計畫 2. 中小學節約能源手冊編纂計畫(二) 3. 中等學校能源教育教材推廣(二)研究計畫 4. 國小能源教育教材教具的研發及推廣(二)
能源技術研究發展成果		1. 能源科技研發專案評估方法研究

附錄二十四
世界主要國家平均每人 GNP、GNP 及排行名次

單位：美元／億美元

	國別	平均每人國民生產毛額 1991	平均每人國民生產毛額 1992	國民生產毛額 1991	國民生產毛額 1992	平均每人國民生產毛額名次 1991	平均每人國民生產毛額名次 1992	國民生產毛額名次 1991	國民生產毛額名次 1992
1	亞洲								
2	印度	313	308	2,657	2,678	85	84	15	15
3	印尼	588	630	1,103	1,203	73	72	27	25
4	南韓	6,513	6,746	2,818	2,945	29	30	13	13
5	中華民國	8,788	10,202	1,798	2,107	24	25	20	20
6	新加坡	14,781	16,582	408	468	18	18	41	40
7	泰國	1,639	1,914	933	1,105	51	51	30	28
8	中國大陸	325	367	3,801	4,359	84	82	10	9
9	日本	27,226	29,726	33,738	36,962	2	2	2	2
10	巴基斯坦	383	410	442	489	81	78	39	39
11	菲律賓	731	840	459	540	70	69	37	38
12	尼泊爾	142	144	28	30	97	97	83	83
13	香港	14,398	16,620	828	966	19	17	31	31
14	馬來西亞	2,471	2,936	449	552	43	38	38	37
15	阿聯大公國	20,806	20,944	339	350	11	14	46	49
16	以色列	11,818	12,389	585	643	22	22	35	35
17	斯里蘭卡	512	545	88	95	76	73	64	63
18	約旦	906	1,083	38	46	66	62	77	74
19	阿曼	5,752	6,095	91	100	31	31	63	62
20	敍利亞	2,248	2,550	282	331	45	45	54	50
21	科威特	7,838	12,384	164	244	25	23	56	53
22	沙烏地阿拉伯	7,494	7,607	1,153	1,211	26	27	25	24
23	土耳其	1,972	1,969	1,132	1,158	49	50	26	26
24	大洋洲								
25	澳洲	16,439	15,938	2,842	2,794	17	19	12	14
26	紐西蘭	11,968	11,722	405	400	21	24	42	45
27	非洲								
28	喀麥隆	950	895	113	109	65	64	58	59
29	剛果	1,265	1,193	29	28	56	56	82	85
30	埃及	619	757	334	418	72	71	47	44
31	加彭	4,529	4,769	54	59	32	32	72	72
32	突尼西亞	1,576	1,845	130	155	52	52	57	56

資料來源：中華民國台灣地區國民經濟動向統計季報 八十三 年 五 月，行政院主計處。

附錄二十四（續）

單位：美元／億美元

	國別	平均每人國民生產毛額 1991	平均每人國民生產毛額 1992	國民生產毛額 1991	國民生產毛額 1992	平均每人國民生產毛額名次 1991	平均每人國民生產毛額名次 1992	國民生產毛額名次 1991	國民生產毛額名次 1992
33	奈及利亞	270	264	302	306	88	87	50	51
34	南非	2,691	2,802	1,046	1,116	37	42	28	27
35	摩洛哥	1,118	1,137	287	299	59	58	52	52
36	象牙海岸	843	846	105	109	67	68	60	60
37	中南美								
38	阿根廷	5,800	6,912	1,897	2,288	30	29	19	18
39	厄瓜多	1,043	1,120	110	120	62	59	59	57
40	哥倫比亞	1,202	1,277	395	427	58	55	44	43
41	智利	2,399	2,889	321	393	44	40	48	46
42	巴西	2,565	2,559	3,933	3,999	40	44	9	10
43	委內瑞拉	2,651	2,898	525	587	38	39	36	36
44	北美								
45	美國	22,750	23,707	1,032	1,093	8	7	1	1
46	加拿大	21,118	20,030	5,708	5,496	9	15	7	8
47	墨西哥	3,188	4,462	2,800	3,996	34	33	14	11
48	西歐								
49	愛爾蘭	11,428	12,629	402	448	23	21	43	42
50	英國	17,616	18,370	10,156	10,627	16	16	6	6
51	義大利	19,535	21,882	11,278	12,424	14	10	5	5
52	奧地利	20,692	23,259	1,622	1,833	12	8	21	22
53	荷蘭	19,190	21,046	2,892	3,195	15	13	11	12
54	希臘	6,859	7,535	700	776	28	28	33	34
55	瑞士	35,473	36,350	2,409	2,508	1	1	16	16
56	瑞典	26,734	27,523	2,304	2,389	3	4	17	17
57	西班牙	13,380	14,516	5,221	5,673	20	20	8	7
58	丹麥	24,062	26,292	1,239	1,359	7	5	23	23
59	德國	24,939	27,572	15,991	17,921	4	3	3	3
60	挪威	24,344	25,484	1,032	1,093	5	6	29	29
61	芬蘭	24,132	21,070	1,214	1,062	6	12	24	30
62	法國	20,842	22,804	11,890	13,083	10	9	21	22
63	比利時	19,595	21,792	1,956	2,179	13	11	18	19
64	葡萄牙	6,990	8,592	689	846	27	26	34	32
65	匈牙利	3,033	3,441	314	355	36	36	49	48

附錄二十五
Internet/Web 於能源資源之探索及應用

黃文良　羅偉豪	王耀諄	黃昭睿
國立高雄科學技術學院電機系	國立雲林科技大學電機系	國立台東師範學院數理系

摘　要

　　網際網路/全球資訊網（Internet/Web）之興起促使資訊取得途徑更加多元化，資料傳輸效能大幅度提昇，人們學習速度加快，勢將對傳統之研究學習方式產生巨大衝擊。人們在機關、公司或家中可以個別方式使用網路，有效地蒐集、選擇有用資訊，增廣見聞；甚至於利用網路環境，與其他志趣相投者共同討論、學習。並且，透過網路或其他資訊傳輸系統，也可以由全球網站的各種資源，擷取資訊，學習新的知識和技能。我國將能源列入重點科技已有多年，由於能源科技包羅廣泛，因此如何有效地蒐集資訊是研究能源者重要活動之一。本文針對網際網路/全球資訊網如何應用於能源資源方面提出探討，內容包括網路簡介、能源教學、能源資源搜索應用實例介紹，及建議等。

關鍵詞：能源（Energy），網際網路/全球資訊網（Internet/Web），
　　　　　能源資源（Energy Resources），能源教育（Energy Education）

一、前　言

　　新的科技於發展初期通常並不快速，後來可能一下子變成亮麗頂尖的發明。例如個人電腦（personal computer）於 70 年代誕生，直至 80 及 90 年代才開始大放異采。至於網際網路（Internet）亦是在 70 年代出道，漸進地被大學、政府機關、工商團體使用，乃至於 90 年代中期全球資訊網（World Wide Web）風靡世界。

　　在網際網路由鮮為一般人知悉的情況下，近年來一躍而入跳進眾人生活之中，這種衝擊不單是侷限某個點而已，事實上，以教學搖籃自居之各級學校，更是面臨極大挑戰。

透過電腦網路，老師及學生均可利用 Internet/Web 上網擷取資訊，國內外資料之多令人眼花撩亂。Internet/Web 對一般人的衝擊，較傳統個人電腦的影響更甚，最大特徵在於花在學習電腦（軟硬體）時間減少，倒是對於如何選擇資訊、資料庫，消化整理資料，研究創新等方面，需要更多學習時間。

網際網路之應用範圍甚廣，它結合無數資源，藉由全球資訊網（WWW）、檔案傳輸協定（FTP）、電子郵件（E-Mail）、電子佈告欄（BBS）、網路新聞論壇（News Group）、圖書查詢檢索系統、資料庫查詢系統、多人交談系統（IRC）、小田鼠資料查詢系統（Gopher）、資訊檢索系統（Archie）、遠端簽入（Telnet）、即時廣播、及網路遊戲等等多項服務，提供人們空前豐富的資訊來源。於專業應用方面，近年已見一些報導[1,2]，多數學者在熟悉 WWW 功能以後，將之應用至工作上，特別是在搜尋資料、編寫研究書目等方面，Internet/Web 威力顯現無疑。

「能源」論題涉及層面極廣，相關資料諸如能源效率、各種能源科技最新發展、節約能源技術、能源儲存、能源環保及全球能源資訊報導等，其資料蒐集工作原本不易。因此如何應用 Internet/Web 在 Archie 及圖書資料庫查詢之強大功能，獲得原先並不容易擷取的能源資訊，需要更多學者投入研究，此即本文探討的主要目的。

二、Internet/Web 與能源教學之結合

一般學校之能源課程教學活動多以課堂講課（Lecture）為主，其次輔以分組研討（Workshop）、學期讀書心得報告（Term Paper），及視時間許可安排視聽教學（Visual）或工廠參觀（Tour）。能源教學過程中普遍遭遇的難題如下：能源統計資料變化迅速、能源補充教材不易取得、最新能源情報不容易掌握、教學參觀活動不容易安排、及授課範圍寬廣疲於蒐集資料。

在 Internet/Web 尚未普及以前，上述問題並不容易獲得解決。部分能源相關資料雖可由國內各能源單位機構獲得，至於擷取管道則需要授課教師各顯神通，很明顯地並不容易。近日因 Internet/Web 逐漸風行，具備強大的資料搜尋能力、資源共享、人性化介面等優點，使得學校教學頓時增添許多寶貴資源，藉由 Internet/Web 輔助，不僅教師教學內容更加豐富、多元化，學生亦能上網擷取國內外能源資訊。

國內利用 Internet 輔助能源課程研究正在起步當中 [3, 4]，隨著 Internet/Web 更加風行以後，預期網路資源將更為豐富，學校教學方面應用更將普遍。學者不僅需要學習如何利用網路搜尋系統，在最短時間以最有效率方式蒐集研究書目，同時亦須加倍努力，

因為電腦能力再強仍然無法完全取代個人對資料進行分析的能力。

三、Internet/Web 擷取能源資源應用實例

利用 Internet/Web 搜尋資源通常需要鍵入關鍵詞，因此吾人辨明能源相關術語對於搜尋資料將有實質幫助。「能源」一詞係指某一系統產生外界活動力之能力，形式包括機械能（即位能和動能）、熱能（即內能和焓）、化學能、電磁能、及電能。「初級能源」意指尚未加以轉化或轉換處理的能源，例如水力、固體燃料（煤等）、液體燃料（石油等）、氣體燃料（天然氣等）、核能、太陽能、生質能、風能、海洋能、地熱能、核融合；至於利用初級能源或其他二級能源加以轉化或轉換處理後的能源稱為「二級能源」，例如電能、汽油、瓦斯等。若依能源使用結果來分類，可區分成非耗竭能源（即再生能源），例如太陽能、生質能、水力和風能等；和耗竭能源（即非再生能源），例如煤、石油、天然氣及鈾等。「能源技術」則指有關能源的生產、轉換、儲存、分配和利用的相關技術 [5, 6]。

欲進一步明白國家能源涵蓋範疇，則參考經濟部能源委員會編印之「能源政策白皮書」，即能清楚國內外能源背景、能源現況、能源課題、及能源政策與展望 [7]。

學者欲對能源論題進行研討，迫切需要者即廣泛蒐集探索主題之相關資料，蒐集資料愈是豐富，研究工作自然水到渠成。下面列舉 Internet/Web 於能源資源應用之若干實例，供學者參考。

3.1 實例一：利用 Internet/Web 搜尋國外能源圖書資料

再生能源如潮汐能、海浪能、及溫差能等，國內相關研究資料原本不多，現如透過 Internet/Web 使用搜索引擎（如 Yahoo [8] 或 Altavista [9]）或是經由網路書局（如 Amazon [10]），利用關鍵詞上網搜尋國外藏書，即能迅速獲得令人意想不到的結果。而且如對其中資料感到興趣，亦可自網路購得該書。參考表 3.1.1，係利用 Internet/Web 搜尋潮汐能、海浪能、及溫差能的一些結果。

表 3.1.1　利用 Internet/Web 搜尋圖書資料

	利用 Internet/Web 搜尋之「潮汐能」相關圖書資料		
	書名	作者	年代
1	Developments in Tidal Energy： Proceedings	3rd Conference in London	1990
2	Ocean Energy Recovery： Proceedings		1990
3	Ocean Energy Recovery： The State of the Art	Richard J. Seymour	1992
4	Tidal Energy or Time and Tide Wait for No Man	George Duff	1983
5	Tidal Power	A.C. Baker	1991
	利用 Internet/Web 搜尋之「海浪能」相關圖書資料		
1	Hydrodynamics of Ocean Wave Energy Utilization: Iutam Symposium Lisbon/ Portugal	D. V. Evans, A. F. De O. Falcao	1986
2	Ocean Energy Recovery: The State of the Art	Richard J. Seymour	1992
3	Power from Sea Waves	B. Count	1981
4	Power from the Waves	David Energy from the Waves Ross	1995
5	Utilization of Ocean Waves: Wave to Energy Conversion	Michael E. McCormick, Young C. Kim	1987
6	Wave Energy	Roland Shaw	1982
7	Wave Energy: Evaluation for C.E.C. Tony Dr. Lewis		1985
8	Wave Energy R&D	G. Caratti, et al	1993
	利用 Internet/Web 搜尋之「溫差能」相關圖書資料		
1	Renewable Energy from the Ocean: A Guide to OTEC	William H. Avery, Chih Wu	1994
2	Ocean to Ocean Thermal Energy Conversion for Developing Countries		1984
3	Ocean Thermal Energy Conversion（OTEC）	Robert W. Lockerby	1981
4	Ocean Thermal Energy Conversion	Patrick Takahashi, Andrew Trenka	1996
5	Ocean Thermal Energy Conversion	A. Lavi	1980

3.2 實例二：利用 Internet/Web 搜尋國內能源圖書資料應用

國內有關再生能源之參考圖書資料，如經由 Internet/Web 搜尋引擎（如國家圖書館網站 [11]），利用書名、作者、關鍵詞搜尋，資料雖然不多，卻能獲取一些極為有用的圖書或研究報告線索。若是對其中資料有興趣，可就近收藏之圖書館洽借。參考表 3.2.1 係利用 Internet/Web 搜尋再生能源圖書資料的一些結果。

表 3.2.1　利用 Internet 搜尋「再生能源」之一些結果

	書　名	作　者	年代
1	地熱	工研院能資所	1991
2	地熱研究與應用	莫伊謝延科著	1990
3	風能淺說	陳令之譯	1983
4	海洋溫差發電	上原春男著	1985
5	海洋水文氣象年報	台灣省水利局	1992
6	台灣潮汐統計	中央氣象局編	1990

3.3 實例三：國內能源機構團體網站及網址

國內一些與能源有關機構（如經濟部能源委員會）均設有網站 [13]，值得學者上網瀏覽擷取資訊。基本上，這些網站均各有巧思，除了利用多媒體報導該單位最新動態以外，有些亦能連結至其他相關連之能源網站。學者平時如能經常上網瀏覽，功效與親自實地參觀相近，可以增廣吾人見聞。

表 3.3.1 國內能源機構網站名稱及網址

類別	編號	網站	網址
政府機構	1.	經濟部能源委員會	www.moea.gov.tw/~ec
	2.	行政院原子能委員會	www.aec.gov.tw
	3.	行政院原子能委員會核能研究所	www.iner.aec.gov.tw
	4.	國科會科學技術資料中心	www.stic.gov.tw
	5.	行政院環境保護署	www.epa.gov.tw
	6.	經濟部水資源局	www.wrb.gov.tw
	7.	台灣省政府水利處	www.tpgwrd.gov.tw
法人團體	8.	中國技術服務社	www.ctcietsc.org.tw
	9.	產業能源查核服務	emis.erl.itri.org.tw
	10.	氣候變化綱要公約	www.erl.itri.org.tw/climate
	11.	能源策略分析研究室	www.erl.itri.tw/climate/n200.htm
	12.	台灣經濟研究院	www.tier.org.tw
	13.	能源報導	www.tier.org.tw/能源報導 right.htm
	14.	工業技術研究院	www.itri.org.tw
	15.	工研院能源與資源研究所	www.erl.itri.org.tw
	16.	工業技術研究院光電工業研究所	www.oes.itri.tw
	17.	電機產業資訊網	mis2.itri.org.tw/ee
	18.	環保產業資訊網	www.environet.itri.org.tw/html-2/china2.htm
	19.	ITIS 產業資訊服務網	www.itis.itri.org.tw/itishome.htm
	20.	電機產業廠商導覽	www.itis.itri.org.tw/ee/eefact.htm
	21.	中技社能源技術服務中心	www.ctcietsc.org.tw
教育單位	22.	能源與環境中心	www.cier.edu.tw/cees/
	23.	雲林科技大學電力品質實驗室	www.uee.yuntech.edu.tw/~pqlab
	24.	國立高雄科學技術學院電機系	eewww..nkit.edu.tw
	25.	粒子流實驗室	www.ncu.edu.tw/~sshsiau
商業機構	26.	台灣電力公司	www.taipower.com.tw
	27.	台灣電力修護處	www.peram.com.tw
	28.	國聖村（核二廠）	www.dj.net.tw
	29.	中國石油公司	www.cpc.com.tw
	30.	台灣油礦探勘總處	www.cpcted.com.tw
	31.	中油探採研究所	www.cpcedri.com.tw
	32.	中國石油天然氣公司	www.cnpc.com.cn
	33.	善騰太陽能源工業股份有限公司	manufacture.com.tw
	34.	染化資訊網-能源相關資料集錦	www.dfmg.com.tw/dhtml/eng/eng-index.htm

3.4 實例四：國外著名能源機構團體網站名稱及網址

國外有許多能源相關網站，其中內容出色者頗多，值得學者參考借鏡。他山之石可以攻錯，有許多國外網站，例如能源效率及再生能源網路（EREN）、再生能源及永續科技中心（solstice）、加州能源委員會等，均值得學者花時間仔細瀏覽，受益匪淺。參考表 3.4.1 依屬性（.gov、.org、.com、.edu）列出一些國外著名網站。其它詳細之能源相關網站，可以參考美國能源部之能源效率及再生能源網路（EREN）連結之關聯網站，約有 1400 餘站 [12]。

表 3.4.1　一些國外著名能源網站名稱及網址

類別	編號	英文網站名稱	中文	網址
政府機構	1	United States Department of Energy	美國能源部	apollo.osti.gov
	2	Energy Information Administration	能源資訊局	www.eia.doe.gov
	3	Energy Efficiency and Renewable Network	能源效率及再生能源網路（EREN）	www.eren.doe.gov
	4	Environmental Energy Technologies Division	環境能源科技小組	eande.lbl.gov
	5	California Energy Commission	加州能源委員會	www.energy.ca.gov
	6	National Renewable Energy Lab.	國家再生能源實驗室	www.nrel.gov
	7	Biomass Information Network	生質能資訊網路	www.esd.ornl.gov/bfdp
	8	Wind Energy Technology	風能科技	www.sandia.gov/Renewable_Energy/wind_energy
	9	Renewable Resources Data Center	再生能源資源中心（RReDC）	rredc.nrel.gov
	10	Primary Industries & Energy Network PIENet	主要工業及能源網路	www.dpie.gov.au
	11	US Nuclear Regulatory Commission	美國核能管制委員會	www.nrc.gov
法人團體	12	Center for Renewable Energy and Sustainable Technology	再生能源及永續科技中心	solstice.crest.org
	13	Natural Resources Defense Council	自然資源保護署（NRDC）	www.nrdc.org
	14	World Energy Efficiency Association	世界能源效率協會	www.weea.org
	15	International Institute for Energy Conservation	國際能源節約研究所	www.iiec.org
	16	Alliance to Save Energy	節約能源聯盟	www.ase.org

	17	American Council for an Energy-Efficiency Economy	美國能源效率經濟委員會	Aceee.org
	18	Geothermal Resources Council	地熱資源委員會	www.geothermal.org
	19	Passive Solar Industries Council	被動式太陽能工業會（PSIC）	www.psic.org
	20	Solar Energy Industries Association	太陽能工業會	www.seia.org
	21	Solar Energy International	國際太陽能	www.solarenergy.org
	22	Solar Electric Light Fund	太陽能電氣照明會	www.self.org
	23	Global Energy Marketplace	全球能源市場	gem.crest.org
	24	Northeast Sustainable Energy Association	東北區永續能源協會	www.nesea.org
	25	Renewable Energy policy Project	再生能源政策專案	www.repp.org
	26	The Solid waste Association of North America	北美固體廢棄物協會	www.swana.org
	27	Central Research Institute of Electric Power Industry	日本電力中央研究所	criepi.denken.or.jp
教育單位	28	Solar Energy Applications Lab	太陽能應用實驗室	www.colostate.edu/orgs/SEAL
	29	Stanford Geothermal Program	史丹佛地熱計畫	ekofisk.stanford.edu/geothermal.html
	30	Solar Energy laboratory	太陽能實驗室	sel.me.wisc.edu
	31	Center for Energy & Environment Studies at Princeton University	普林斯頓大學能源與環境中心	www.princeton.edu/~cees/
	32	District Energy Library	地區能源圖書館	www.energy.rochester.edu
	33	Earth Engineering Center	大地工程中心	www.columbia.edu/cu/earth
	34	Joint Center for Energy Management	能源管理聯合中心	bechtel.colorado.edu
	35	Energy Systems Lab	能源系統實驗室（德州A&M大學）	www-esl.tamu.edu
	36	University of Florida Industrial Assessment Center	佛羅里達大學工業評估中心	www.che.ufl.edu/iac/index.html
	37	Energy and Environment: Resources for a networked World	能源及環境:世界網路資源	zebu.uoregon.edu/energy.html
	38	Matt's Solar Car	太陽能車	www-lips.ece.utexas.edu/~delayman/solar.html
商業機構	39	Real Goods	能源公司	www.realgoods.com
	40	Hagler Bailly	能源公司	www.habaco.com
	41	World Power Technologies	能源公司	www.webpage.com/wpt
	42	International Symposium on Automotive Technology and Automation	國際自動科技及自動化研討會	www.isata.com
	43	Cutter Information	能源公司	www.cutter.com
	44	PowerGen	能源公司	www.pgen.com

	45	Alternative Development Asia Limited	亞洲替換發展公司	www2.adal.com
	46	Consolidated Natural Gas Company	能源公司（CNG）	www.cng.com
	47	World Energy Statistics	世界能源統計	www.energyinfo.co.uk
	48	International Geothermal Association	國際地熱協會	www.demon.co.uk/geosci/iga home.html
	49	American Universities—Global Computing	美國大學—全球統計	www.globalcomputing.com/u niversy.html
	50	Nuclear Information World Wide Web Server	能源資訊全球資訊網伺服器	nuke.handheld.com
	51	Mr. Solar	能源公司	www.mrsolar.com
	52	Alternative Energy Engineering - Photovoltaic Solar Cells and Panels	另類能源工程—太陽能光電池	www.asis.com/aee
其他單位	53	The Green Wheels Electric Vehicle Resources List	電動車公司名錄	northshore.shore.net/~kester/ websites.html
	54	Energy Efficient Environments, Inc.	能源效率環境公司	www.mcs.net/~energy/home. html
	55	American Solar Energy Society	美國太陽能學會	www.sni.net/solar
	56	Center for Energy Studies	能源研究中心	www-cenerg.cma.fr
	57	National Microelectronics Research Center	國家微電子研究中心	nmrc.ucc.ic
	58	Center for Energy and Environment Policy	能源及環境政策中心	128.175.63.19/ceep
	59	Frisse Wind—The American Wind Turbine Cooperative	美國風力機協會	www.design.nl/friswind
	60	Wind Turbine Research Group	風力機研究群組	www.cranfield.ac.uk/sme/ppa /wind

3.4 實例四：國內外二所著名能源網站介紹

如果說全球資訊網（World Wide Web）之首頁（Home Page）像是一本雜誌的封面，那麼網頁（Web Page）就是它裡面的每一頁內容。至於展示各色各樣、五花八門網頁之網站（Web Site），也就可以看成發行該雜誌的出版企業了。國內外公民營機關或公司行號建立網站、設計網頁已經蔚然成風，網址已經是各單位之重要資訊指標，其重要性將不亞於傳統的連絡地址。瀏覽網站猶如實地去拜訪機關，或是參觀公司工廠。

國內著名之能源網站首推「經濟部能源委員會」網站[13]，其網頁內容包括：本會簡介（沿革、職掌、組織系統）；能源情勢；能源法規；申辦業務；能源新聞。例如，由「能源情勢」按鈕，可以獲悉國內能源消費、能源供應、能源政策、能源價格、石油、

天然氣、煤炭、電力、節約能源、能源研究發展、能源供需預測、統計表等重要能源資訊。

至於國外與能源相關網站為數眾多，例如美國能源部「能源效率及再生能源網路」（Energy Efficiency and Renewable Energy Network（EREN））[12] 為其中典範，主要內容包括：能源效率及再生能源計畫及辦公處（建築、聯邦能源管理計畫、工業科技、運輸科技、公用事業科技、科羅拉多州 Golden 辦公處、地區性辦公處、永續發展中心）；搜尋引擎；連結新網站；請教能源專家；連結相關網站；能源最新動態報導；顧客服務；兒童教育；網站管理員。自「兒童教育」按鈕，可以連結至美國一些專為孩童教育設計的優良好站；自「連結新網站」按鈕，不僅可以看出美國能源網站發展之盛況（參考表3.4.1），同時亦可看見美國能源科技發展重點。表 3.4.1 中相關網站數目愈多之能源科技，以另一個角度觀之，它代表更多人關心、服務功能更強更受人肯定。

表 3.4.1　美國國內有關能源科技發展情形 [12]

類別	能源科技發展項目	相關網站數	類別	能源科技發展項目	相關網站數
1	能源效率科技	**466**		海洋	（8）
	農業	（11）		太陽能	（218）
	建築業	（252）		風能	（128）
	工業	（75）	3	教育及訓練	**21**
	交通運輸	（78）	4	能源與環境	**37**
	公用事業	（50）	5	資源	**210**
2	再生能源科技	**625**		討論群	（20）
	燃料及化學物	（131）		產品及服務	（158）
	地熱	（64）		軟體	（26）
	氫	（20）		視覺教育	（6）
	水力	（56）			

3.5 實例五──利用 Internet/Web 製作專題或撰寫讀書報告

多年來，「專題製作」課程提供大專學生理論及實務多方面之訓練 [14]。而結合 Internet/Web 強有力之搜尋資料功力製作能源相關專題，學生一方面需要學習如何應用

Internet/Web 蒐集資料，他方面必須勤於整理閱讀資料，最後設計網頁及建構網站。此外，為加強學生課程學習效果，教師亦可適時提供利用 Internet/Web 搜尋能源資料之題目，要求學生上網並撰寫讀書報告。表 3.5.1 為利用 Internet/Web 輔助之能源專題製作題目，而圖 3.5.1 為利用 Internet/Web 製作讀書報告或專題製作之首頁 [15, 16]。

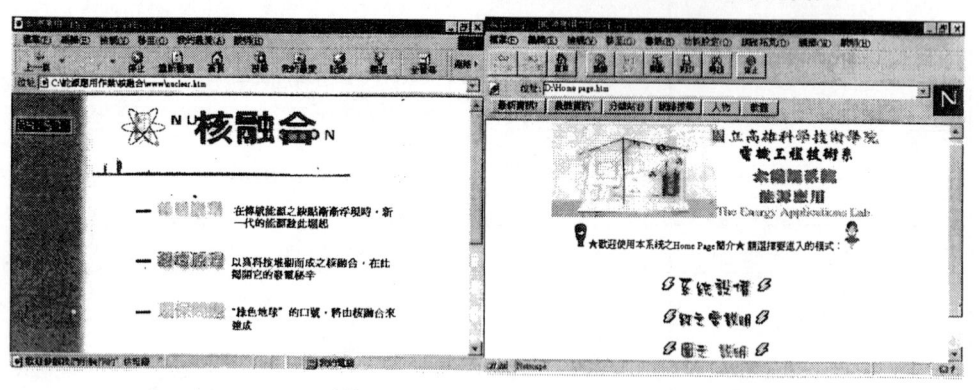

表 3.5.1　利用 Internet/Web 輔助之能源專題製作題目

	日期	班級	製作學生	專題名稱
1	86/5	夜電三乙	張勝凱　林添固	太陽能系統及 Home Page 製作
2	86/5	夜電三乙	葉晉彰　王照男	風力能源系統及 Home Page 製作
3	86/12	二電二丙	鍾道宏　陳柏彰　許景勛	能源環保探討及 Home Page 製作
4	87/5	夜電三甲	趙育民　葉清玉 陳錦誠　任澤湘	能源應用專題及 Home Page 製作
5	87/6	電　四　甲	吳建霖　蔡智弘　劉毓棠	能源應用專題及 Home Page 製作
6	87/6	電　四　甲	宋俊緯　黃泰嘉　劉伊國	能源實驗專題及 Home Page 製作

圖 3.5.1　利用 Internet/Web 製作讀書報告或專題製作之首頁

<專題製作之首頁>[15]　　　　　　　　　　<讀書報告之首頁>[16]

3.6 實例六——利用 Internet/Web 搜尋國內外能源期刊

在 Internet/Web 未普及以前，學者如欲查知國內外究竟有那些與能源有關之期刊，顯然僅能透過周遭有限資源努力搜尋。如今透過網路搜尋引擎，可以上許多連線圖書館尋找，如此不只提高效率，並能蒐集到許多寶貴資料。表 3.6.1 即利用 Internet/Web 搜尋國內、國外能源期刊之部分結果。

表 3.6.1 利用 Internet/Web 搜尋國內外能源期刊結果

	國內能源期刊		
	期刊名稱	期別	發行單位
1	能源	季刊	經濟部能源委員會
2	能源報導	月刊	經濟部能源委員會
3	能源節約技術報導	季刊	經濟部能源委員會
4	能源查核服務	季刊	經濟部能源委員會
5	核能天地	月刊	原子能委員會
6	台電工程	月刊	台灣電力公司
7	台電	月刊	台電月刊社
8	能源經濟研究專輯	季刊	台電企劃處
9	科學發展	月刊	國科會
10	工程科技通訊	月刊	國科會
11	石油通訊	月刊	中油公司
12	石油	季刊	社團法人中國石油學會
13	自動化科技	月刊	自動化月刊社
14	電機	月刊	電機月刊社
15	科學	月刊	科學月刊社
16	經濟情勢暨評論	季刊	經濟部研究發展委員會
17	中華生質能能源學會會誌	半年刊	中華生質能能源學會
18	電力電子技術	雙月刊	工業技術研究院
	國外能源期刊		
	期刊名稱	期別	中文名稱
1	Energy Policy	季刊	能源政策
2	Energy Communications	雙月刊	能源通訊
3	Energy Conversion & Management	季刊	能源轉換及管理
4	Energy Economics	季刊	能源經濟學
5	Energy Journal	季刊	能源期刊
6	Energy Progress	季刊	能源進展
7	Energy Research Abstracts	季刊	能源研究摘要
8	Energy Sources	季刊	能源資源
9	Energy Sources:Journal of Extraction, Conversion, and the Environment	季刊	能源萃取、轉換及環境
10	Energy	季刊	能源
11	ERDA Energy Research Abstracts	年刊	ERDA 能源研究摘要
12	IEEE Transactions on Energy Conversion	季刊	IEEE 能源轉換期刊
13	IEEE Transactions on Power Delivery	季刊	IEEE 電力輸送期刊
14	IEEE Transactions on Power Systems	季刊	IEEE 電力系統期刊

以上 3.1~3.6 節之應用實例可供學校能源教學授課參考，藉助 Internet/Web 搜尋豐富能源相關資料，將能滿足教學需求。另外學者如欲進一步深入探討能源科技，可參考國外網站資訊，例如「能源研究導引」[16] 之類的網站資訊，對於研究進行將有幫助。

四、檢討與建議

利用 Internet/Web 搜索能源資源，所得資料之豐富往往令人驚喜。國內發展 WWW 網路方興未艾，隨著經濟成長國民所得提高，家中購置網路電腦之比率將愈來愈高，國人由親身感受網路功能之後才能融入工作及日常生活裡面。利用 Internet/Web 搜尋資料雖然並不需要雄厚之電腦背景，若是使用者具備簡單電腦基礎，則網路是項利器才能大放異采。國人需要自我學習，趕上電腦網路時代。

網路使用日新月異，各種網路軟體也增添許多強大的功能，在協助能源資訊的蒐集上有相當大的助益。不過，利用 Internet/Web 協助蒐尋能源資訊或輔助能源教學，仍然有許多困難有待解決：

1. 重視國家網路基礎建設：網路軟硬體科技發展速度甚快，國人隨時需要學習接受網路新知，才能趕上時代。特別是各級學校應將網路納入基礎電腦課程，此外各機關團體電腦設備亦應及時更新。當網路使用人數大幅上升之後，首先面臨的問題就是網路傳輸速度下降，尤其是連到遠方或國外的網站，常常因為速度過慢需要等候甚至無法連上，此一問題的改善有賴國家網路基礎建設之加強改進。
2. 鼓勵各界踴躍建站：國內能源相關網站數目與國外相比嫌少，許多國外網站包括政府、機關、學校及業界等，均呈現蓬勃發展景象，並且針對不通階層人士設計網站內容，除了資源共享以外，更可發現他們非常重視孩童能源啟蒙教育 [12]。國內宜由能源主管當局支持贊助，特別是借重各級學校資源建立能源相關網站。
3. 設置大型圖書資料中心：學者經由 Internet/Web 雖可迅速獲得研究書目清單，包括期刊、研究報告或是書籍，接下來的問題即如何取得（包括購買、訂閱、借閱）研究之相關原件或影本，否則難以完成研究工作。國內圖書資料分散各處，以往網路連線並不普遍，各單位各憑人力財力經營，成效雖有，不過如能設置國家級「大型圖書資料中心」，藉由網路與國外著名資料庫連線，提供各行各業研究教學需要。依照網路科技蓬勃發展之情形，與其到處發展功能不全的圖書資料庫，不如集中經費發展一所可以滿足國人使用的資料中心，透過網路可以將所要資訊以最低廉、最方便的方式取得，

如此國內研究工作方能落實，國家競爭力亦能大幅提升。

4. 著作權的保護益形困難：網頁的內容是公開的，所以網頁的內容很容易被非法複製、修改、散佈或剽竊。雖然許多能源資訊是宣導性質，歡迎閱覽者傳送或下載。不過在網路上著作權如無法得到保障，將會間接影響許多優良作品或寶貴資訊不願意在網頁上刊載。

5. 外文資訊的障礙：外文閱讀能力不佳的網路使用者，對外國網站所提供的資訊往往無法善加利用，使 Internet/Web 突破國界的效用大打折扣。除了以英文為官方語言的國家，日、德、法、意、北歐諸國也有十分豐富的網路能源資訊，使用者外文能力的提升才能充份發揮 Internet/Web 資訊無國界的效力。加強國人對外文的訓練，培養更多語文人才，此需要教育當局特別重視之處。

6. 網路安全的加強：網路普及之後，因為上網而感染電腦病毒的機會大增，利用電腦網路實施能源輔助教學時，必須特別注意電腦病毒的檢測與防範。另外，網路遭入侵是另一個安全上的問題，善於利用種種防止入侵的措施如密碼辨識、防火牆、簽入記錄等，可以使入侵的情形減至最低。重要資料檔案的備份、加密、防災等措施也應該加以考慮。

以上所提問題牽涉層面頗廣，吾人以為資訊網路不分國度，發展良窳攸關國家未來前途發展，因此除了重視網路所帶來正面之衝擊以外，對於網路造成之負面影響亦需要更多人探討，防患未然。

五、結　論

網路科技對於我國教育將有巨大影響，行政院國科會目前亦已開始鼓勵各級學校探討及研究 [17]，深信是項論題將會引起更多人重視及投入。現階段台灣學者，透過家中電話撥接或是經由校園網路，均能容易連上網際網路/全球資訊網，對於資料取得或是查尋各大圖書館，盡在彈指之間。善於運用網路資源，許多傳統收集資料方法必須重新修正，例如不再花上整天時間上圖書館尋找研究書目，而只要在家中或研究室裡，經由網際電腦即能完成傳統之書目研究及資料收集的工作。國人除了需要培養 Internet/Web 的基本概念以外，並且能加以融入一般工作生活之中，此有賴觀念之建立，並能實際體會 Internet/Web 帶給本身豐富知識的滿足。

本文針對網際網路/全球資訊網如何應用於能源資源方面特別提出探討，內容包括

網路發展說明、學校能源教學、能源資源搜索應用若干實例介紹，最後並提出建議供有關單位改進參考。作者長時間實際參與能源教學，深覺 Internet/Web 此一現代資訊科技功能極強，極有助於輔助能源教學，特別是應用於能源資源搜尋方面，因此希望拋磚引玉帶動以 WWW 為底之能源研究及能源教學，企盼國內能源教育得以長足進步。

六、參考資料

1. Roger L. King, *Learning How to Use the Internet and Web Resources*, IEEE Computer Applications in Power, pp.20~25, April, 1997.
2. Peter M. Hirsch, *Exercise the Power of the World Wide Web*, IEEE Computer Applications in Power, pp.25~29, July, 1995.
3. 王耀諄，「技職校院電機系能源應用課程規劃與改進」，能源季刊，第 28 卷第 2 期，第 81-97 頁，1998。
4. 黃文良，王耀諄，黃昭睿，「大專電機科能源應用課程 Internet 輔助教學」，86 學年度專科學校專題製作論文研討會，龍華工商專，June 1998。
5. 經濟部能源委員會編印，「能源辭彙」，經濟部能源委員會，1985。
6. 黃文良，黃昭睿，「能源應用」，第三版，東華書局，1996。
7. 經濟部能源委員會編印，「能源政策白皮書」，經濟部能源委員會，1996。
8. Yahoo 資料搜尋系統，http://www.yahoo.com/，1998
9. Altavista 網站資料庫，http://www.altavista.digital.com/，1998
10. Amazon 電子書城，http://www.amazon.com/，1998
11. 國家圖書館資料搜索系統，http://www.ncl.edu.tw/，1998
12. 美國能源部，能源效率及再生能源網路（EREN），美國能源部，1998。
13. 經濟部能源委員會，http://www.moea.gov.tw/~ec，1998
14. 黃文良，「專題製作及論文寫作指導手冊」，第三版，東華，1997。
15. 林裕彬等,核融合讀書報告，國立高雄科學技術學院電機系，1998 年 5 月
16. 張勝凱等，太陽能系統及 Home Page 專題製作報告，國立高雄科學技術學院電機系，1997 年 6 月
17. Carl D. Phillips, Energy Research Guide, James Madison University, http://library.jmu.edu/library/guides/isat/rgenergy.htm，1997
18. 國科會科教處，「八十七年度教育政策研析：網路科技對教育的影響」整合型計畫邀請書，March,1998

資料來源：經濟部能源委員會，能源季刊，第二十八卷第四期，pp.30~45，民國 87 年 10 月